普通高等教育“十三五”规划教材
暨智能制造领域人才培养规划教材

互换性与技术测量基础

主　编　王莉静　郝　龙　吴金文
副主编　郗　涛　洪学武　徐广晨
参　编　赵焕玲
主　审　赵　坚　李一民

华中科技大学出版社
中国·武汉

内容简介

本书概括介绍了"互换性与技术测量"课程的主要内容,分析了我国公差与配合方面的最新标准,阐述了技术测量的基本原理,配有图解和例题,内容浅显易学,且每章附有习题。

本书主要内容包括:绪论,测量技术基础,尺寸极限与配合,几何公差,表面粗糙度及其评定,光滑工件尺寸的检验和光滑极限量规的设计,常用典型件的互换性,渐开线圆柱齿轮公差与检测,尺寸链。

本书可作为高等院校机械类和近机械类专业师生的教材,也可供机械行业的工程技术人员及计量、检验人员参考。

为了方便教学,本书配有免费教学资源(电子课件),可向使用本书的授课教师免费提供。如有需要,可与出版社联系(联系邮箱:171447782@qq.com)。

图书在版编目(CIP)数据

互换性与技术测量基础/王莉静,郝龙,吴金文主编.—武汉:华中科技大学出版社,2020.1(2023.8重印)
普通高等教育"十三五"规划教材暨智能制造领域人才培养规划教材
ISBN 978-7-5680-5976-3

Ⅰ.①互… Ⅱ.①王… ②郝… ③吴… Ⅲ.①零部件-互换性-高等学校-教材 ②零部件-技术测量-高等学校-教材 Ⅳ.TG801

中国版本图书馆 CIP 数据核字(2020)第005159号

互换性与技术测量基础
Huhuanxing yu Jishu Celiang Jichu

王莉静 郝 龙 吴金文 主编

策划编辑:万亚军
责任编辑:吴 晗
封面设计:原色设计
责任监印:周治超
出版发行:华中科技大学出版社(中国·武汉) 电话:(027)81321913
武汉市东湖新技术开发区华工科技园 邮编:430223
录 排:武汉市洪山区佳年华文印部
印 刷:武汉邮科印务有限公司
开 本:787mm×1092mm 1/16
印 张:14.75
字 数:375千字
版 次:2023年8月第1版第2次印刷
定 价:38.00元

前　言

“互换性与技术测量”是高等院校机械类和近机械类各专业的技术基础课程，是联系基础课程和专业课程的纽带与桥梁，内容涉及机械产品及其零部件的设计、制造、维修等多方面的标准及技术知识。

本书分析、介绍了我国公差与配合方面的最新标准，阐述了技术测量的基本原理。本书注重基础内容和标准的应用，每章附有图解和例题，并以减速器中主要零件各项公差的确定贯穿始终，这也为机械设计课程设计打下了基础。本书内容浅显易学，为便于练习，每章附有习题和参考答案二维码，读者扫描习题处的二维码，可读取习题参考答案；为便于查阅机械方面相关设计数据，在本书最后附有常用表。

本书可作为高等院校机械类和近机械类专业师生的教材，也可供机械行业的工程技术人员及计量、检验人员参考。

为了方便教学，本书配有免费教学资源（电子课件），可向使用本书的授课教师免费提供。如有需要，可与出版社联系（联系邮箱：171447782@qq.com）。

本书由天津城建大学王莉静、天津理工大学中环信息学院郝龙、南京工业大学浦江学院吴金文担任主编，由天津城建大学赵坚教授和南京工业大学浦江学院李一民教授担任主审。参加本书编写的还有天津工业大学的郗涛、天津城建大学的洪学武、营口理工学院的徐广晨、贵州职业技术学院的赵焕玲。具体编写分工如下：郝龙编写绪论和第 6 章；郗涛编写第 1 章、第 2 章和附录；王莉静编写第 3 章和第 5 章；吴金文编写第 4 章；赵焕玲编写第 7 章；洪学武、徐广晨共同编写第 8 章。全书由王莉静和李一民统稿。

本书在编写过程，参考并引用了大量有关互换性和测量技术方面的国家标准、论著等资料，在此对其作者致以衷心的谢意。

由于编者的水平有限，书中难免存在疏漏和错误，恳请广大读者批评指正。

编者

2019 年 12 月

目　　录

绪　论

0.1　互换性概述

日常生活中，“互换性”问题随处可见。例如：自行车的脚踏板坏了，买一个新的换上；家用白炽灯坏了，选用同种规格的灯泡换上。之所以如此方便，是因为这些零(部)件都具有互换性。

我国国家标准《标准化和有关领域的通用术语　第1部分：基本术语》(GB 3935.1—1996)里规定，互换性为一种产品、过程或服务代替另一产品、过程或服务能满足同样要求的能力。

通常，机械的工业生产中要求产品的零部件具有互换性。图0.1中减速器由多个不同种类、规格的零部件组成，而这些零部件分别由不同的工厂或车间加工而成。装配减速器时，在同一规格的零部件中任取一件，不需作任何挑选、调整或辅助加工(如钳工修配)，便能

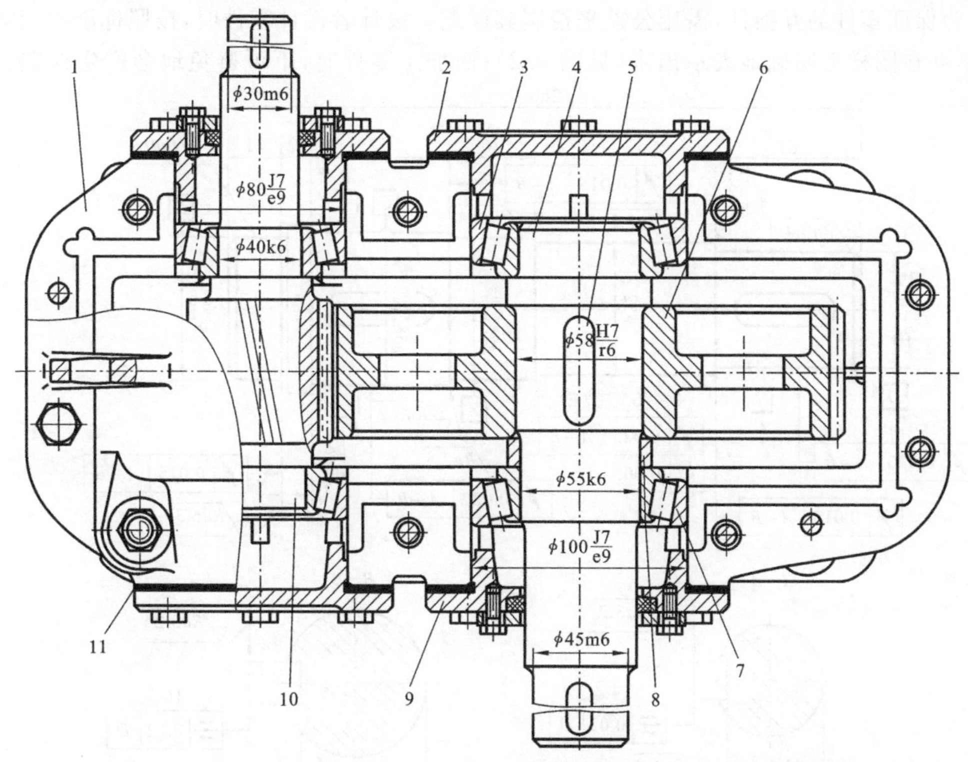

图0.1　一级圆柱齿轮减速器

1—箱体；2—轴承端盖(闷盖)；3,7—滚动轴承；4—输出轴；5—平键；6—圆柱齿轮；8—挡油板；9—轴承端盖(透盖)；10—齿轮轴；11—垫片

与其他零部件安装在一起，并达到规定的功能要求，则说明上述零部件具有互换性。因此，零部件的互换性是指同一规格的零部件按规定的技术要求制造，能够互相替换使用而达到效果相同的性能。

0.1.1 公差和检测概念

加工零件时，由于各种因素（机床、刀具、温度等）的影响，零件的几何量会有误差的存在，而难以达到理想状态。但从功能角度来看，零件几何量只需在某一规定范围内变动，从而保证同一规格零件彼此近似即可。这种允许零件几何量的变动范围称为公差，其主要包括以下四点。

1）尺寸公差

尺寸公差指零件被加工后，其实际尺寸对理想尺寸的偏离程度。

2）形状公差

形状公差指零件被加工后，其实际表面形状对于其理想形状的偏离程度。

3）位置公差

位置公差指零件被加工后，零件表面、轴线或对称平面之间的相互位置对于其理想位置的差异。

4）表面微观不平度

表面微观不平度指加工后的零件表面上由较小间距和峰谷组成的微观几何形状误差，可用表面粗糙度的评定参数值表示。

为保证零件的互换性，需用公差来控制其误差。设计者设计零件时，按照标准确定零件公差，并在图样上明确地表示出来（见图 0.2）；而加工零件时，不可避免地会产生误差。所

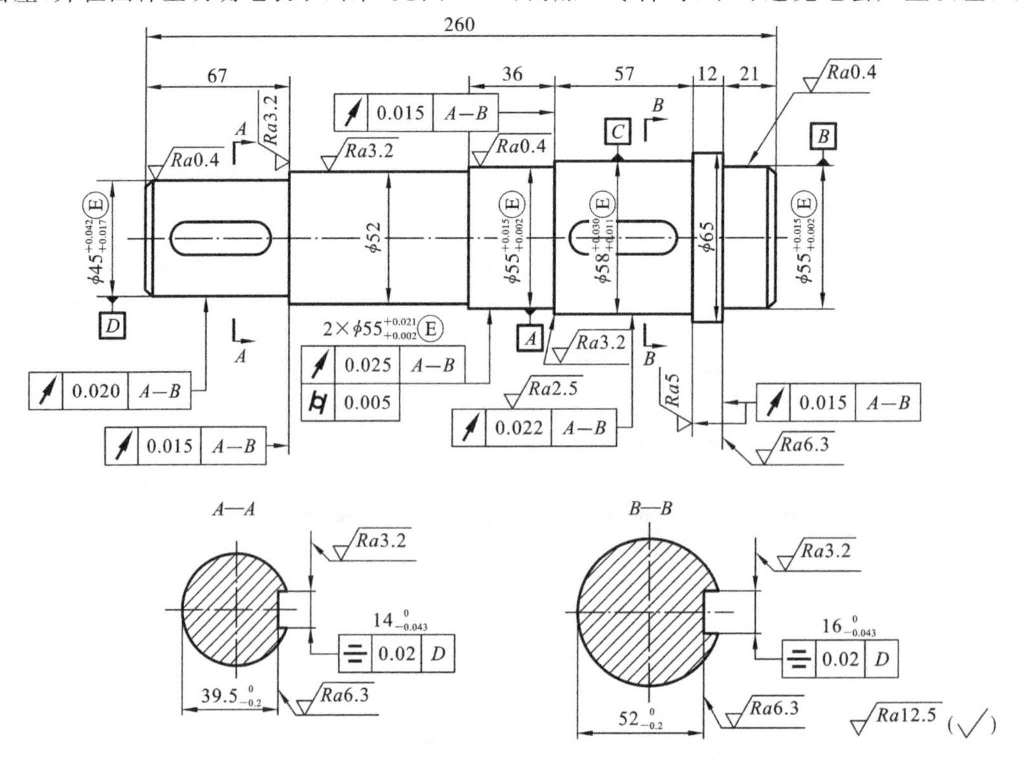

图 0.2　减速器输出轴零件图

以，实现产品零件互换性的关键是零件按规定的公差制造。在零件图中需标注的公差包括：尺寸公差、形状和位置公差以及表面粗糙度公差。在满足功能要求的前提下，公差值应尽量取大值，以便获得最佳的经济效益。

完工后的零件是否满足公差要求，需要通过检测判断，检测包含检验和测量。

检验是确定零件的几何参数是否在规定的极限范围内，并判断其是否合格。

测量是将被测量物与作为计量单位的标准量进行比较，以确定被测量物具体数值的过程。

检测不仅用来评定产品质量，还可用于分析产品不合格的原因，以便及时调整生产，监督工艺过程，预防废品的产生。

0.1.2 互换性的种类

1. 按互换性程度分

1）完全互换

若零件在装配或更换时，不需要经过挑选、修配就能进行装配，并且装配后能够达到规定的功能要求，则其互换性为完全互换。

2）不完全互换

零件被加工完成后，通过测量将零件按实际尺寸分为若干组，使组内零件间实际尺寸的差别减小，然后按对应组选取零件进行装配。既保证了装配精度和使用要求，又解决了加工困难，降低了成本。这种仅组内零件互换、组与组之间不能互换的特性，称为不完全互换。不完全互换性可采用分组装配法或调整法来实现。

2. 按标准部件分

1）外互换

外互换是部件与其配合零件间的互换性。例如：滚动轴承的内圈与传动轴的配合；滚动轴承的外圈与外壳孔的配合。

2）内互换

内互换是部件内部组成零件之间的互换性。例如：滚动轴承的外圈、内圈与滚动体之间的配合。

一般，不完全互换只限于制造厂内部的装配。对于制造厂的外协，通常采用完全互换。

0.1.3 互换性的作用

（1）在设计方面，可大大简化计算、绘图等工作量，缩短设计周期，有利于计算机辅助设计和产品品种多样化。

（2）在制造方面，有利于组织专业化生产，实现加工过程机械化、自动化，从而提高产品质量、生产效率，降低生产成本。

（3）在装配方面，有利于减轻装配工作劳动强度，缩短装配周期，还可实现自动装配，从而大大提高装配生产率。

（4）在使用和维修方面，可及时更换已磨损或损坏的零部件，减少机器的维修时间和费用，保证机器能连续持久地运转，从而提高机器的使用价值。

互换性在提高产品质量、产品可靠性和经济效益等方面有着重大意义。互换性原则已成为现代制造业中一个普遍遵守的基本原则。但并不是任何情况下都适用互换性原则。当采用单个配制才符合经济原则时，零件就不能互换，但同样具有公差和检测要求。

0.2　标准化与优先数系

0.2.1　标准化

在制造领域中，为适应生产中各个部门的协调和各生产环节的衔接，必须使用一种手段，使分散的、局部的生产部门和生产环节保持必要的统一，成为一个有机的整体，以实现互换性生产。标准和标准化是建立这种关系的主要手段，是实现互换性生产的前提。

1. 标准

标准是以科学、技术和实践经验的综合成果为基础，对于重复性事物和概念，经有关方面协商一致，由主管机构批准，以特定形式发布，作为共同遵守的准则和依据。

标准的分类如下。

按标准的使用范围分：国家标准、行业标准、地方标准和企业标准。

按标准的作用范围分：国际标准、区域标准、地方标准和试行标准。

按标准化对象的特性分：基础标准、产品标准、方法标准、安全标准、卫生标准、环境保护标准等。基础标准是在一定范围内作为其他标准的基础并普遍使用，具有广泛指导意义的标准。本课程研究的公差标准、检测器具标准和方法标准等，大多属于国家基础标准。

2. 标准化

标准化是在经济、技术、科学及管理等社会实践中，对重复性事物和概念通过制定、发布和实施标准来达到统一，以获得最佳秩序和社会效益的全部活动过程。

标准化包括制定标准、发布标准、组织实施标准和对标准的实施进行监督的全部活动过程。标准化对于改进产品、过程和服务的适用性，防止贸易壁垒，促进技术合作方面具有重要的意义。

0.2.2　优先数和优先数系

在产品设计、制造和使用中，会涉及很多的数值。当选定一个数值作为某种产品的参数指标时，这个数值会按照一定的规律，向与其有关的零件、材料等相关参数传播。例如，当减速器箱体上某处螺孔尺寸确定后，与之相配的螺钉尺寸、加工用的丝锥尺寸、检验用的螺纹塞规尺寸、紧固螺钉使用的扳手的尺寸等均会确定。因此，各种产品系列确定是否合理与所取数值如何分档、分级有着直接关系。优先数和优先数系是对各种参数数值进行协调、简化和统一的一种科学的数值制度。

GB/T 321—2005《优先数和优先数系》规定：十进制等比数列为优先数系，其代号为 Rr（R 是优先数创始人查尔斯·雷诺（Charles Renard）名字的一个字母，r 代表 5、10、20、40 和 80 等优先数）。其公比为 $q_r=\sqrt[r]{10}$，实质是：在同一个等比数列中，R 项的后项与前项理论值的比值为 10。并规定 R5（公比 $q_5=\sqrt[5]{10}\approx1.5849\approx1.60$）、R10（公比 $q_{10}=\sqrt[10]{10}\approx1.2589\approx1.25$）、R20（公比 $q_{20}=\sqrt[20]{10}\approx1.1220\approx1.12$）、R40（公比 $q_{40}=\sqrt[40]{10}\approx1.0593\approx1.06$）为常用的基本系列；R80（公比 $q_{80}=\sqrt[80]{10}\approx1.0294\approx1.03$）为补充系列，只应用于分级很细的特殊场合。其常用值如表 0.1 所示。

表 0.1　优先数系系列的常用值

系列	1～10 的常用值									
R5	1.00		1.60		2.50		4.00		6.30		10.00
R10	1.00	1.25	1.60	2.00	2.50	3.15	4.00	5.00	6.30	8.00	10.00
R20	1.00	1.12	1.25	1.40	1.60	1.80	2.00	2.24	2.50	2.80	3.15
	3.55	4.00	4.50	5.00	5.60	6.30	7.10	8.00	9.00	10.00	
R40	1.00	1.06	1.12	1.18	1.25	1.32	1.40	1.50	1.60	1.70	1.80
	1.90	2.00	2.12	2.24	2.36	2.50	2.65	2.80	3.00	3.15	3.35
	3.55	3.75	4.00	4.25	4.50	4.75	5.00	5.30	5.60	6.00	6.30
	6.70	7.10	7.50	8.00	8.50	9.00	9.50	10.00			
R80	1.00	1.03	1.06	1.09	1.12	1.15	1.18	1.22	1.25	1.28	1.32
	1.36	1.40	1.45	1.50	1.55	1.60	1.65	1.70	1.75	1.80	1.85
	1.90	1.95	2.00	2.06	2.12	2.18	2.24	2.30	2.35	2.43	2.50
	2.58	2.65	2.72	2.80	2.90	3.00	3.07	3.15	3.25	3.35	3.45
	3.55	3.65	3.75	3.85	4.00	4.12	4.25	4.37	4.50	4.62	4.75
	4.87	5.00	5.15	5.30	5.45	5.60	5.80	6.00	6.15	6.30	6.50
	6.70	6.90	7.10	7.30	7.50	7.75	8.00	8.25	8.50	8.75	9.00
	9.25	9.50	9.75								

国家标准允许从 Rr 系列中，每逢 p 项选取一个优先数，组成新的系列——派生系列，以符号 Rr/p 表示，公比 $q_{r/p}=q_r^p=(\sqrt[r]{10})^p=10^{p/r}$。例如，R10/3，即在 R10 数列中，每逢 3 项取 1 项组成数列，即：1.00，2.00，4.00，8.00，16.00，32.00，…。

选用基本系列时，应遵守先疏后密规则，即按照 R5、R10、R20、R40 的顺序，优先采用公比较大的基本系列，以免规格过多。当基本系列不能满足分级要求时，选用补充系列。选用时应优先采用公比较大和延伸项含有项值1的派生系列。本课程中的许多标准，有关尺寸分段、公差分级以及表面粗糙度等参数系列，都选用优先数系。

0.3 本课程的研究对象及要求

本课程是高等院校机械类、仪器仪表类和机电类各专业必修的主干技术基础课。本课程的主要研究对象是如何通过有关国家标准，合理解决产品使用要求与制造工艺之间的矛盾；如何运用质量控制方法和测量技术手段，保证有关国家标准的贯彻执行，以确保产品质量。

本课程的特点是：术语和定义多、代号和符号多、规定多、内容多、经验总结多，而逻辑性和推理性少。这使初学者在学习本课程时，感到枯燥、内容繁多记不住、设计时不会用等。因此，学生在学习本课程时应给予足够的重视。

本课程的基本要求如下：

（1）建立互换性、测量技术和标准化的基本概念；

（2）掌握几何量精度设计的基本理论和方法；

（3）根据使用要求正确选用国家标准极限与配合；

（4）能读懂图中的每一个要素，同时能正确使用国家标准来标注图；

（5）掌握几种典型几何量的检测方法，并会使用常用的计量工具。

总之，本课程的任务是使学生掌握工程师必须掌握的机械精度设计和检测方面的基本知识和基本技能。此外，在后续课程中，学生都应正确、完善地把本课程的知识应用到工程实际中。

习　　题

一、填空题

1. 机器零部件的互换性是指同一规格的零部件按规定的技术要求制造，能够互相替换使用，而（　　）的性能。

2. GB/T 321—2005 规定（　　）数列作为优先数系；R20 系列中的优先数，每增加 20 个数，则数值增大到（　　）倍。R20/3 系列就是从基本系列 R20 中，自 1 以后，每逢（　　）项取一个优先数组合的派生系列。

3. 互换性按互换程度可分为（　　）互换和（　　）互换两类。

4. 实现产品零件互换性的关键是（　　），前提条件是（　　）。

5. 从零件的功能看，不必要求零件几何量制造得（　　），只要求在某一规定范围内变动，该允许变动范围称为（　　）。

6. 为了满足装配精度的要求，必要时可以采用不完全互换性或修配，以获得最佳的技术经济效益，不完全互换性可以用（　　）或（　　）来实现。

7. 优先系数 R5 系列中 1～10 之间的 6 个项值（常用值）分别为 1、（　　）、2.5、4.0、6.3、10。优先系数 R10 的公比为（　　）。

8. 具有完全互换性的零件或部件，不需要经过（　　）或（　　）就能进行装配，并且装配后能够达到规定的功能要求。

二、选择题

1. 保证互换性生产的基础是(　　)。

A. 大量生产　　B. 现代化　　C. 标准化　　D. 检测技术

2. 优先数列中 R10/3 系列是(　　)。

A. 基本系列　　B. 补充系列　　C. 派生系列　　D. 等差系列

3. 优选数系(　　)系列的公比是 1.6。

A. R5　　B. R10　　C. R20　　D. R40

4. 滚动轴承中滚动体的更换属于(　　)互换性。

A. 外互换　　B. 内互换　　C. 完全互换　　D. 都不是

5. 下列在零件图中不需标注的公差为(　　)。

A. 配合尺寸公差　　B. 形状公差　　C. 位置公差　　D. 粗糙度

第1章　测量技术基础

机械产品和零件的设计、制造及检测是互换性生产中的重要环节。在生产和科学实验中，为保证机械零件的互换性和精度，需对完工零件的几何量进行检验或测量，并判断这些几何量是否符合设计要求。在测量过程中，应保证计量单位的统一和量值的准确，还应正确选择计量器具和测量方法，从而完成对完工零件几何量的测量，并研究对不同测量误差和测量数据的处理。

1.1　测量技术的基本知识

1.1.1　基本概念

1. 测量

测量是将被测对象与计量单位的标准量进行比较而进行的实验过程。设 x 为被测几何量，E 为计量单位，则比值 $q=\frac{x}{E}$。因此，被测几何量的量值为

$$x=qE \tag{1.1}$$

式(1.1)表明，被测几何量的量值由表征几何量的数值和计量单位组成。

2. 测量四要素

一个完整的几何量测量过程应包括以下四要素：

1) 被测对象

在几何量测量中，被测对象主要指长度、角度、表面粗糙度和几何公差等。

2) 计量单位

计量单位通常指几何量中的长度、角度单位。

在我国法定计量单位中，几何量中长度的基本单位为米(m)，常用单位有毫米(mm)和微米(μm)；在超高精度测量中，采用纳米(nm)。常用的角度计量单位是弧度(rad)、微弧度(μrad)和度、分、秒。

3) 测量方法

测量方法指测量时采用的测量原理、测量器具以及测量条件的综合。在测量过程中，应

根据被测零件的特点(如材料硬度、外形尺寸、批量大小等)和被测对象的定义及精度要求来拟定测量方案,选择计量器具和规定测量条件。

4) 测量精度

测量精度指测量结果与其真实值的一致程度,即测量结果的可靠程度。在测量过程中不可避免地会出现测量误差,因此测量结果只能在一定范围内近似于真值。测量误差的大小反映测量精度的高低。

1.1.2 计量单位与量值传递

1. 长度尺寸基准

在1983年10月召开的第17届国际计量大会上,规定米的定义为:1米是光在真空中在1/299 792 458 s的时间间隔内的行程长度。1985年3月,我国用碘吸收稳频的0.633 μm氦氖激光辐射波长作为国家长度基准来复现“米”。

2. 量值的传递系统

用光波波长作为长度基准,不便在生产中直接应用。为保证长度量值的准确和统一,需把复现的长度基准量值逐级、准确地传递到生产中所应用的计量器具和工件上去,即建立长度量值传递系统,如图1.1所示。

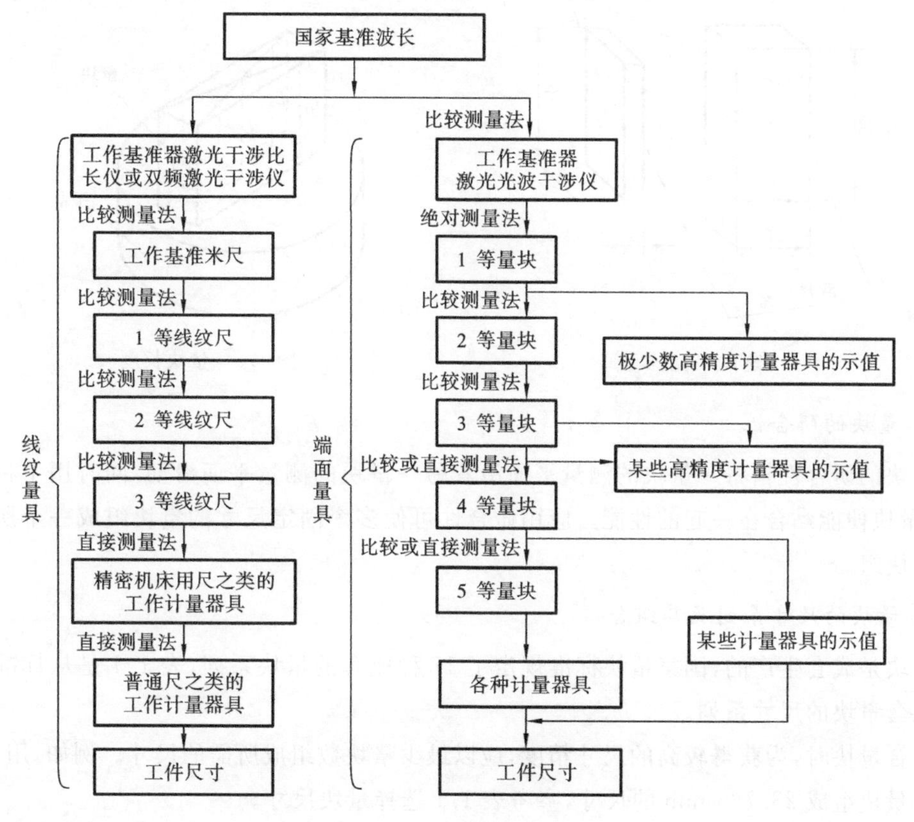

图1.1 长度量值传递系统

长度量值传递系统从国家基准波长开始，分两个平行的系统向下传递：① 端面量具（量块）系统；② 线纹量具（线纹尺）系统。因此，量块和线纹尺是量值传递媒介，其中量块的应用更为广泛。

3. 量块

量块是无刻度的标准端面量具，通常用线膨胀系数小、性能稳定、耐磨、不易变形的材料（合金钢或硬质合金钢）制成。它的形状一般为长方六面体结构，六个平面中有两个相互平行的测量平面，两测量平面之间具有精确的工作尺寸，如图 1.2 所示。量块除了作为量值传递的媒介之外，还用来检定和调整计量器具、机床、工具和其他设备，也可直接用于测量工件。

1）量块的尺寸

量块长度指量块一测量平面上任意一点（距边缘 0.8 mm 区域除外）与另一测量平面相研合的平晶表面的垂直距离，如图 1.3 中的 L_1、L_2、L_3 和 L_4。

量块的中心长度指量块两测量平面上中心点之间的距离，如图 1.3 中的 L。

量块的标称长度 ln 指标记在量块上的示值。当长度示值小于或等于 5.5 mm 时，其示值刻在测量平面上；当长度示值大于 5.5 mm 时，其示值刻在非测量平面上，且该表面的左右侧面为测量平面，如图 1.2 所示。

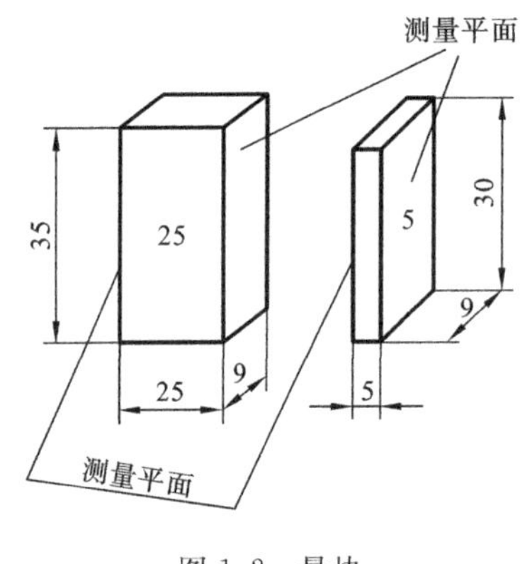

图 1.2　量块

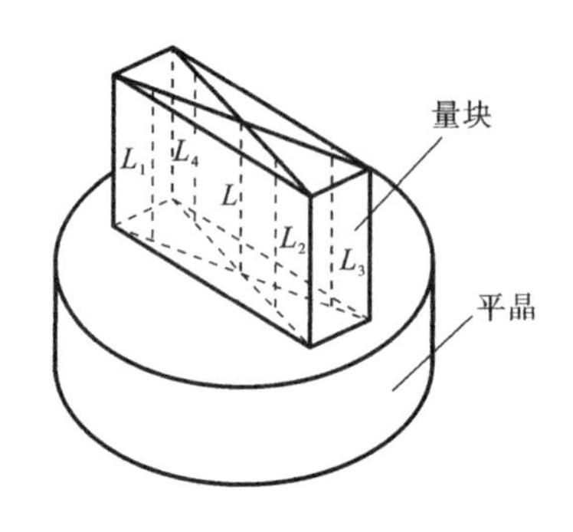

图 1.3　量块长度

2）量块的研合性

量块的研合性指将一量块的测量平面沿着另一量块的测量平面滑动，同时用手稍加压力，两量块便能黏合在一起的性能。应用研合性可使多个固定尺寸的量块组成一个所需尺寸的量块组。

3）量块的尺寸系列及其组合

量块是成套生产的，国家量块标准规定了 17 种成套的量块系列，表 1.1 是从标准中摘录的几套量块的尺寸系列。

组合量块时，为获得较高的尺寸精度，应以最少量块数组成所需的尺寸。例如，用 83 块套别的量块组成 28.785 mm 的尺寸，参考表 1.1 选择量块尺寸。

表 1.1　成套量块的尺寸(摘自 GB/T 6093—2001)

套别	总块数	级别	尺寸系列/mm	间隔/mm	块数
2	83	0,1,2	0.5	—	1
			1	—	1
			1.005	—	1
			1.01,1.02,…,1.49	0.01	49
			1.5,1.6,…,1.9	0.1	5
			2.0,2.5,…,9.5	0.5	16
			10,20,…,100	10	10
3	46	0,1,2	1	—	1
			1.001,1.002,…,1.009	0.001	9
			1.01,1.02,…,1.09	0.01	9
			1.1,1.2,…,1.9	0.1	9
			2,3,…,9	1	8
			10,20,…,9	10	10
5	10	0,1	0.991,0.992,…,1	0.001	10
6	10	0,1	1,1.001,…,1.009	0.001	10

28.785
1.005 —— 第一块量块的尺寸
27.78
1.28 —— 第二块量块的尺寸
26.5
6.5 —— 第三块量块的尺寸
20　—— 第四块量块的尺寸

4) 量块的精度

量块长度极限偏差指量块中心长度与标称长度之间允许的最大误差。量块长度变动量指量块最大长度与最小长度之差。量块测量面的平面度公差是包容测量面且距离为最小的两个相互平行平面之间的距离。

JJG 146—2011 将量块按制造精度分为五级:K、0、1、2、3 级,其中 K 级精度最高,精度依次降低,3 级精度最低(见表 1.2)。量块分级的主要依据:量块长度极限偏差、量块长度变动量允许值、量块测量面的平面度公差。

JJG 146—2011 将量块按检定精度分为五等:1、2、3、4、5 等,其中 1 等精度最高,精度依次降低,5 等精度最低(见表 1.3)。量块分等的主要依据:量块测量的不确定允许值、量块长度变动量允许值、测量面的平面度公差。

5) 量块的使用

量块按"级"使用时,以量块的标称长度作为工作尺寸,该尺寸包含了量块的制造误差,这将被引入测量结果中,使测量精度受到影响。但因不需加修正值,因此使用方便。

量块按"等"使用时,以量块经检定后给出的实际中心长度尺寸作为工作尺寸。例如,某一标称长度为 10 mm 的量块,经检定其实际中心长度与标称长度之差为 $-0.2\ \mu m$,则工作尺寸为 9.9998 mm。这就消除了量块的制造误差影响,提高了测量精度。

表 1.2 各级量块的精度指标(摘自 JJG 146—2011) 单位:μm

标称长度 ln/mm	K 级		0 级		1 级		2 级		3 级	
	t_e	t_v	t_e	t_v	t_e	t_v	t_e	t_v	t_e	t_v
ln≤10	±0.20	0.05	±0.12	0.10	±0.20	0.16	±0.45	0.30	±1.0	0.50
10<ln≤25	±0.30	0.05	±0.14	0.10	±0.30	0.16	±0.60	0.30	±1.2	0.50
25<ln≤50	±0.40	0.06	±0.20	0.10	±0.40	0.18	±0.80	0.30	±1.6	0.55
50<ln≤75	±0.50	0.06	±0.25	0.12	±0.50	0.18	±1.00	0.35	±2.0	0.55
75<ln≤100	±0.60	0.07	±0.30	0.12	±0.60	0.20	±1.20	0.35	±2.5	0.60
100<ln≤150	±0.80	0.08	±0.40	0.14	±0.80	0.20	±1.6	0.40	±3.0	0.65
150<ln≤200	±1.00	0.09	±0.50	0.16	±1.00	0.25	±2.0	0.40	±4.0	0.70
200<ln≤250	±1.20	0.10	±0.60	0.16	±1.20	0.25	±2.4	0.45	±5.0	0.75
250<ln≤300	±1.40	0.10	±0.70	0.18	±1.40	0.25	±2.8	0.50	±6.0	0.80
300<ln≤400	±1.80	0.12	±0.90	0.20	±1.80	0.30	±3.6	0.50	±7.0	0.90
400<ln≤500	±2.20	0.14	±1.10	0.25	±2.20	0.35	±4.4	0.60	±9.0	1.00
500<ln≤600	±2.60	0.16	±1.30	0.25	±2.6	0.40	±5.0	0.70	±11.0	1.10
600<ln≤700	±3.00	0.18	±1.50	0.30	±3.0	0.45	±6.0	0.70	±12.0	1.20
700<ln≤800	±3.40	0.20	±1.70	0.30	±3.4	0.50	±6.5	0.80	±14.0	1.30
800<ln≤900	±3.80	0.20	±1.90	0.35	±3.8	0.50	±7.5	0.90	±15.0	1.40
900<ln≤1 000	±4.20	0.25	±2.00	0.40	±4.2	0.60	±8.0	1.00	±17.0	1.50

注:距离测量面边缘 0.8 mm 范围内不计。

表 1.3 各等量块的精度指标(摘自 JJG 146—2011) 单位:μm

标称长度 ln/mm	1 等		2 等		3 等		4 等		5 等	
	测量不确定度	长度变动量	测量不确定度	长度变动量	测量不确定度	长度变动量	测量不确定度	长度变动量	测量不确定度	长度变动量
ln≤10	0.022	0.05	0.06	0.10	0.11	0.16	0.22	0.30	0.6	0.50
10<ln≤25	0.025	0.05	0.07	0.10	0.12	0.16	0.25	0.30	0.6	0.50
25<ln≤50	0.030	0.06	0.08	0.10	0.15	0.18	0.30	0.30	0.8	0.55
50<ln≤75	0.035	0.06	0.09	0.12	0.18	0.18	0.35	0.35	0.9	0.55
75<ln≤100	0.040	0.07	0.10	0.12	0.20	0.20	0.40	0.35	1.0	0.60
100<ln≤150	0.05	0.08	0.12	0.14	0.25	0.20	0.5	0.40	1.2	0.65
150<ln≤200	0.06	0.09	0.15	0.16	0.30	0.25	0.6	0.40	1.5	0.70
200<ln≤250	0.07	0.10	0.18	0.16	0.35	0.25	0.7	0.45	1.8	0.75
250<ln≤300	0.08	0.10	0.20	0.18	0.40	0.25	0.8	0.50	2.0	0.80
300<ln≤400	0.10	0.12	0.25	0.20	0.50	0.30	1.0	0.50	2.5	0.90
400<ln≤500	0.12	0.14	0.30	0.25	0.60	0.35	1.2	0.60	3.0	1.00

续表

标称长度 ln/mm	1等		2等		3等		4等		5等	
	测量不确定度	长度变动量	测量不确定度	长度变动量	测量不确定度	长度变动量	测量不确定度	长度变动量	测量不确定度	长度变动量
$500<ln\leqslant600$	0.14	0.16	0.35	0.25	0.7	0.40	1.4	0.70	3.5	1.10
$600<ln\leqslant700$	0.16	0.18	0.40	0.30	0.8	0.45	1.6	0.70	4.0	1.20
$700<ln\leqslant800$	0.18	0.20	0.45	0.30	0.9	0.50	1.8	0.80	4.5	1.30
$800<ln\leqslant900$	0.20	0.20	0.50	0.35	1.0	0.50	2.0	0.90	5.0	1.40
$900<ln\leqslant1\,000$	0.22	0.25	0.55	0.40	1.1	0.60	2.2	1.00	5.5	1.50

注:1. 距离测量面边缘<0.8 mm范围内不计。

2. 表内测量不确定度置信概率为0.99。

长度量块的分等，其量值按长度量值传递系统（见图1.1）进行，即低一等量块的检定，需用高一等的量块作为基准测量。按“等”使用量块时，在测量上需加入修正值，虽麻烦一些，却消除了量块尺寸制造误差的影响。但是，在检定量块时，不可避免地存在一定的测量方法误差，它将作为测量误差被引入到测量结果中。

1.1.3　计量器具和测量方法

1. 计量器具

1）计量器具的分类

测量仪器和测量工具统称为计量器具。按其原理、结构特点及用途可分为以下几类。

(1) 基准量具。

基准量具只有一个固定尺寸，通常用来校对和调整其他计量器具或作为标准尺寸进行相对测量的量具，如量块等。

(2) 极限量具。

极限量具是没有刻度的专用检验工具。使用极限量具不能得出被检验工件的具体尺寸，但可以确定被检验工件是否合格，如塞规、卡规、功能量规等。

(3) 通用计量仪器。

通用计量仪器是将被测的量值转换为能够直接观察的指示值或等效信息的计量器具。按其结构特点可分为以下几种。

① 游标类量仪：如游标卡尺、游标深度尺、游标量角器等。

② 螺旋类量仪：如外径千分尺、内径千分尺等。

③ 机械类量仪：如百分表、千分表、杠杆比较仪、扭簧比较仪等。

④ 光学量仪：如光学计、测长仪、投影仪、干涉仪等。

⑤ 气动量仪：如压力式气动量仪、流量计式气动量仪等。

⑥ 电动量仪：如电感比较仪、电动轮廓仪等。

⑦ 激光量仪：如激光准直仪、激光干涉仪等。

⑧ 光学电子量仪：如光栅测长机、光纤传感器等。

(4) 计量装置。

计量装置是为确定被测几何量值所需的计量器具和辅助设备的总体。它能够测量同一工件上较多的几何量和形状比较复杂的工件，有助于实现检测自动化或半自动化，如齿轮综合精度检查仪、发动机缸体孔的几何精度综合测量仪等。

2) 计量器具的基本度量指标

基本度量指标是表征计量器具的性能和功用的指标，也是选择和使用计量器具的依据。

(1) 刻度间距。

刻度间距是计量器具标尺或分度盘上两相邻刻线中心之间的距离或圆弧长度，如图1.4所示。为适于人眼观察和读数，刻度间距一般为 1～2.5 mm。

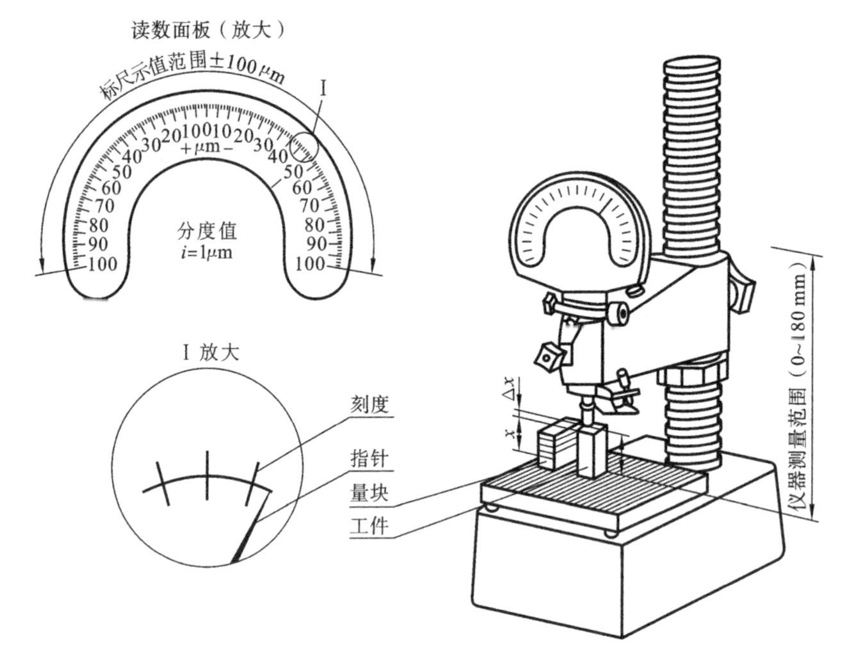

图 1.4 比较仪的部分度量指标

(2) 分度值 i。

分度值 i 是计量器具标尺或分度盘上每一刻度间距所代表的量值(图 1.4 中 i=1 μm)。一般长度计量器具的分度值有 0.1 mm、0.01 mm、0.001 mm、0.0005 mm 等。数字显示仪器的分度值称为分辨率，它表示最末一位数字间隔所代表的量值之差。一般来说，分度值越小，计量器具的精度越高。

(3) 测量范围。

测量范围是在允许误差限内，计量器具所能测量最小值到最大值的范围(图 1.4 中比较仪的悬臂升降可使测量范围增大为 0～180 mm)。例如：千分尺的测量范围有 0～25 mm、25～50 mm、50～75 mm 等多种。

(4) 示值范围。

示值范围是由计量器具所指示或显示的最小值到最大值的范围，图 1.4 中的示值范围为±100 μm。

(5) 灵敏度。

灵敏度指计量器具对被测几何量变化的响应变化能力。一般长度计量器具的灵敏度等于间距与分度值之比。例如：百分表的刻度间距为 1.5 mm，分度值为 0.01 mm，其灵敏度为 1.5/0.01=150。一般来说，计量器具的分度值越小，其灵敏度越高。

(6) 测量力。

测量力指在接触测量过程中，计量器具测头与被测物体表面之间的接触力。测量力过大将使计量器具和被测零件产生弹性变形，影响测量精度。因此，必须合理控制测量力的大小。

(7) 示值误差。

示值误差指计量器具的示值与被测几何量的真实值之差。一般来说，示值误差越小，计量器具的测量精度越高。

(8) 回程误差。

回程误差指在相同测量条件下，计量器具正反行程在同一点示值上，被测几何量值之差的绝对值。回程误差主要由计量器具传动元件之间存在间隙而引起的。

2. 测量方法及分类

1) 按测得示值方式不同分为绝对测量和相对测量

(1) 绝对测量。

绝对测量指测量时从计量器具上直接得到被测参数的整个量值。例如，用游标卡尺、千分尺等量仪测量轴的直径。

(2) 相对测量(比较测量)。

相对测量指在计量器具的读数装置上，只表示出被测几何量相对已知标准量的偏差值。被测几何量的量值等于已知标准量与该偏差值(示值)的代数和。例如，用量块调整比较仪的零位，再换上被测件，则比较仪指示的是被测件相对于标准件的偏差值。

2) 按测量结果获得方法不同分为直接测量和间接测量

(1) 直接测量。

直接测量指用计量器具直接测量被测几何量的整个数值或相对于标准量的偏差。例如，用游标卡尺和比较仪测量。直接测量方法比较简单，不需进行烦琐的计算，其测量准确度只与测量过程有关。

(2) 间接测量。

间接测量指实测几何量的量值通过一定函数式获得被测几何量的量值。间接测量比较麻烦，其精确度取决于有关参数的测量准确度，并与所依据的计算公式有关。因此，当被测量不易直接测量或因直接测量达不到精度要求时，常采用间接测量。

3) 按同时测量参数的多少分为单项测量和综合测量

(1) 单项测量。

单项测量指对工件上的各被测几何量分别进行测量的方法。例如，分别测量螺纹的螺距、牙型半角等。

(2) 综合测量。

综合测量是指对工件上几个相关几何量的综合效应同时测量得到综合指数，以判断综合结果是否合格。例如,用螺纹量规通规检验螺纹单一中径、螺距和牙侧角实际值的综合结果是否合格。

就工件整体来说,单项测量比综合测量的效率低,但单项测量便于工艺分析,而综合测量只适用于要求判断其合格与否,而不需得到具体误差值的场合。

另外,按被测量在测量过程中所处的状态分为静态测量和动态测量;按被测表面与量仪间是否有机械作用的测量力分为接触测量和非接触测量;按测量过程中决定测量精度的因素或条件是否相对稳定分为等精度测量和不等精度测量等。

1.2 测量误差及数据处理

1.2.1 测量误差的基本概念

1. 测量误差

由于计量器具和测量条件的限制,测量过程中不可避免地会产生测量误差。因此,实际测得值只是在一定程度上近似于被测几何量的真值,而这种近似程度在数值上表现为测量误差。按其表达方式的不同,测量误差分为绝对误差和相对误差。

(1) 绝对误差。

绝对误差是被测几何量的量值与其真值之差。即

$$\delta=X-Q \tag{1.2}$$

式中:δ——绝对误差;

X——被测几何量的量值;

Q——被测几何量的真值。

如果用$\pm\delta_{\lim}$表示测得值 X 的极限误差,则测量结果可表示为

$$Q=X\pm\delta_{\lim} \tag{1.3}$$

(2) 相对误差。

相对误差 ε 是测量绝对误差的绝对值与被测几何量的真值之比。即

$$\varepsilon=\frac{|\delta|}{Q}\times100\%\approx\frac{|\delta|}{X}\times100\% \tag{1.4}$$

式(1.2)反映了测得值偏离真值大小的程度。当对同一几何量进行测量时,$|\delta|$愈小,X愈接近Q,测量精度愈高。但是,对于不同尺寸的测量,测量精度的高低评定不能使用绝对误差,而需使用相对误差。

2. 测量误差产生的原因

为了尽量减小测量误差,提高测量精度,需分析产生测量误差的原因。在实际测量中,产生测量误差的原因很多,归纳起来主要有以下几方面。

(1) 计量器具误差。

由计量器具的设计、制造、装配和使用调整的不准确而引起的误差。

(2) 基准件误差。

作为标准量的基准件本身存在误差,如量块的制造误差等。

(3) 测量方法误差。

由测量方法或计算方法不完善而引起的误差,包括:测量原理与规定原则不一致、用简化的近似公式计算、工件安装定位不合理等。

(4) 环境误差。

由于环境因素与要求的标准状态不一致而引起的误差,如温度、湿度、气压(引起空气各部分的扰动)、震动(大地微震、冲击、碰动等)、照明(引起视差)、电磁场等。

(5) 人为误差。

由人为原因引起的误差。例如,记录某一信号时,测量者滞后和超前的趋向对准读数时,始终偏左偏右、偏上或偏下,常表现为视差、观测误差、估读误差和读数误差等。

1.2.2 测量误差的分类及处理

测量误差按其性质分为:系统误差、随机误差和粗大误差三大类。

1. 系统误差

系统误差指在相同的测量条件下,多次重复测量同一量值,测量误差的大小和符号保持不变或按一定的规律变化,其分为定值系统误差和变值系统误差。

(1) 定值系统误差。

定值系统误差指测量误差的大小和符号保持不变。例如,千分尺零位的不正确引起的误差。

(2) 变值系统误差。

变值系统误差指测量误差的大小和符号按一定规律变化。例如,在万能工具显微镜上测量长丝杠的螺距误差时,随着温度有规律地变动而引起丝杠长度变化的误差。

在实际测量中,应避免产生系统误差。如果难以避免,应加以消除或减小系统误差。

(1) 从产生系统误差的根源消除。例如,调整好仪器的零位、正确选择基准等。

(2) 用加修正值的方法消除。对于标准量具或标准件以及计量器具的刻度,事先用更精密的标准件检定其实际值与标准值的偏差,然后将此偏差作为修正值在测量结果中予以消除。

(3) 用两次读数法消除。若使用两种测量法测量,其产生系统误差的符号相反、大小相等或相近,则用两种测量方法测得值的算术平均值作为结果,从而消除系统误差。

(4) 利用被测量之间的内在联系消除。例如,多面棱体的各角度之和是封闭的,即360°,因此在用自准仪检定各角度时,根据角度之和为360°这一封闭条件消除检定中的系统误差。

2. 随机误差

随机误差指在相同的测量条件下,多次重复测量同一量值时,测量误差的绝对值和符号以不可预定的方式变化的误差。

随机误差主要由测量过程中一些偶然因素或不确定因素引起的。例如:测量过程中温度的波动、震动、测力不稳以及观察者的视觉等。但是,经过多次重复测量,并对测量结果进行统计、预算,发现随机误差符合一定的统计规律。

1）随机误差的特性及分布规律

对大量测试实验数据进行统计后,发现随机误差的分布多呈正态分布,其曲线如图 1.5 所示。正态分布的随机误差具有以下基本特性:

① 单峰性:绝对值越小的随机误差出现的概率越大,反之则越小;

② 对称性:绝对值相等的正、负随机误差出现的概率相等;

③ 有界性:在一定测量条件下,随机误差的绝对值不会超过一定的界限;

④ 抵偿性:随着测量次数的增加,随机误差的算术平均值趋于零。

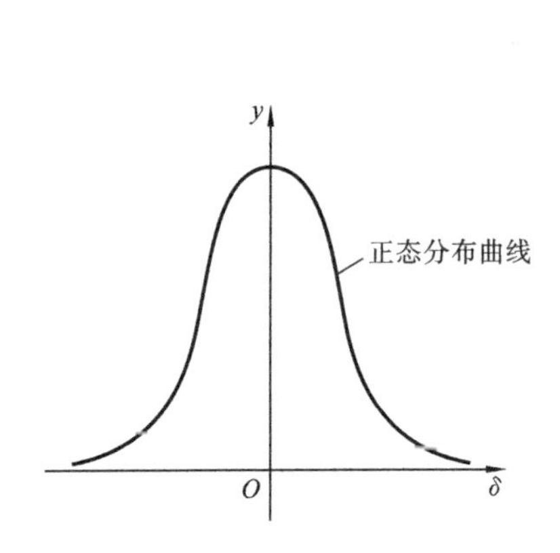

图 1.5　随机误差的正态分布曲线

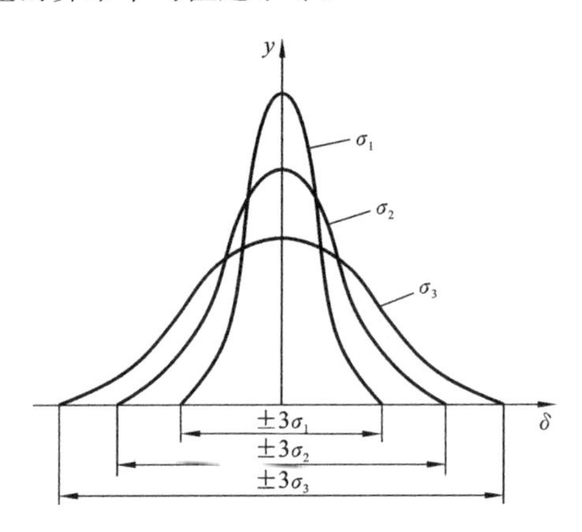

图 1.6　标准偏差对概率密度的影响

2）随机误差的评定

正态分布曲线的数学表达式为

$$y=\frac{1}{\sigma\sqrt{2\pi}}e^{-\frac{\delta^2}{2\sigma^2}} \tag{1.5}$$

式中:y——概率密度;

δ——随机误差;

σ——标准偏差。

在图 1.5 中,当 $\delta=0$ 时,概率密度最大,且有 $y_{max}=\frac{1}{\sigma\sqrt{2\pi}}$。在图 1.6 中,$\sigma_1<\sigma_2<\sigma_3$,可看出概率密度的最大值 y_{max} 与标准偏差 σ 成反比,即 σ 越小,y_{max} 越大,分布曲线越陡峭,测量值越集中,即测量精度越高;反之 σ 越大,y_{max} 越小,分布曲线越平坦,测得值越分散,亦即测量精度越低。所以,标准偏差 σ 表征了随机误差的分散程度,也就是测量精度的高低。

标准偏差 σ 和算术平均值 $\bar{x}$ 通过有限次的等精度测量实验求出:

$$\sigma=\sqrt{\frac{\sum_{i=1}^{n}(x_i-\bar{x})^2}{n-1}} \tag{1.6}$$

$$\bar{x}=\frac{1}{n}\sum_{i=1}^{n}x_i \tag{1.7}$$

式中:x_i——第 i 次测量值;

$\bar{x}$——n 次测量的算术平均值；

n——测量次数，一般取 10～20。

由概率论可知，全部随机误差的概率之和为 1，即：

$$P=\int_{-\infty}^{+\infty} y\mathrm{d}\delta=\frac{1}{\sigma\sqrt{2\pi}}\int_{-\infty}^{+\infty}\mathrm{e}^{-\frac{\delta^2}{2\sigma^2}}\mathrm{d}\delta=1$$

随机误差出现在区间$(-|\delta|,+|\delta|)$内的概率为

$$P=\int_{-\infty}^{+\infty} y\mathrm{d}\delta=\frac{1}{\sigma\sqrt{2\pi}}\int_{-|\delta|}^{+|\delta|}\mathrm{e}^{-\frac{\delta^2}{2\sigma^2}}\mathrm{d}\delta \tag{1.8}$$

若令 $t=\frac{\delta}{\sigma}$，则 $\mathrm{d}t=\frac{\mathrm{d}\delta}{\sigma}$，所以：$P=\frac{1}{\sqrt{2\pi}}\int_{-|t|}^{+|t|}\mathrm{e}^{-\frac{t^2}{2}}\mathrm{d}t=\frac{2}{\sqrt{2\pi}}\int_{0}^{|t|}\mathrm{e}^{-\frac{t^2}{2}}\mathrm{d}t=2\Phi(t)$，其中 $\Phi(t)=\frac{1}{\sqrt{2\pi}}\int_{0}^{|t|}\mathrm{e}^{-\frac{t^2}{2}}\mathrm{d}t$。$\Phi(t)$ 称为拉普拉斯函数，表 1.4 所示的为从 $\Phi(t)$ 表中查得四个 t 值对应的概率。

表 1.4 拉普拉斯函数表

t	$\lvert\delta\rvert=\lvert t\sigma\rvert$	不超出$\lvert\delta\rvert$的概率 $P=2\Phi(t)$	超出$\lvert\delta\rvert$的概率 $\alpha=1-2\Phi(t)$
1	1σ	0.682 6	0.317 4
2	2σ	0.954 4	0.045 6
3	3σ	0.997 3	0.002 7
4	4σ	0.999 36	0.000 64

在仅存在符合正态分布规律的随机误差的前提下，如果用某仪器对被测工件只测量一次，或测量多次，任取其中一次作为测量结果，可认为该单次测量值 x_i 与被测量真值 Q 之差不会超过$\pm3\sigma$ 的概率为 99.73%。因此，通常把对应于置信概率 99.73%的$\pm3\sigma$ 作为测量极限误差，即

$$\pm\delta_{\lim}=\pm3\sigma \tag{1.9}$$

为减小随机误差的影响，采用多次测量取其算术平均值表示测量结果。显然，算术平均值 $\bar{x}$ 比单次测量值 x_i 更加接近被测量真值 Q，所以用 $\sigma_{\bar{x}}$ 表示算术平均值的标准偏差，其数值与测量次数 n 有关，即

$$\sigma_{\bar{x}}=\frac{\sigma}{\sqrt{n}} \tag{1.10}$$

若以多次测量的算术平均值 $\bar{x}$ 表示测量结果，则 $\bar{x}$ 与真值 Q 之差不会超过$\pm3\sigma_{\bar{x}}$，即

$$\pm\delta_{\lim\bar{x}}=\pm3\sigma_{\bar{x}} \tag{1.11}$$

3. 粗大误差

粗大误差(也称过失误差)指超出规定条件下预期的误差。

粗大误差是由某些不正常的原因造成的。例如，测量者的粗心大意、测量仪器和被测件的突然振动以及读数或记录错误等。由于粗大误差一般数值较大，会显著地歪曲测量结果，因此应按一定准则加以剔除。

发现和剔除粗大误差的方法通常用重复测量或改用另一种测量方法加以核对。对于等精度多次测量值，通常按 3σ 准则判断和剔除粗大误差。

3σ 准则：在测量列中，凡是测量值与算术平均值之差的绝对值大于标准偏差 σ 的 3 倍，即 $|Q-\bar{x}|>3\sigma$，则认为该测量值具有粗大误差，应从测量列中将其剔除。

例 1.1 在某仪器上对某零件尺寸进行 10 次等精度测量，其测量值 x_i 见表 1.5。已知测量中不存在系统误差，试求其测量结果。

表 1.5 测得数据

测量序次 i	测量值 x_i/mm	$x_i-\bar{x}$/μm	$(x_i-\bar{x})^2$/μm²
1	55.004	+3	9
2	55.007	+6	36
3	54.996	−5	25
4	54.998	−3	9
5	55.002	+1	1
6	55.003	+2	4
7	55.006	+5	25
8	54.995	−6	36
9	54.994	−7	49
10	55.005	+4	16
	$\bar{x}=\frac{1}{10}\sum_{i=1}^{10}x_i=55.001$	$\sum_{i=1}^{10}(x_i-\bar{x})=0$	$\sum_{i=1}^{10}(x_i-\bar{x})^2=210$

解 (1) 求算术平均值和标准偏差。

由式(1.7)得算术平均值：

$$\bar{x}=\frac{1}{10}\sum_{i=1}^{10}x_i=55.001\ \text{mm}$$

由式(1.6)得标准偏差：

$$\sigma=\sqrt{\frac{\sum_{i=1}^{n}(x_i-\bar{x})^2}{n-1}}=\sqrt{\frac{210}{10-1}}\ \mu\text{m}\approx 4.8\ \mu\text{m}$$

(2) 剔除粗大误差。

$3\sigma=14.4\ \mu\text{m}$，在表 1.5 中的 10 次测量值中不存在 $|x_i-\bar{x}|>14.4\ \mu\text{m}$，所以 10 次测量值中不存在粗大误差。

(3) 求测量真值。

由式(1.10)得算术平均值的标准偏差：

$$\sigma_{\bar{x}}=\frac{\sigma}{\sqrt{n}}=\frac{4.8}{\sqrt{10}}\ \mu\text{m}\approx 1.5\ \mu\text{m}$$

所以，该零件的测量真值为

$$Q=\bar{x}\pm 3\sigma_{\bar{x}}=(55.001\pm 0.0045)\ \text{mm}$$

4. 测量精度

测量精度是几何量的测得值与其真实值的接近程度。在测量域中把精度进一步分为精密度、正确度和准确度。

(1) 精密度。

精密度表示测量结果中随机误差的影响程度,即随机误差小,精密度高。

(2) 正确度。

正确度表示测量结果中系统误差的影响程度,即系统误差小,正确度高。

(3) 准确度。

准确度,也称精确度,表示测量结果中随机误差和系统误差综合的影响程度,即随机误差和系统误差都小,则准确度高。

在图 1.7 射击打靶结果中:图(a)表示系统误差小而随机误差大,即正确度高而精密度低;图(b)表示系统误差大而随机误差小,即正确度低而精密度高;图(c)表示系统误差和随机误差都小,即准确度高。

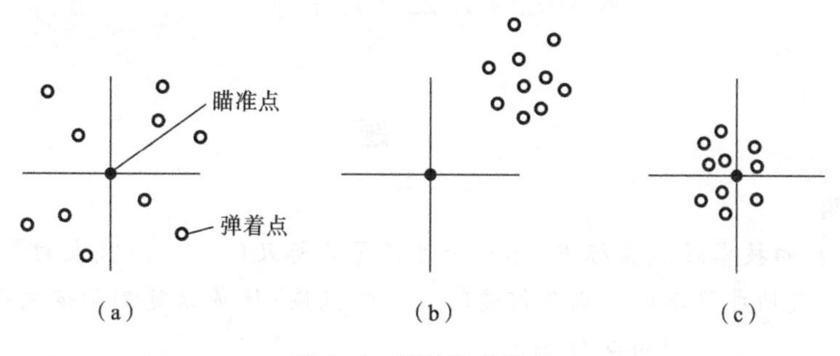

图 1.7　射弹散布精度

1.2.3　测量误差的合成

对于较重要的测量,需给出正确的测量结果和极限误差($\pm\delta_{\lim}$)。一般的简单测量,可从仪器说明书或检定规程中查取仪器的测量不确定度,并将其作为测量极限误差。而对于较复杂的测量或专门设计的测量装置,没有现成的资料可查,只能分析测量误差的组成项并计算其数值,然后按一定方法综合成测量极限误差,这个过程称为测量误差的合成。测量误差的合成包括:直接测量法测量误差的合成和间接测量法测量误差的合成。

1. 直接测量法

直接测量法测量误差的主要来源有仪器误差、测量方法误差、基准件误差等,统称为测量总误差的误差分量。直接测量法测量误差按其性质分为:已定系统误差、随机误差和未定系统误差,通常将误差按下列方法合成。

(1) 已定系统误差按代数和法合成,即

$$\delta_x = \delta_{x1} + \delta_{x2} + \cdots + \delta_{xn} = \sum_{i=1}^{n} \delta_{xi} \tag{1.12}$$

式中:δ_{xi}——第 i 个误差分量的已定系统误差值。

(2) 对于符合正态分布、彼此独立的随机误差和未定系统误差,按方根法合成,即

$$\pm\delta_{\lim} = \pm\sqrt{\delta_{\lim1}^2 + \delta_{\lim2}^2 + \cdots + \delta_{\lim n}^2} = \pm\sqrt{\sum_{i=1}^{n} \delta_{\lim i}^2} \tag{1.13}$$

式中：$\pm\delta_{\lim i}$——第 i 个误差分量的随机误差或未定系统误差的极限误差值。

2. 间接测量法

间接测量的被测几何量 y 与直接测量的几何量 $x_1, x_2 \cdots, x_n$ 有一定的函数关系，即：$y=f(x_1, x_2 \cdots, x_n)$。

当测量值 $x_1, x_2 \cdots, x_n$ 有系统误差 $\delta_{x1}, \delta_{x2}, \cdots, \delta_{xn}$ 时，则函数 y 也存在系统误差 δ_y，且

$$\delta_y = \frac{\partial f}{\partial x_1}\delta_{x_1} + \frac{\partial f}{\partial x_2}\delta_{x_2} + \cdots + \frac{\partial f}{\partial x_n}\delta_{xn} \tag{1.14}$$

当测量值 $x_1, x_2 \cdots, x_n$ 有极限误差 $\pm\delta_{\lim x1}, \pm\delta_{\lim x2}, \cdots, \pm\delta_{\lim xn}$ 时，则函数也存在极限误差 $\pm\delta_{\lim y}$，且

$$\pm\delta_{\lim y} = \pm\sqrt{\sum_{i=1}^{n}\left(\frac{\partial f}{\partial x_i}\right)^2 \delta_{\lim x_i}^2} \tag{1.15}$$

习　　题

一、填空题

1. 计量器具的技术性能指标中，标尺分度值是指标尺(　　)所代表的量值；标尺示值范围是指计量器具所能显示的被测几何量(　　)的范围；计量器具测量范围是指它所测出的被测几何量量值的(　　)的范围。

2. 测量精度是指被测几何量的测得值与其真值的接近程度，正确度反映测量结果中(　　)误差的影响程度，精密度反映(　　)误差的大小。

3. 设测量列中某单次测量值的测量结果表示为 20.033±0.012 mm，则该测量列单次测量值的标准差 σ 的数值是(　　) mm。

4. 一个完整的测量过程应包括的四个要素，分别是(　　)、(　　)、(　　)、和(　　)。

5. 随机误差的分布通常服从(　　)规律，这时随机误差具有(　　)、(　　)、(　　)和(　　)等四个基本特性。

6. 用立式光学比较仪测量圆柱工件的直径，用中心长度为 30 mm 的量块调整量仪标尺示值零位，该标尺每格的分度值为 1 μm。测量时指针指示在标尺的“－10 格”位置上，则该圆柱工件的实际尺寸为(　　)mm。这种测量方法属于(　　)测量。

二、单项选择题

1. 在精度测量中，常用的计量单位是(　　)。

   A. m　　B. cm　　C. mm　　D. μm

2. 测量工件时，由于测量温度变化产生的测量误差属于(　　)。

   A. 计量器具误差　B. 方法误差　C. 人为误差　D. 环境误差

3. 对某轴颈的尺寸用立式光学比较仪(立式光学计)进行比较测量。已知调整仪器示值零位所用的量块的标称长度为 30 mm，而经验定后它的实际尺寸为 29.998 mm，则轴颈的测量精度受到量块尺寸偏差的影响，此量块误差为(　　)。

   A. 系统误差　B. 随机误差　C. 粗大误差　D. 测量误差

4. 在测量条件不变的情况下，对某尺寸重复测量 4 次，计算得到单次测量值的标准偏差为 6 μm，则用 4 次测量值的平均值表示测量结果的测量极限误差为(　　)μm。

A. ±4.5　　B. ±9　　C. ±12　　D. ±18

5. 用立式光学比较仪测量ϕ25m6轴的方法属于(　　)。

A. 绝对测量　　B. 相对测量　　C. 综合测量　　D. 主动测量

6. 在一定的测量条件下,对某一被测几何量的量值连续多次重复测量时,所得的测得值之间相互接近的程度,称为(　　)。

A. 准确度　　B. 正确度　　C. 精确度　　D. 精密度

7. 对某尺寸进行9次等精度测量,设粗大误差已剔除,也没有系统误差,9次测得值的算数平均值为50.006 mm,测量列单次测量的标准偏差为0.003 mm,则测得结果是(　　)mm。

A. 50.006±0.009　　B. 50.006±0.001

C. 50.006±0.006　　D. 50.006±0.003

三、简答题

1. 定值系统误差的特征和消除方法分别是什么?

2. 量块的"等"和"级"是如何划分的?按"等"和"级"使用量块时,有何不同?

四、计算题

1. 用两种测量方法分别测量100 mm和200 mm两段长度,前者和后者的绝对误差分别是+6 μm和−8 μm,试确定两者的测量精度中何者较高。

2. 对某轴颈等精度测量9次,测量列单次测量值的标准偏差为3 μm,测量列算术平均值为50.002 mm,试确定以该算数平均值表示的测量结果。

第2章　尺寸极限与配合

为了遵循《产品几何技术规范(GPS)　总体规划》(GB/Z 20308—2006)的要求，我国颁布了GB/T 1800.1—2009《产品几何技术规范(GPS)　极限与配合　第1部分：公差、偏差和配合的基础》，GB/T 1800.2—2009《产品几何技术规范(GPS)　极限与配合　第2部分：标准公差等级和孔、轴极限偏差表》，GB/T 1801—2009《产品几何技术规范(GPS)　极限与配合　公差带和配合的选择》，GB/T 1803—2003《极限与配合　尺寸至18 mm孔、轴公差带》，GB/T 1804—2000《一般公差　未注公差的线性和角度尺寸的公差》。

2.1　基本术语和定义

2.1.1　孔和轴的定义

1. 孔

孔通常指工件的圆柱形内表面，也包括非圆柱形内表面(由两平行平面或切面形成的包容面)。从装配关系看，孔是包容面，如图2.1中标注的D_1、D_2、D_3、D_4为孔。

2. 轴

轴通常指工件的圆柱形外表面，也包括非圆柱形外表面(由两平行平面或切面形成的被包容面)。从装配关系看，轴是被包容面，如图2.1中标注的d_1、d_2、d_3为轴。

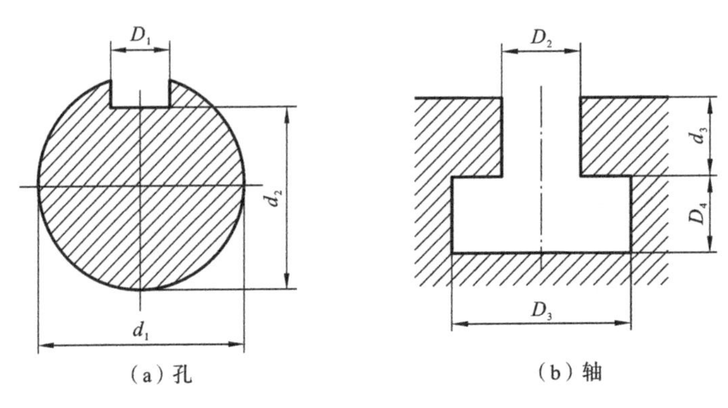

图2.1　孔与轴示意图

2.1.2　有关尺寸的术语和定义

1. 尺寸

尺寸是用特定单位表示线性尺寸值的数值，如直径、长度、宽度、高度、中心距、半径等，它由数字和长度单位组成。在机械工程图中，尺寸通常以 mm 为单位，可省略标注。

2. 公称尺寸(D,d)

公称尺寸是由图样规范确定的理想形状要素的尺寸(见图 2.2)，也称基本尺寸。它是通过强度、刚度等方面的计算或结构设计确定的。公称尺寸可以是一个整数或一个小数值。孔的公称尺寸用 D 表示；轴的公称尺寸用 d 表示。

3. 实际尺寸(D_a,d_a)

实际尺寸指零件加工后通过测量获得的两对应点之间的距离。孔和轴的实际尺寸分别用 D_a 和 d_a 表示。由于测量误差的存在，同一零件在不同位置、不同方向的实际尺寸通常是不一样的，而且不一定是被测尺寸的真值。

4. 极限尺寸

极限尺寸是一个孔或轴允许的两个极端尺寸值。允许的最大尺寸称为上极限尺寸；允许的最小尺寸称为下极限尺寸，如图 2.2 所示。孔的上、下极限尺寸分别以 D_{max} 和 D_{min} 表示；轴的上、下极限尺寸分别以 d_{max} 和 d_{min} 表示。

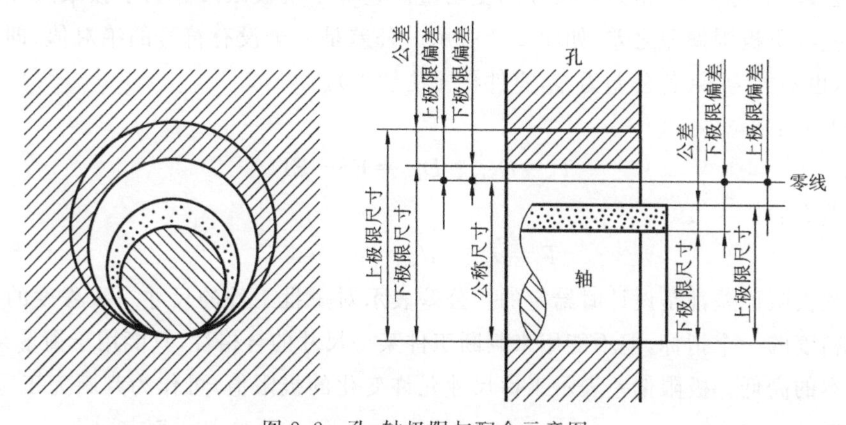

图 2.2　孔、轴极限与配合示意图

公称尺寸和极限尺寸是设计时给定的，加工后的实际尺寸应处于上、下极限尺寸之间，即 $D_{max} \geqslant D_a \geqslant D_{min}$，$d_{max} \geqslant d_a \geqslant d_{min}$。

2.1.3　有关公差与偏差的术语和定义

1. 偏差

偏差是某一尺寸减去其公称尺寸所得的代数差。偏差可以为正、负或零值。除零值外，其前面必须加“＋”或“－”号。

(1) 实际偏差：实际尺寸减去其公称尺寸所得的代数差。

孔的实际偏差E_a：

$$E_a = D_a - D \tag{2.1}$$

轴的实际偏差e_a：

$$e_a = d_a - d \tag{2.2}$$

(2) 极限偏差：极限尺寸减去其公称尺寸所得的代数差，分为上极限偏差和下极限偏差。

① 上极限偏差：上极限尺寸减去其公称尺寸所得的代数差，如图 2.2 所示。

孔的上极限偏差 ES：

$$ES = D_{max} - D \tag{2.3}$$

轴的上极限偏差 es：

$$es = d_{max} - d \tag{2.4}$$

② 下极限偏差：下极限尺寸减去其公称尺寸所得的代数差，如图 2.2 所示。

孔的下极限偏差 EI：

$$EI = D_{min} - D \tag{2.5}$$

轴的下极限偏差 ei：

$$ei = d_{min} - d \tag{2.6}$$

2. 尺寸公差

尺寸公差(简称公差)是允许尺寸的变动量。它等于上极限尺寸与下极限尺寸之差，或上极限偏差与下极限偏差之差，如图 2.2 所示。公差是一个没有符号的绝对值，即没有正、负值之分，也不能为零(若公差为零，零件将无法加工)。

孔公差T_h：

$$T_h = D_{max} - D_{min} = ES - EI \tag{2.7}$$

轴公差T_s：

$$T_s = d_{max} - d_{min} = es - ei \tag{2.8}$$

公差和极限偏差都是设计时给定的。公差表示对一批工件的尺寸一致程度的要求，是工件尺寸精度的一个指标，但不能用来判断工件某一尺寸的合格性，只能用于衡量某种工艺水平或成本的高低。极限偏差表示工件尺寸允许变化的极限值，可作为判断完工零件是否合格的依据。

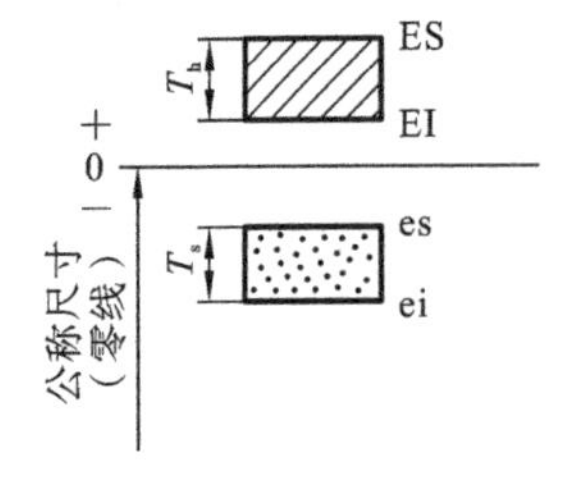

图 2.3　孔、轴公差带示意图

3. 公差带图

通过公差带图可直观地表示出相互结合的孔和轴的公称尺寸、极限偏差和公差之间的相互关系。由于极限偏差和公差数值比公称尺寸数值小很多，因此在分析有关问题时，不画孔、轴结构，只画放大的孔、轴公差区域和位置，这种图形被称为公差带图，如图 2.3 所示。公差带图由零线和公差带组成。

1）零线

零线是表示公称尺寸的一条直线。位于零线上方的极限偏差为正值，位于零线下方的极限偏差为负值，位于零线上的极限偏差为零。

2）公差带

在公差带图中，代表上、下极限偏差的两平行直线限定的区域为尺寸公差带。公差带的位置和大小应按比例绘制；公差带的横向宽度没有实际意义，可在图中适当选取。通常，孔公差带用斜线表示，轴公差带用网点表示。

在公差带图（参见图2.4）中，零线左侧写“0”，表示这条线上的偏差值为0，0上方写“+”，下方写“−”。公称尺寸书写在标注零线的公称尺寸线左方，上、下极限偏差书写（零可以不写）必须带正负号。公称尺寸（量纲默认为mm）和上、下极限偏差（量纲默认是μm）的量纲可省略不写。

4. 标准公差

标准公差是国家标准规定的公差值，见附表1。

5. 基本偏差

基本偏差是两个极限偏差中靠近零线或位于零线的那个偏差，用来确定公差带位置的参数。例如，在图2.4中，−0.009是孔$\phi65_{-0.037}^{-0.009}$的基本偏差；+0.020是轴$\phi65_{+0.020}^{+0.039}$的基本偏差。

在国家标准中，公差带图包括了“公差带大小”与“公差带位置”两个参数，前者由标准公差确定，后者由基本偏差确定。

例2.1　公称尺寸为ϕ65 mm相互结合的孔、轴的极限尺寸分别为$D_{max}=64.991$ mm，$D_{min}=64.963$ mm和$d_{max}=65.039$ mm，$d_{min}=65.020$ mm。加工后测得一孔和一轴的实际尺寸分别为$D_a=64.980$ mm，$d_a=65.030$ mm。求孔、轴的极限偏差、公差和实际偏差，并绘制公差带图。

解　由式（2.3）至式（2.6）计算孔、轴的极限偏差：

$$ES=D_{max}-D=64.991\ mm-65\ mm=-0.009\ mm$$
$$EI=D_{min}-D=64.963\ mm-65\ mm=-0.037\ mm$$
$$es=d_{max}-d=65.039\ mm-65\ mm=+0.039\ mm$$
$$ei=d_{min}-d=65.020\ mm-65\ mm=+0.020\ mm$$

由式（2.7）和式（2.8）计算孔、轴的公差：

$$T_h=D_{max}-D_{min}=64.991\ mm-64.963\ mm=0.028\ mm$$
$$（或T_h=ES-EI=-0.009\ mm-(-0.037\ mm)=0.028\ mm）$$

$$T_s=d_{max}-d_{min}=65.039\ mm-65.020\ mm=0.019\ mm$$
$$（或T_s=es-ei=0.039\ mm-0.020\ mm=0.019\ mm）$$

由式（2.1）和（2.2）计算孔和轴的实际偏差：

$$E_a=D_a-D=64.980\ mm-65\ mm=-0.020\ mm$$
$$e_a=d_a-d=65.030\ mm-65\ mm=+0.030\ mm$$

公差带图如图2.4所示。

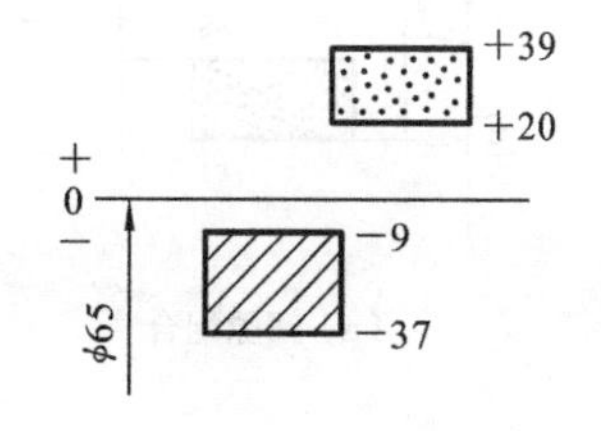

图2.4　ϕ65孔和轴公差带图

2.1.4 有关配合的术语和定义

1. 配合

1）配合

配合指公称尺寸相同且相互结合的孔和轴公差带之间的关系。

2）间隙或过盈

孔的尺寸减去相配合的轴的尺寸，所得代数差为正时，称为间隙，用 X 表示；所得代数差为负时，称为过盈，用 Y 表示。

2. 配合种类

根据相配合孔、轴公差带不同的相对位置关系，配合分为间隙配合、过盈配合和过渡配合。

1）间隙配合

具有间隙（包括最小间隙为零）的配合称为间隙配合。此时，孔的公差带在轴的公差带上方，如图 2.5(a)所示。

由于孔、轴的实际尺寸在各自公差带内变动，所以孔、轴配合的间隙量也是变动的。

孔的上极限尺寸减去轴的下极限尺寸所得代数差，称为最大间隙，用 X_{max} 表示，即

$$X_{max}=D_{max}-d_{min}=\mathrm{ES}-\mathrm{ei} \tag{2.9}$$

孔的下极限尺寸减去轴的上极限尺寸所得代数差，称为最小间隙，用 X_{min} 表示，即

$$X_{min}=D_{min}-d_{max}=\mathrm{EI}-\mathrm{es} \tag{2.10}$$

实际生产中，成批生产零件的实际尺寸多数为极限尺寸的平均值，所以形成的间隙大多在平均尺寸形成的平均间隙 X_{av} 附近，即

$$X_{av}=\frac{X_{max}+X_{min}}{2} \tag{2.11}$$

2）过盈配合

具有过盈（包括最小过盈为零）的配合称为过盈配合。此时，孔的公差带在轴的公差带下方，如图 2.5(b)所示。

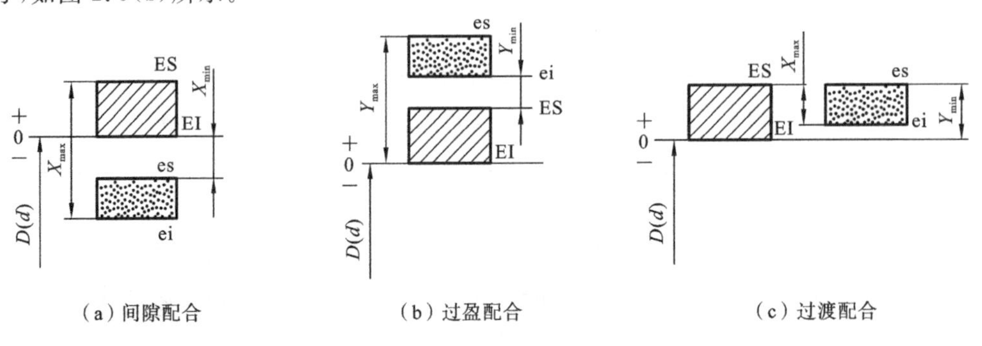

(a) 间隙配合　(b) 过盈配合　(c) 过渡配合

图 2.5　三类配合公差带图

同理，实际过盈量的大小也随着孔、轴实际尺寸的变化而变化。

孔的下极限尺寸减去轴的上极限尺寸所得代数差，称为最大过盈，用 Y_{max} 表示，即

$$Y_{max}=D_{min}-d_{max}=EI-es \tag{2.12}$$

孔的上极限尺寸减去轴的下极限尺寸所得的代数差，称为最小过盈，用 Y_{min} 表示，即

$$Y_{min}=D_{max}-d_{min}=ES-ei \tag{2.13}$$

在实际零件的成批生产中，形成的过盈量多数在平均过盈 Y_{av} 附近，即

$$Y_{av}=\frac{Y_{max}+Y_{min}}{2} \tag{2.14}$$

3）过渡配合

可能具有间隙或过盈的配合称为过渡配合。此时，孔的公差带与轴的公差带相互交叠，如图 2.5(c)所示。

在过渡配合中同时存在间隙和过盈，因此过渡配合的配合性质采用最大间隙 X_{max} 与最大过盈 Y_{max} 定量表示。最大间隙 X_{max} 是孔的上极限尺寸减去轴的下极限尺寸所得代数差，其计算公式与式(2.9)相同；最大过盈 Y_{max} 是孔的下极限尺寸减去轴的上极限尺寸所得代数差，其计算公式与式(2.12)相同。

在实际零件的成批生产中，形成的间隙量（或过盈量）可能在平均间隙 X_{av}（或平均过盈 Y_{av}）附近，即

$$X_{av}(Y_{av})=\frac{X_{max}+Y_{max}}{2} \tag{2.15}$$

当式(2.15)计算出的结果为正时，其值代表是平均间隙；而当其结果为负时，其值代表是平均过盈。

注意：极限间隙和极限过盈都是代数值，除零外，必须带有正、负号。

3. 配合公差(T_f)

配合公差是在孔与轴的配合中，允许间隙或过盈的变动量，用 T_f 表示。T_f 是没有符号的绝对值，且不能为零。

间隙配合中，

$$T_f=|X_{max}-X_{min}| \tag{2.16}$$

过盈配合中，

$$T_f=|Y_{max}-Y_{min}| \tag{2.17}$$

过渡配合中，

$$T_f=|X_{max}-Y_{max}| \tag{2.18}$$

将上述 X_{max}、X_{min}、Y_{max}、Y_{min} 的计算式(2.9)、式(2.10)、式(2.12)、式(2.13)代入式(2.16)、式(2.17)和式(2.18)中，可知配合公差 T_f 等于相配合的孔、轴公差之和，即

$$T_f=T_h+T_s \tag{2.19}$$

从式(2.19)可知：孔、轴的装配质量与相互配合的孔、轴公差大小密切相关。若要提高其装配精度，必须减少相配合孔、轴的尺寸公差，这将使孔和轴的制造难度增加，成本提高。所以，当设计孔和轴时，要综合考虑使用要求和制造难度这两个方面。

尺寸公差表达了孔、轴的尺寸精度；配合公差反映了孔、轴的配合精度；而配合类型反映了配合的性质。

4. 配合制

机械产品有各种不同的配合要求，为获得最佳技术经济效益，把其中同一极限制的孔公差带（或轴公差带）的位置固定，改变轴公差带（或孔公差带）的位置所形成各种配合的一种制度，称为配合制。GB/T 1800.1—2009 规定了两种配合制：基孔制配合和基轴制配合。

1）基孔制配合

基孔制配合指基本偏差为一定的孔的公差带与不同基本偏差的轴的公差带形成各种配合的一种制度，如图 2.6(a)所示。

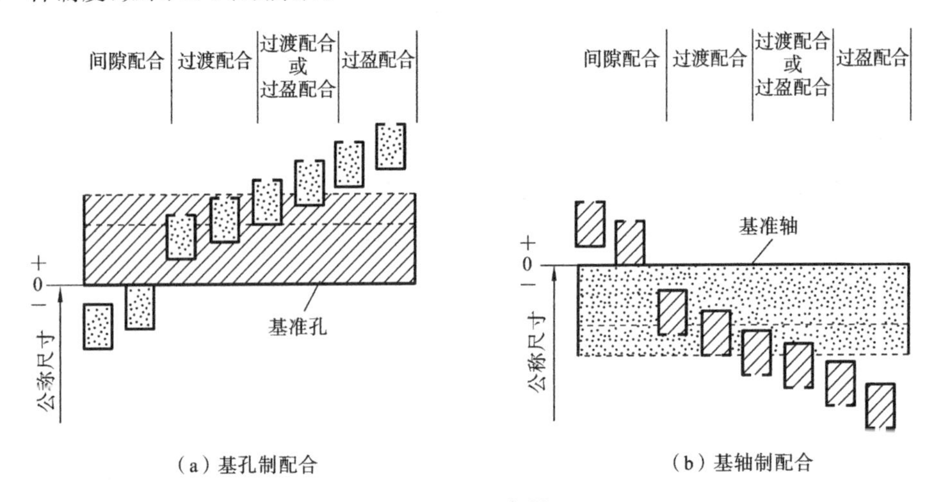

图 2.6　配合制

基孔制配合中的孔为基准孔，其公差带在零线上方，下偏差 EI=0，其代号为 H。

2）基轴制配合

基轴制配合指基本偏差为一定的轴的公差带与不同基本偏差的孔的公差带形成各种配合的一种制度，如图 2.6(b)所示。

基轴制配合中的轴为基准轴，其公差带在零线下方，上偏差 es=0，其代号为 h。

例 2.2　根据表 2.1 中已知数据，填写表中空格，并绘制公差带图。

表 2.1　例 2.2 题表　　单位：mm

公称尺寸	孔			轴			X_{max}或Y_{min}	X_{min}或Y_{max}	T_f	配合种类
	ES	EI	T_h	es	ei	T_s				
ϕ80			0.046	0			+0.035		0.076	

解　由式(2.19)可知：

$$T_s = T_f - T_h = 0.076\ \text{mm} - 0.046\ \text{mm} = 0.030\ \text{mm}$$

由式(2.8)可知：

$$ei = es - T_s = 0\ \text{mm} - 0.030\ \text{mm} = -0.030\ \text{mm}$$

由式(2.9)可知：

$$ES = X_{max} + ei = 0.035\ \text{mm} + (-0.030\ \text{mm}) = +0.005\ \text{mm}$$

由式(2.7)可知：

$$EI = ES - T_h = 0.005\ mm - 0.046\ mm = -0.041mm$$

由式(2.10)或(2.12)可知：

$$X_{min}(或Y_{max}) = EI - es = -0.041\ mm - 0\ mm$$

$$= -0.041mm\quad（由计算值为负值，可知为 Y_{max}）$$

通过上述计算可知 X_{max} 和 Y_{max}，所以配合种类为过渡配合。

所以，其计算结果见表 2.2，其公差带图如图 2.7 所示。

表 2.2　例 2.2 题答案　　单位：mm

公称尺寸	孔			轴			X_{max} 或 Y_{min}	X_{min} 或 Y_{max}	T_f	配合种类
	ES	EI	T_h	es	ei	T_s				
ϕ80	+0.005	−0.041	0.046	0	−0.030	0.030	+0.035	−0.041	0.076	过渡配合

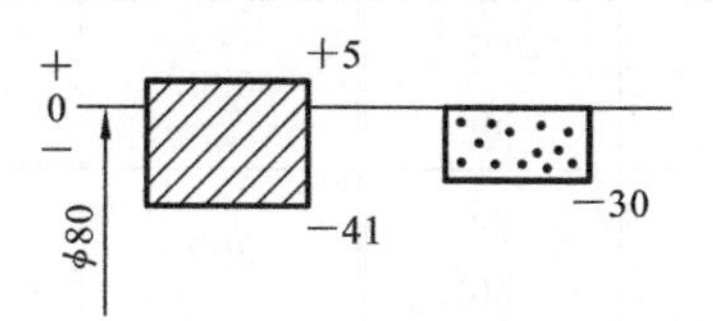

图 2.7　ϕ80 孔、轴公差带图

2.2　极限与配合的标准

GB/T 1800—2009 系列国家标准是用于尺寸精度设计的一项基础标准，它是按照标准公差系列标准化和基本偏差系列标准化的原则制定的。

2.2.1　标准公差系列

标准公差是国家标准按照不同公差等级和公称尺寸制定的一系列标准公差数值，见附表 1。

1. 公差等级

GB/T 1800.1—2009 把孔、轴公差等级各分为 20 个等级，用 IT(ISO tolerance 的简写)加阿拉伯数字表示，即 IT01、IT0、IT1、IT2……IT18。其中，IT01 等级最高，后面的公差等级依次降低，IT18 等级最低，其所对应的公差值也依次增大。

2. 公称尺寸分段

从理论上讲，每一个公称尺寸对应一个标准公差值。但是，生产实践中的公称尺寸数目很多，这将使标准公差数值表变得很庞大，使用起来不方便。而且相近的公称尺寸，其标准公差值相差较小。所以，为简化标准公差数值表，国家标准将公称尺寸分成若干段，如表2.3 所示。

表 2.3　公称尺寸分段　　单位:mm

主段		中间段	
大于	至	大于	至
—	3	无细分段	
3	6		
6	10		
10	18	10 14	14 18
18	30	18 24	24 30
30	50	30 40	40 50
50	80	50 65	65 80
80	120	80 100	100 120
120	180	120 140 160	140 160 180
180	250	180 200 225	200 225 250

主段		中间段	
大于	至	大于	至
250	315	250 280	280 315
315	400	315 355	355 400
400	500	400 450	450 500
500	630	500 560	560 630
630	800	630 710	710 800
800	1000	800 900	900 1000
1000	1250	1000 1120	1120 1250
1250	1600	1250 1400	1400 1600
1600	2000	1600 1800	1800 2000
2000	2500	2000 2240	2240 2500
2500	3150	2500 2800	2800 3150

3. 标准公差因子

实际生产中使用统计法发现:在相同的加工条件下,当公称尺寸较小时,加工误差与公称尺寸呈立方抛物线关系;当公称尺寸较大时,加工误差与公称尺寸接近线性关系。因此,公差值与公称尺寸之间的关系用标准公差因子来表示。标准公差因子是确定标准公差值的基本单位,也是制定标准公差数值系列的基础。

当公称尺寸≤500 mm 时,IT5～IT18 的标准公差因子 i 按下式计算:

$$i=0.45\sqrt[3]{D}+0.001D\ (\mu\text{m}) \tag{2.20}$$

式中:D——公称尺寸分段的计算尺寸(表 2.3 中每个尺寸段内首、末尺寸的几何平均值 $D=\sqrt{D_{首}\times D_{末}}$),mm。

在式(2.20)中,第一项主要反映加工误差,第二项用于补偿测量时由温度变化引起与公称尺寸成正比的测量误差。

当公称尺寸>500～3150 mm 时,IT1～IT18 的公差因子 I 按下式计算:

$$I=0.004D+2.1\ (\mu\text{m}) \tag{2.21}$$

当公称尺寸＞500～3150 mm时，目前尚未确定合理的计算公式，公差因子按式(2.21)计算。

4. 标准公差数值

标准公差数值由公差等级和公差因子的乘积决定。在公称尺寸≤500 mm的尺寸范围内，标准公差数值计算公式见表2.4；当公称尺寸＞500～3150 mm尺寸范围时，标准公差数值计算公式见表2.5。

表2.4 公称尺寸≤500 mm的标准公差数值计算公式

标准公差等级	计算公式	标准公差等级	计算公式	标准公差等级	计算公式
IT01	$0.3+0.008D$	IT6	$10i$	IT13	$250i$
IT0	$0.5+0.012D$	IT7	$16i$	IT14	$400i$
IT1	$0.8+0.02D$	IT8	$25i$	IT15	$640i$
IT2	$(IT1)(IT5/IT1)^{1/4}$	IT9	$40i$	IT16	$1000i$
IT3	$(IT1)(IT5/IT1)^{1/2}$	IT10	$64i$	IT17	$1600i$
IT4	$(IT1)(IT5/IT1)^{3/4}$	IT11	$100i$	IT18	$2500i$
IT5	$7i$	IT12	$160i$		

表2.5 公称尺寸＞500～3150 mm的标准公差数值计算公式

标准公差等级	计算公式	标准公差等级	计算公式	标准公差等级	计算公式
IT01	I	IT6	$10I$	IT13	$250I$
IT0	$2^{1/2}I$	IT7	$16I$	IT14	$400I$
IT1	$2I$	IT8	$25I$	IT15	$640I$
IT2	$(IT1)(IT1/IT5)^{1/4}$	IT9	$40I$	IT16	$1000I$
IT3	$(IT1)(IT1/IT5)^{1/2}$	IT10	$64I$	IT17	$1600I$
IT4	$(IT1)(IT1/IT5)^{3/4}$	IT11	$100I$	IT18	$2500I$
IT5	$7I$	IT12	$160I$		

从附表1中看出：同一公差等级、不同公称尺寸分段、表面具有同等精度要求的标准公差数值随尺寸的增大而增大。

2.2.2 基本偏差系列

1. 基本偏差代号

国家标准对孔、轴分别规定了28种基本偏差，如图2.8所示。基本偏差代号使用拉丁字母表示，大写字母代表孔，小写字母代表轴。在26个字母中，去掉5个容易与其他符号含义混淆的字母“I(i)，L(l)，O(o)，Q(q)，W(w)”；增加7个双写字母“CD(cd)，EF(ef)，

FG(fg),JS(js),ZA(za),ZB(zb),ZC(zc)”共计 28 种基本偏差代号。

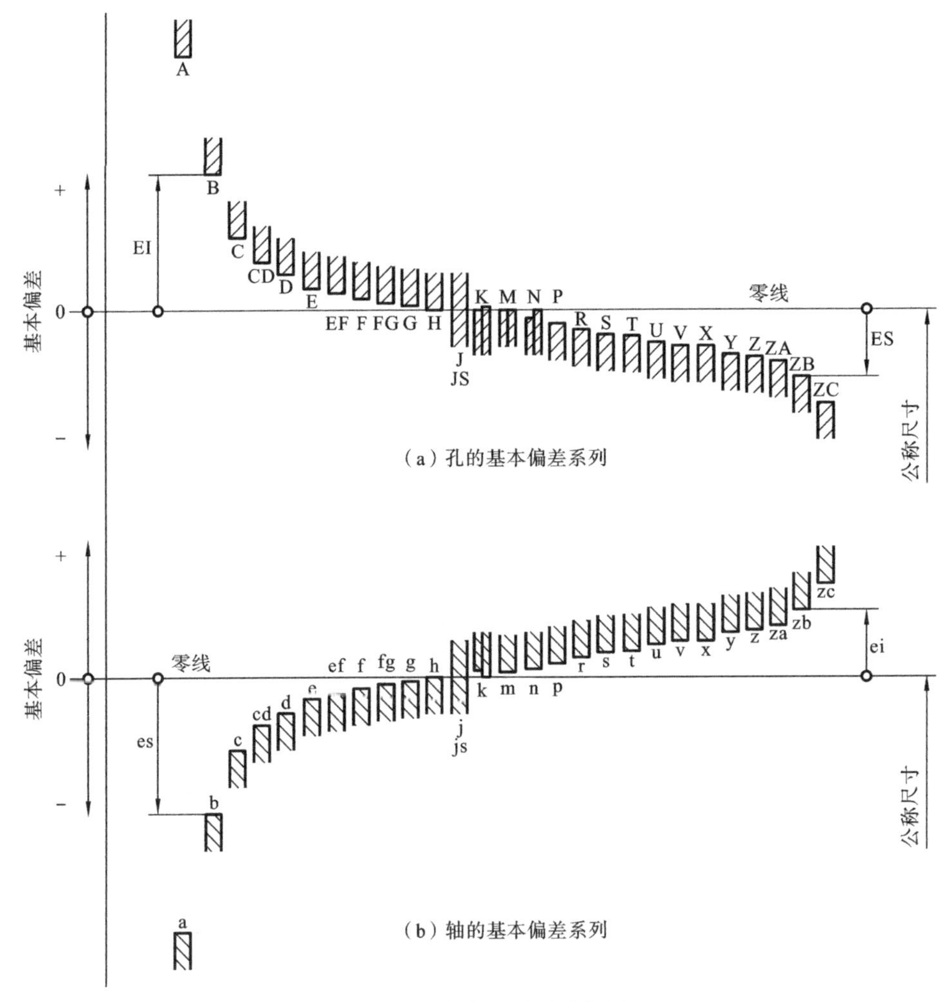

(a) 孔的基本偏差系列

(b) 轴的基本偏差系列

图 2.8 基本偏差系列示意图

在图 2.8 中,公差带是“开口”公差带,其封闭端是基本偏差,“开口”端由标准公差等级确定。

(1) 孔的 A～H 基本偏差为下偏差 EI,J～ZC(JS 除外)基本偏差为上偏差 ES;轴的 a～h 基本偏差是上偏差 es,j～zc(js 除外)基本偏差为下偏差 ei。

(2) JS(js)的公差带相对于零线是对称分布的,所以其基本偏差可以是上偏差,也可以是下偏差,其值为标准公差的一半(即±IT/2)。

(3) 大多数孔和轴的基本偏差数值不随公差等级变化,只有少数基本偏差(如 j、js、k)与公差等级有关。

2. 公差带代号与配合代号

1) 公差带代号

由于公差带相对于零线位置由基本偏差确定,公差带大小由标准公差确定,因此公差带代号由基本偏差代号和公差等级数组成。例如:H7 表示公差等级为 7 级的孔公差带;f6 表示公差等级为 6 级的轴公差带。

在零件图上,公称尺寸后标注上、下偏差数值或公差带代号,如:$\phi 50^{+0.025}_{0}$ 或 ϕ50H7(见

图 2.9(a));$\phi50_{-0.041}^{-0.025}$或ϕ50f6(见图 2.9(b))。

2) 孔、轴配合代号

国家标准规定,配合代号是孔、轴的公差带代号以分数形式组成,其中分子为孔的公差带代号,分母为轴的公差带代号。

在装配图上,公称尺寸后标注孔、轴配合代号,如:$\phi50\dfrac{H7}{f6}$,如图 2.9(c)所示。

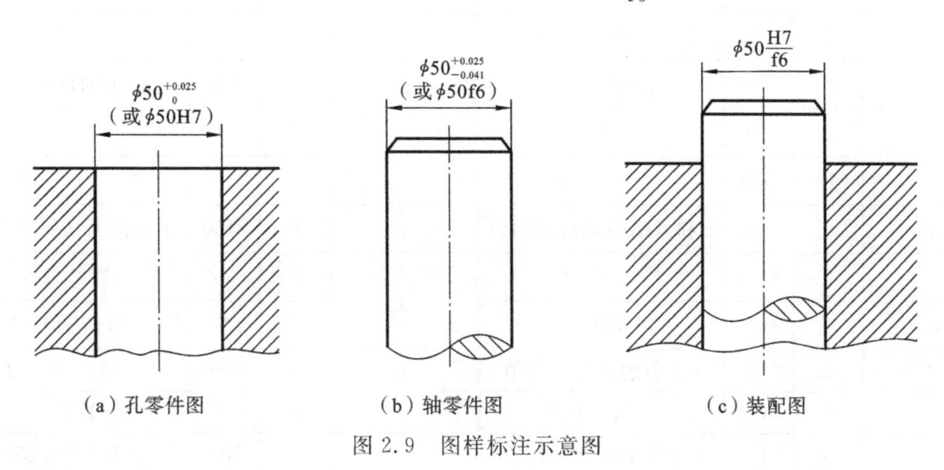

(a) 孔零件图　(b) 轴零件图　(c) 装配图

图 2.9　图样标注示意图

从图 2.8 中看出:

① 间隙配合。

基本偏差 a ~h(或 A~H)与基准孔 H(或基准轴 h)形成间隙配合。其中 a 与 H(或 A 与 h)配合的最小间隙(孔、轴基本偏差的差值)最大,然后最小间隙依次减小,基本偏差 h 与 H 配合的最小间隙为零。

② 过渡配合。

基本偏差 j、js、k、m、n(或 J、JS、K、M、N)与基准孔 H(或基准轴 h)形成过渡配合。其中 js 与 H(或 JS 与 h)的配合较松,获得间隙的概率较大,然后配合依次变紧,n 与 H(或 N 与 h)的配合较紧,获得过盈的概率较大。对于公差等级很高的 n 与 H(或 N 与 h)形成的配合为过盈配合。

③ 过盈配合。

基本偏差 p~zc(或 P~ZC)与基准孔 H(或基准轴 h)形成过盈配合。其中 p 与 H(或 P 与 h)配合的过盈最小,然后过盈依次增大,zc 与 H(或 ZC 与 h)配合的过盈最大。对于公差等级不高的 p 与 H(或 P 与 h)形成的配合为过渡配合。

3. 轴的基本偏差数值

以基孔制为基础,在生产实践和大量实验的基础上,依据统计分析的结果整理出轴基本偏差的计算公式,见表 2.6 所示。

为方便使用,国家标准将各尺寸段基本偏差按表 2.6 中计算公式进行计算,并按一定规则圆整尾数后,列成轴的基本偏差数值表,见附表 2 所示。轴的另一个偏差根据基本偏差和标准公差的关系,即 es=ei+IT 或 ei=es−IT 计算得出,如例 2.3 所示。

4. 孔的基本偏差数值

孔的基本偏差可由轴的基本偏差数值换算而得。换算原则:同一字母表示的孔和轴的基

表 2.6　轴基本偏差的计算公式

基本偏差代号	公称尺寸		基本偏差为上极限偏差 es/μm 的计算公式	基本偏差代号	公称尺寸		基本偏差为上极限偏差 es/μm 的计算公式
	大于	至			大于	至	
a	1	120	$-(265+1.3D)$	m	0	500	IT7−IT6
	120	500	$-3.5D$		500	3150	$0.024D+12.6$
b	1	160	$-(140+0.85D)$	n	0	500	$+5D^{0.34}$
	160	500	$\approx 1.8D$		500	3150	$0.04D+21$
c	0	40	$-52D^{0.2}$	p	0	500	+IT7+0～5
	40	500	$-(95+0.8D)$		500	3150	$0.072D+37.8$
cd	0	10	c 和 d 值的几何平均值	r	0	3150	p、s 值的几何平均值
d	0	3150	$-16D^{0.44}$	s	0	50	+IT8+1～4
e	0	3150	$-11D^{0.41}$		50	3150	+IT7+$0.4D$
ef	0	10	e、f 值的几何平均值	t	24	3150	+IT7+$0.63D$
f	0	3150	$-5.5D^{0.41}$	u	0	3150	+IT7+D
fg	0	10	f、g 值的几何平均值	v	14	500	+IT7+$1.25D$
g	0	3150	$-2.5D^{0.34}$	x	0	500	+IT7+$1.6D$
h	0	3150	0	y	18	500	+IT7+$2D$
j	0	500	无公式	z	0	500	+IT7+$2.5D$
js	0	3150	0.5ITn	za	0	500	+IT8+$3.15D$
k	0	500	$0.6\sqrt[3]{D}$	zb	0	500	+IT9+$4D$
	500	3150	0	zc	0	500	+IT10+$5D$

注：D 为公称尺寸段的几何平均值。

本偏差，在孔、轴同一公差等级或孔比轴低一级的配合条件下，按基孔制形成的配合与按基轴制形成的配合具有相同的配合性质。例如，$\frac{H7}{f6}$与$\frac{F7}{h6}$的配合性质相同。

根据上述原则，孔的基本偏差按照以下两种规则计算。

(1) 通用规则。

同一字母表示的孔、轴基本偏差的绝对值相等，而符号相反，即

对于孔的基本偏差 A～H，不论孔、轴是否采用同级配合，EI＝－es。

对于孔的基本偏差 K～ZC，公差等级＜IT8 的 K、M、N 以及公差等级＜IT7 的 P～ZC 一般采用同级配合，即 ES＝－ei。

但是，公称尺寸＞3 mm，公差等级＜IT8 的 N 的基本偏差 ES＝0。

(2) 特殊规则。

孔的基本偏差 ES 与轴的基本偏差 ei 符号相反，且绝对值相差一个 Δ 值，即 $ES=-ei+\Delta$；$\Delta=ITn-IT(n-1)$。其中 ITn 为孔的标准公差，IT$(n-1)$为比孔高一级的轴的标准公差。

特殊规则的应用范围：3 mm＜公称尺寸≤500 mm，且公差等级≥IT8 的 J、K、M、N 以及公差等级≥IT7 的 P 到 ZC。

换算得到孔的基本偏差数值见附表 3。孔的另一个偏差根据基本偏差和标准公差的关

系，即 EI＝ES－IT 或 ES＝EI＋IT 计算得出，如例 2.3 所示。

例 2.3　查表确定 $\phi35\mathrm{f6}$ 和 $\phi80\mathrm{R7}$ 的极限偏差。

解　(1) 查附表 1 确定标准公差值

IT6＝16 μm(公称尺寸 30～50 mm)；　IT7＝30 μm(公称尺寸 50～80 mm)

(2) 查附表 2 确定 $\phi35\mathrm{f6}$ 的基本偏差

$$es = -25\ \mu m$$

(3) 查附表 3 确定 $\phi80\mathrm{R7}$ 的基本偏差

$$ES = -43\ mm + \Delta = -43\ \mu m + 11\ \mu m = -32\ \mu m$$

(4) 求另一极限偏差

$\phi35\mathrm{f6}$ 的下极限偏差　$ei = es - IT6 = -25\ \mu m - 16\ \mu m = -41\ \mu m$

$\phi80\mathrm{R7}$ 的下极限偏差　$EI = ES - IT7 = -32\ \mu m - 30\ \mu m = -62\ \mu m$

所以，$\phi35\mathrm{f6}$ 的极限偏差表示为 $\phi35^{-0.025}_{-0.041}$；$\phi80\mathrm{R7}$ 的极限偏差表示为 $\phi80^{-0.032}_{-0.062}$。

2.2.3　常用公差带与配合

国家标准规定了 20 个公差等级和 28 种基本偏差代号，其中基本偏差 j 限用于 4 个公差等级，基本偏差 J 限用于 3 个公差等级，由此组成轴的公差带有 544 种，孔的公差带有 543 种。这些孔、轴公差带又可以组成数目更多的配合。若同时应用所有公差带及配合，显然是不经济的，也会导致定值刀具、量具规格的繁杂。所以，应对公差带和配合的选用加以限制。GB/T 1801—2009 对于公称尺寸＜500 mm 的轴、孔公差带规定如下。

1. 优先、常用和一般用途公差带

轴的一般用途公差带共 116 种，如图 2.10 所示。选择时，应优先选用带圆圈的公差带，共 13 种；其次选用方框中的常用公差带，共 59 种；最后选用其他公差带。

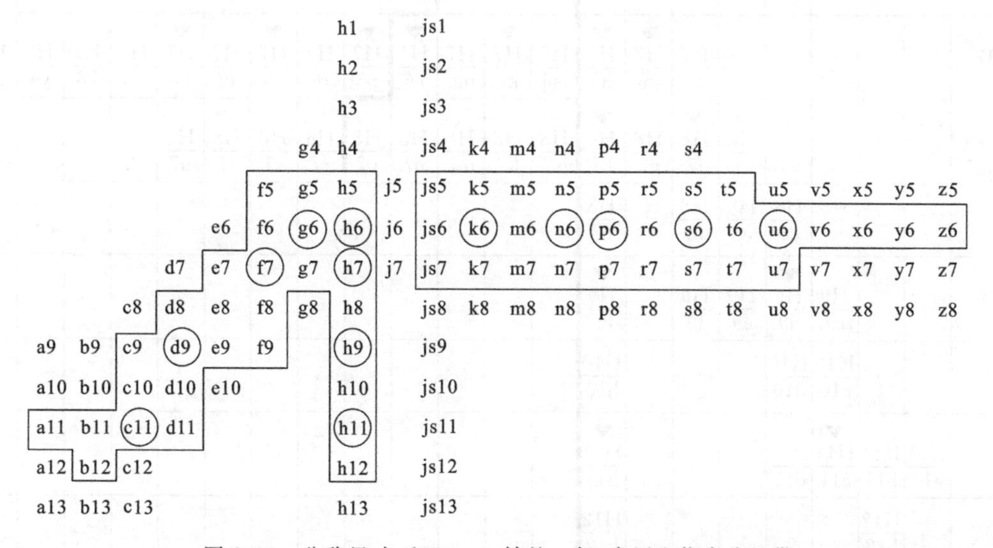

图 2.10　公称尺寸≤500 mm 轴的一般、常用和优先公差带

孔的一般用途公差带共 105 种，如图 2.11 所示。选择时，应优先选用带圆圈的公差带，共 13 种；其次选用方框中的常用公差带，共 44 种；最后选用其他公差带。

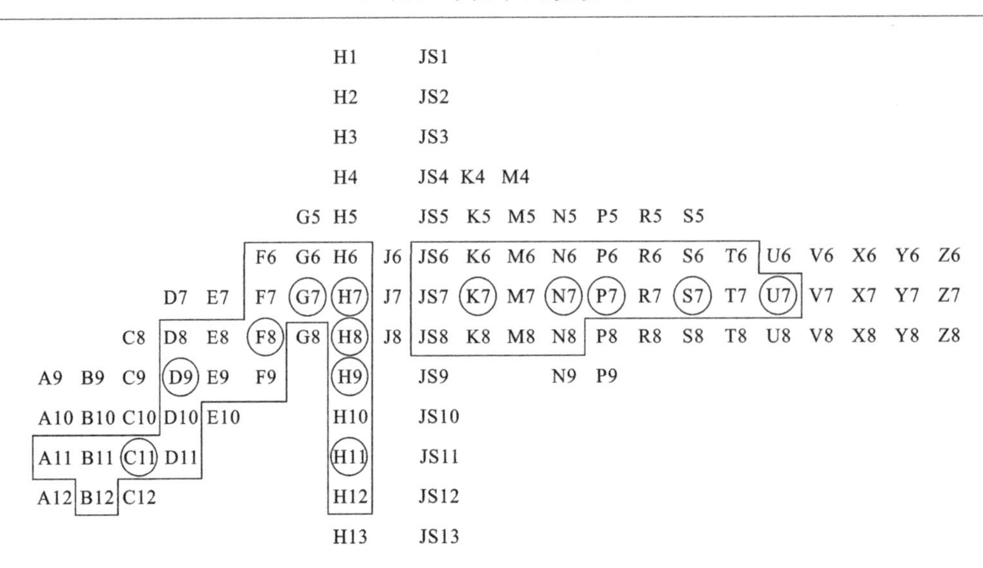

图 2.11 公称尺寸≤500 mm 孔的一般、常用和优先公差带

2. 优先和常用配合

国家标准推荐了常用尺寸段(≤500 mm)的基孔制优先配合 13 种，常用配合 59 种，如表 2.7 所示。

表 2.7 基孔制优先和常用配合

基准孔	轴																				
	a	b	c	d	e	f	g	h	js	k	m	n	p	r	s	t	u	v	x	y	z
	间隙配合								过渡配合				过盈配合								
H6						$\frac{H6}{f5}$	$\frac{H6}{g5}$	$\frac{H6}{h5}$	$\frac{H6}{js5}$	$\frac{H6}{k5}$	$\frac{H6}{m5}$	$\frac{H6}{n5}$	$\frac{H6}{p5}$	$\frac{H6}{r5}$	$\frac{H6}{s5}$	$\frac{H6}{t5}$					
H7						$\frac{H7}{f6}$	▼$\frac{H7}{g6}$	▼$\frac{H7}{h6}$	$\frac{H7}{js6}$	▼$\frac{H7}{k6}$	$\frac{H7}{m6}$	▼$\frac{H7}{n6}$	▼$\frac{H7}{p6}$	$\frac{H7}{r6}$	▼$\frac{H7}{s6}$	$\frac{H7}{t6}$	▼$\frac{H7}{u6}$	$\frac{H7}{v6}$	$\frac{H7}{x6}$	$\frac{H7}{y6}$	$\frac{H7}{z6}$
H8					$\frac{H8}{e7}$	▼$\frac{H8}{f7}$	$\frac{H8}{g7}$	▼$\frac{H8}{h7}$	$\frac{H8}{js7}$	$\frac{H8}{k7}$	$\frac{H8}{m7}$	$\frac{H8}{n7}$	$\frac{H8}{p7}$	$\frac{H8}{r7}$	$\frac{H8}{s7}$	$\frac{H8}{t7}$	$\frac{H8}{u7}$				
				$\frac{H8}{d8}$	$\frac{H8}{e8}$	$\frac{H8}{f8}$		$\frac{H8}{h8}$													
H9			$\frac{H9}{c9}$	▼$\frac{H9}{d9}$	$\frac{H9}{e9}$	$\frac{H9}{f9}$		▼$\frac{H9}{h9}$													
H10			$\frac{H10}{c10}$	$\frac{H10}{d10}$				$\frac{H10}{h10}$													
H11	$\frac{H11}{a11}$	$\frac{H11}{b11}$	▼$\frac{H11}{c11}$	$\frac{H11}{d11}$				▼$\frac{H11}{h11}$													
H12		$\frac{H12}{b12}$						$\frac{H12}{h12}$													

注：1. $\frac{H6}{n5}$、$\frac{H7}{p6}$在公称尺寸小于或等于 3 mm 和$\frac{H8}{r7}$在公称尺寸小于或等于 100 mm 时，为过渡配合。

2. 带▼的配合为优先配合。

基轴制优先配合13种，常用配合47种，见表2.8所示。

表2.8 基轴制优先和常用配合

基准轴	孔																				
	A	B	C	D	E	F	G	H	JS	K	M	N	P	R	S	T	U	V	X	Y	Z
	间隙配合								过渡配合				过盈配合								
h5						$\frac{F6}{h5}$	$\frac{G6}{h5}$	$\frac{H6}{h5}$	$\frac{JS6}{h5}$	$\frac{K6}{h5}$	$\frac{M6}{h5}$	$\frac{N6}{h5}$	$\frac{P6}{h5}$	$\frac{R6}{h5}$	$\frac{S6}{h5}$	$\frac{T6}{h5}$					
h6						$\frac{F7}{h6}$	▼$\frac{G7}{h6}$	▼$\frac{H7}{h6}$	$\frac{JS7}{h6}$	▼$\frac{K7}{h6}$	$\frac{M7}{h6}$	▼$\frac{N7}{h6}$	▼$\frac{P7}{h6}$	$\frac{R7}{h6}$	▼$\frac{S7}{h6}$	$\frac{T7}{h6}$	▼$\frac{U7}{h6}$				
h7					$\frac{E8}{h7}$	▼$\frac{F8}{h7}$		▼$\frac{H8}{h7}$	$\frac{JS8}{h7}$	$\frac{K8}{h7}$	$\frac{M8}{h7}$	$\frac{N8}{h7}$									
h8				$\frac{D8}{h8}$	$\frac{E8}{h8}$	$\frac{F8}{h8}$		$\frac{H8}{h8}$													
h9				▼$\frac{D9}{h9}$	$\frac{E9}{h9}$	$\frac{F9}{h9}$		▼$\frac{H9}{h9}$													
h10				$\frac{D10}{h10}$				$\frac{H10}{h10}$													
h11	$\frac{A11}{h11}$	$\frac{B11}{h11}$	▼$\frac{C11}{h11}$	$\frac{D11}{h11}$				▼$\frac{H11}{h11}$													
h12		$\frac{B12}{h12}$						$\frac{H12}{h12}$													

注：带▼的配合为优先配合。

附表4至附表7分别列出了其中优先配合的孔、轴公差带的极限偏差数值表、优先配合的极限间隙与过盈数值表和公称尺寸大于500到3150 mm的孔、轴的基本偏差数值。

2.3 尺寸公差与配合的选择

尺寸公差与配合的选择是否恰当，对产品性能、质量、互换性及经济性都有重要的影响，其主要包括：配合制的选用、公差等级的选用和配合种类的选用。

2.3.1 配合制的选用

配合制包括基孔制配合和基轴制配合。

1. 一般应优先选用基孔制配合

孔通常采用定值刀具（如钻头、铰刀、拉刀等）加工，采用极限量规检验，即使轴的公差带种类再多，使用同样的刀具、量具（如车刀、千分尺等）都可完成。所以，采用基孔制配合可减少孔公差带数量，从而减少定值刀具和塞规的数量，这显然是经济合理的。

2. 在某些情况下，采用基轴制配合比较经济合理

(1) 在农业机械、纺织机械或建筑机械中，常使用具有一定公差等级（IT9～IT11）的冷拉钢材直接做轴，而轴的外表面不需再加工即可满足使用要求，此时应采用基轴制配合。

(2) 在结构上，当同一轴与公称尺寸相同的几个孔配合，且配合性质要求不同时，可根据具体结构考虑采用基轴制。

图 2.12(a)为活塞部件，其中活塞销 1 的两端与活塞 2 为过渡配合，以保证零件间相对静止，活塞销 1 的中部与连杆 3 为间隙配合，以保证可以相对转动，活塞销各处的公称尺寸相同。若采用基孔制配合，则活塞销需做成两头大、中间小的台阶形，如图 2.12(b)所示。这样，不仅给制造带来困难，而且装配时容易刮伤连杆孔的工作表面。反之，采用基轴制配合，活塞销按一种公差带加工成光轴，活塞 2、连杆 3 中与轴配合的孔根据配合要求分别选用不同的公差带（如 $\phi30$M6 和 $\phi30$H6），以形成适当的过渡配合（$\phi30\ \frac{M6}{h5}$）和间隙配合（$\phi30\ \frac{H6}{h5}$），其公差带图如图 2.12(c)所示。

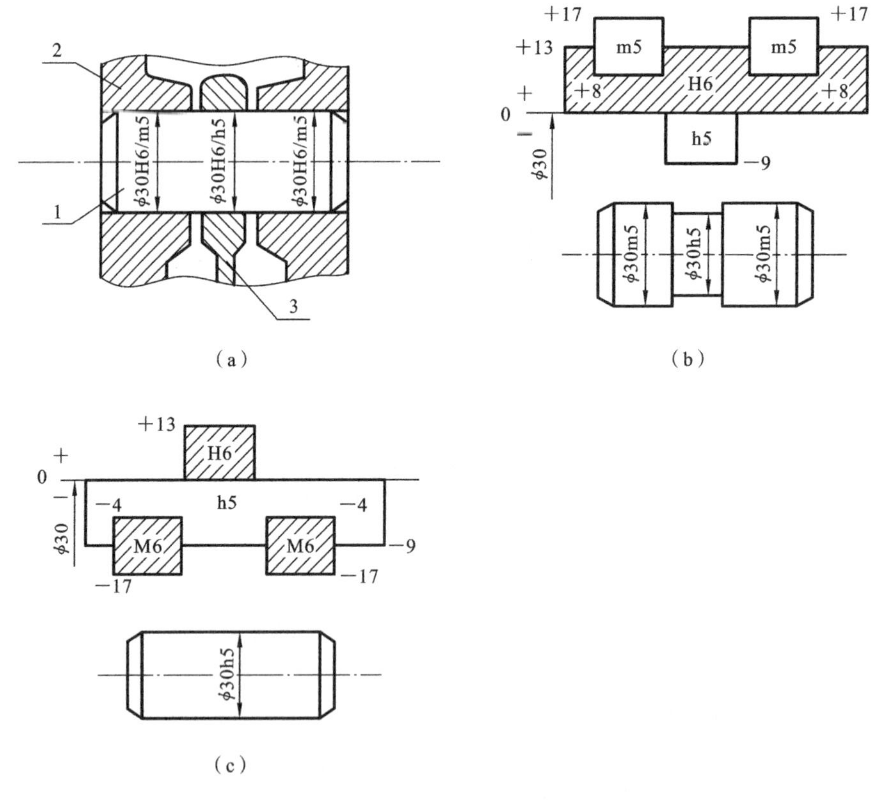

图 2.12　活塞、连杆、活塞销配合制选择

1—活塞销；2—活塞；3—连杆

3. 与标准零部件配合的孔或轴，需以标准件为基准选取配合制

例如，滚动轴承内圈和轴径的配合必须采用基孔制，滚动轴承外圈和外壳体的配合必须采用基轴制。在装配图上标注与标准件配合的公差时，有两种标注方法：① 不标注与标准

件相配合的配合公差，如图 2.13(a)所示；② 只标注与标准件配合的非标准零件公差，如图 2.13(b)所示。

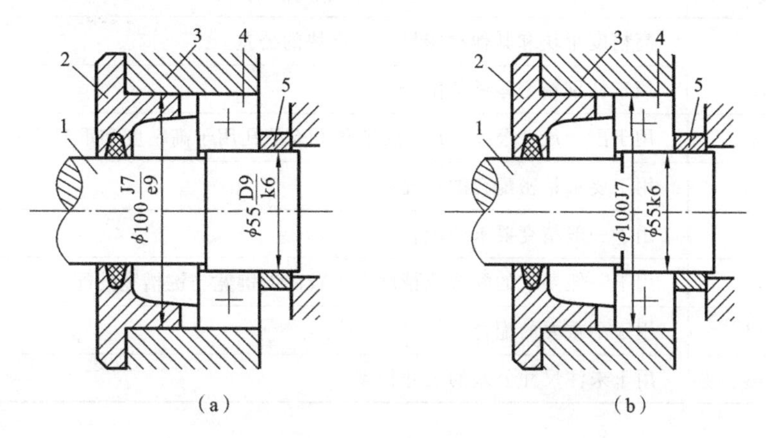

图 2.13　非基准制配合

1—轴；2—轴承端盖；3—外壳孔；4—轴承；5—套筒

4. 有时允许孔与轴采用非基准孔、非基准轴公差带组成的配合，即非基准制配合

图 2.13 中的外壳孔与轴承外径、轴承端盖同时配合，标准件轴承与外壳孔的配合采用基轴制，图 2.13 中选为基轴制的过渡配合(根据附表 32，外壳孔的尺寸公差取 ϕ100J7)。轴承端盖与外壳孔的配合要求有间隙，以便拆装，所以轴承端盖直径就不能再按基准轴制造，图 2.13 中的轴承端盖的尺寸公差取 ϕ100e9，所以轴承端盖与外壳孔组成非基准配合 $\phi100\ \frac{J7}{e9}$。如果零件有镀层要求，要求零件涂镀后具有满足某一基准制配合的孔或轴，那么零件在电镀前应按非基准制配合的孔、轴公差带进行加工。

2.3.2　公差等级的选用

公差等级越高，产品质量越好，但其成本也高。所以，公差等级选用基本原则：在满足使用要求的前提下，尽量选择较低的公差等级。通常采用类比法选用公差等级，除遵循上述原则外，还应考虑以下问题。

1. 工艺等价性

① 公称尺寸≤500 mm 且公差等级≥IT8 的孔比同级的轴加工困难，国家标准推荐孔与比它高一级的轴配合；

② 公称尺寸≤500 mm 且公差等级<IT8 的孔和公称尺寸>500 mm 的孔，其测量精度容易保证，国家标准推荐孔、轴采用同级配合。

2. 各公差等级的应用范围

公差等级的选择可参考国家标准的公差等级应用范围，见表 2.9 所示。

表 2.9　各公差等级应用范围

公差等级	应用范围
IT01～IT1	高精度量块和其他精密尺寸标准块的公差
IT2～IT5	用于特别精密零件的配合
IT5～IT12	用于配合尺寸公差。IT5 的轴和 IT6 的孔用于高精度和重要的配合处
IT6	用于要求精密配合的情况
IT7～IT8	用于一般精度要求的配合
IT9～IT10	用于一般要求的配合或精度要求较高的键宽与键槽宽的配合
IT11～IT12	用于不重要的配合
IT12～IT18	用于未注尺寸公差的尺寸精度

2.3.3　配合种类的选用

当配合制和公差等级确定后，应根据配合部位松紧程度要求，确定非基准件的基本偏差代号。配合选用的方法有计算法、试验法和类比法。

1. 计算法

计算法是根据一定的理论和公式，计算得出所需的间隙或过盈。由于影响配合间隙量和过盈量的因素很多，所以理论计算是把条件理想化和简单化，其计算结果只是一个近似值，在实际中还需经过试验来确定。但计算法理论根据比较充分，具有指导意义，所以只有计算公式较成熟的少数重要配合才用此方法。

例 2.4　公称尺寸为 $\phi40$ mm 的孔、轴配合，由计算法确定配合间隙在 $+0.022\sim+0.066$ mm，试选用合适的孔、轴公差等级和配合种类。

解　由题意可知：

$$X_{max}=66\ \mu m, X_{min}=22\ \mu m$$

(1) 选择公差等级。

由式(2.16)和式(2.19)可知：$T_f=|X_{max}-X_{min}|=T_h+T_s$，由此得

$$T_h+T_s=|66-22|\ \mu m=44\ \mu m$$

查附表 1 知：IT7＝25 μm，IT6＝16 μm。按工艺等价原则，取孔为 IT7 级，取轴为 IT6 级，则 $T_h+T_s=(25+16)\ \mu m=41\ \mu m$，其结果接近 44 μm，故符合设计要求。

(2) 选择基准制。

由于没有其他条件限制，故优先选用基孔制，则孔的公差带代号为 $\phi40$H7（或 $\phi40^{+0.025}_{0}$）。

(3) 根据配合种类选择轴的基本偏差代号。

因为是间隙配合，所以轴的基本偏差应在 a～h，且基本偏差为上极限偏差。

由式(2.10)可知：

$$es=EI-X_{min}=(0-22)\ \mu m=-22\ \mu m$$

查附表 2 选取轴的基本偏差代号为 f(es＝－25 μm)能保证 X_{min} 的要求，故轴的公差代

号为 $\phi40f6$(或 $\phi40_{-0.041}^{-0.025}$)。

(4) 验算。

所选配合为 $\phi40\,\frac{H7}{f6}$,则:

$$X_{max}=ES-ei=25\ \mu m-(-41\ \mu m)=+66\ \mu m$$

$$X_{min}=EI-es=0\ \mu m-(-25\ \mu m)=25\ \mu m$$

其配合间隙均在+0.022～+0.066 mm,故所选配合符合要求。

2. 试验法

对产品性能影响很大的关键配合,常采用多种方案进行试验比较,从而确定最佳间隙或过盈量的配合方法称为试验法。此方法较为可靠,但需要进行大量试验,故成本比较高。

3. 类比法

类比法参照类似的经过生产实践验证的机械设备,分析零件的工作条件及使用要求,以这些机械设备为样本来选取配合种类。该方法在生产实际中应用较广泛。

(1) 间隙配合用于结合件有相对运动或需方便装拆的配合。

(2) 过渡配合用于需要精确定位和便于装拆、相对静止的配合。

(3) 过盈配合用于孔、轴间没有相对运动,需传递一定扭矩的配合。当过盈不大时,借助键连接(或其他紧固件)传递扭矩,可拆卸;当过盈大时,靠结合力传递扭矩,不便拆卸。

使用类比法设计时,参考表 2.10 选取各种基本偏差。表 2.11 是工作条件对配合松紧的要求,可作为设计的依据。

表 2.10　各种基本偏差的应用实例

配合	基本偏差	各种基本偏差的特点及应用实例
间隙配合	a(A) b(B)	可得到特别大的间隙,很少采用。主要用于工作时温度高、热变形大的零件的配合,如内燃机中铝活塞与气缸钢套孔的配合为 H9/a9
	c(C)	可得到很大的间隙。一般用于工作条件较差(如农业机械),工作时受力变形大及装配工艺性不好的零件的配合,也适用于高温工作的间隙配合,如内燃机排气阀杆与导管孔的配合为 H8/c7
	d(D)	与 IT7～IT11 对应,适用于较松的间隙配合(如滑轮、活套的带轮的孔与轴的配合),以及大尺寸滑动轴承与轴颈的配合(如涡轮机、球磨机等的滑动轴承)。活塞环与活塞环槽的配合可用 H9/d9
	e(E)	与 IT6～IT9 对应,具有明显的间隙,用于大跨距及多支点的转轴轴颈与轴承的配合,以及高速、重载的大尺寸轴颈与轴承的配合,如大型电动机、内燃机的主要轴承处的配合为 H8/e7
	f(F)	多与 IT6～IT8 对应,用于一般的转动配合,受温度影响不大、采用普通润滑油的轴颈与滑动轴承的配合,如齿轮箱、小电动机、泵等的转轴轴颈与滑动轴承的配合为 H7/f6
	g(G)	多与IT5～IT7 对应,形成配合的间隙较小,用于轻载精密装置中的转动配合,用于插销的定位配合,滑阀、连杆销等处的配合,钻套导向孔多用 G6
	h(H)	多与 IT4～IT11 对应,广泛用于无相对转动的配合、一般的定位配合。若没有温度、变形的影响,也可用于精密轴向移动部位,如车床尾座导向孔与滑动套筒的配合为 H6/h5

续表

配合	基本偏差	各种基本偏差的特点及应用实例
过渡配合	js(JS)	多用于IT4～IT7具有平均间隙的过渡配合，用于略有过盈的定位配合，如联轴器与轴、齿圈与轮毂的配合，滚动轴承外圈与外壳孔的配合多用JS7。一般用手或木槌装配
	k(K)	多用于IT4～IT7平均间隙接近于零的配合，用于定位配合，如滚动轴承的内、外圈分别与轴颈、外壳孔的配合。用木槌装配
	m(M)	多用于IT4～IT7平均过盈较小的配合，用于精密的定位配合，如蜗轮的青铜轮缘与轮毂的配合为H7/m6
	n(N)	多用于IT4～IT7平均过盈较大的配合，很少形成间隙。用于加键传递较大转矩的配合，如冲床上齿轮的孔与轴的配合。用槌子或压力机装配
过盈配合	p(P)	用于过盈小的配合。与H6或H7孔形成过盈配合，而与H8孔形成过渡配合。碳钢和铸铁零件形成的配合为标准压入配合，如卷扬机绳轮的轮毂与齿圈的配合为H7/p6。合金钢零件的配合需要过盈小时可用p(或P)
	r(R)	用于传递大转矩或受冲击负荷而需要加键的配合，如蜗轮孔与轴的配合为H7/r6。必须注意，H8/r7配合在公称尺寸≤100 mm时，为过渡配合
	s(S)	用于钢和铸铁零件的永久性和半永久性结合，可产生相当大的结合力，如套环压在轴、阀座上用H7/s6配合
	t(T)	用于钢和铸铁零件的永久性结合，不用键就能传递转矩，需用热套法或冷轴法装配，如联轴器与轴的配合为H7/t6
	u(U)	用于过盈大的配合，最大过盈需验算，用热套法进行装配，如火车车轮轮毂孔与轴的配合为H6/u5
	v(V),x(X) y(Y),z(Z)	用于过盈特大的配合，目前使用的经验和资料很少，须经试验后才能应用。一般不推荐

表2.11　工作条件对配合松紧的要求

工作条件	过盈	间隙	工作条件	过盈	间隙
经常装拆	减少		装配时可能歪斜	减少	增大
工作时孔的温度比轴的低	减少	增大	旋转速度高	增大	增大
工作时轴的温度比孔的低	增大	减少	有轴向运动		增大
形状和位置误差较大	减少	增大	表面较粗糙	增大	减少
有冲击和振动	增大	减少	装配精度高	减少	减少
配合长度较大	减少	增大	对中性要求高	减少	减少

例2.5　试分析图2.14一级圆柱齿轮减速器中，与输出轴4相关的尺寸极限与配合的公差设计。

解　(1) $\phi58$轴与圆柱齿轮6的配合公差选取。

① 配合制的选取。

一般选取基孔制，所以齿轮孔$\phi58$的基本偏差为H。

② 配合尺寸的确定。

齿轮孔$\phi58$是加工的工艺基准，也是齿轮传动的安装基准，参考第7章表7.4中通用减

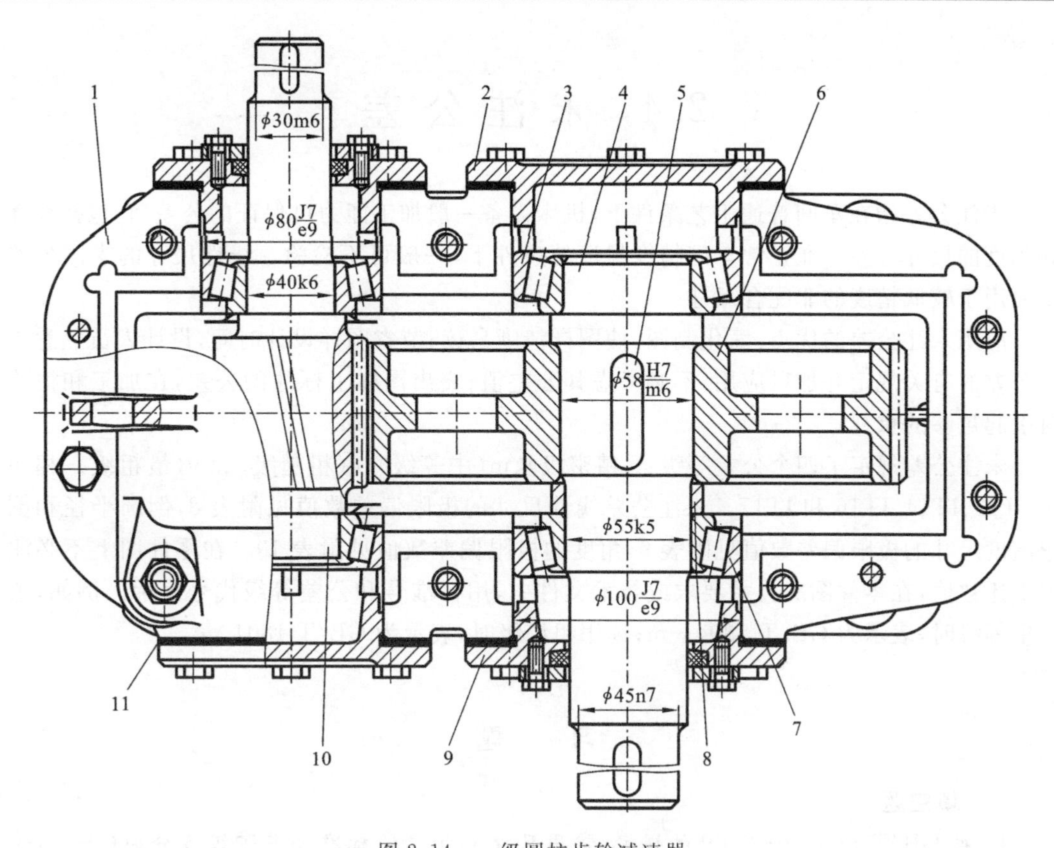

图 2.14　一级圆柱齿轮减速器

1—箱体；2—轴承端盖（闷盖）；3，7—滚动轴承；4—输出轴；5—平键；6—圆柱齿轮；
8—挡油板；9—轴承端盖（透盖）；10—齿轮轴；11—垫片

速器的精度等级为6～9，同时参考附表45，选取大齿轮尺寸精度为IT7（按齿轮8级精度选取）。

考虑减速器的输出轴传递转速并承受较大的载荷，为保证圆柱齿轮6的传动精度、承载能力和传动平稳性，采用过渡配合，参考表2.7，选取$\phi58\ \frac{H7}{m6}$。

(2) 滚动轴承3、7分别与输出轴4和外壳孔ϕ100的配合公差选取。

滚动轴承3、7为标准件，与输出轴4的两端轴颈ϕ55的配合采用基孔制，根据附表31选取轴颈ϕ55的公差带为k5；与箱体孔ϕ100的配合采用基轴制，根据附表32选取外壳孔ϕ100公差带为J7。

轴承端盖9与外壳孔采用间隙配合，参考图2.10选取$\phi100\ \frac{J7}{e9}$。

(3) 平键5分别与输出轴4、圆柱齿轮6的配合公差选取。

平键5为标准件，同时与输出轴4和圆柱齿轮6组成配合，因此采用基轴制。根据表6.5，选取正常连接的配合种类，平键宽度公差带为h8，轴键槽公差带为N9，齿轮轮毂键槽公差带为JS9。

(4) 输出轴4轴颈ϕ45的公差带选取。

首选基孔制，考虑输出轴4轴颈ϕ45的精度设计要求是保证较好的定心精度，选用过渡配合，根据表2.7选取$\phi45\ \frac{H8}{n7}$。

2.4 未注公差

未注公差指在车间普通工艺条件下，机床设备一般加工能力可保证的公差，它包括线性和角度的尺寸公差。在正常车间精度保证的条件下，一般可不检验。线性尺寸的未注公差主要用于较低精度的非配合尺寸。

应用未注公差的优点：简化制图，使图样清晰易读；节省图样设计时间，设计人员熟悉未注公差的有关规定并加以应用，不必考虑其公差值；突出图样上标注的公差，在加工和检验时引起足够的重视。

未注公差规定了四个公差等级：f(精密级)、m(中等级)、c(粗糙级)和v(最粗级)，相当于IT12、IT14、IT16和IT17。未注公差线性尺寸的极限偏差数值见附表8，倒圆半径和倒角高度尺寸的极限偏差数值见附表9，角度的极限偏差数值见附表10。在零件图上不必注出上述数值，在零件图的技术要求或技术文件中，用标准号和公差等级代号表示。例如，选用中等级时，表示为GB/T 1804—m；选用粗糙级时，表示为GB/T 1804—c。

习 题

一、填空题

1. 按GB/T 1800.2—2009的规定，常用尺寸孔和轴的标准公差等级各分为(　　)等20级。

2. 孔在图样上标注为ϕ80JS8，已知IT8=46 μm，则该孔的下极限偏差为(　　)mm，最小实体尺寸为(　　)mm。

3. 选择孔与轴配合的配合制时，优先选用基(　　)制，原因是(　　)。

4. 基本偏差代号为g的轴与基本偏差代号为H的孔形成(　　)配合。

5. 基孔制是指基本偏差为一定的(　　)公差带，与不同基本偏差的(　　)的公差带形成各种配合的一种制度。

6. 孔、轴尺寸公差带的大小由(　　)决定，其位置由(　　)决定。

7. 实际尺寸与公称尺寸之差称为(　　)偏差，极限尺寸与公称尺寸之差称为(　　)偏差；用(　　)偏差控制(　　)偏差。

二、单项选择题

1. 利用同一加工方法，加工ϕ100H7孔和ϕ50H6孔，应理解为(　　)。

A. 前者加工困难　　B. 后者加工困难

C. 两种加工难易程度相同　　D. 无从比较

2. ϕ20f7和ϕ20f8两个公差带的(　　)。

A. 上极限偏差相同且下极限偏差相同　　B. 上极限偏差相同但下极限偏差不同

C. 上极限偏差不同但下极限偏差相同　　D. 上、下极限偏差各不相同

3. 要求相互结合的孔与轴有相对运动，它们的配合必须选用(　　)。

A. 过渡配合　　B. 过盈配合　　C. 间隙配合　　D. 配制配合

4. 下列孔、轴配合中，配合性质最紧的是(　　)。

A. H7/g6　　B. JS7/h6　　C. H7/h6　　D. H7/s6

5. 基本偏差代号为J～N的孔与基本偏差代号为h的轴配合形成(　　)。

A. 基轴制过渡配合　　B. 基轴制过盈配合

C. 基轴制间隙配合　　D. 基孔制过渡配合

6. 与ϕ80H7/m6配合性质相同的配合代号是(　　)。

A. ϕ80H7/m7　　B. ϕ80M7/h6　　C. ϕ80H6/m6　　D. ϕ80M7/h7

7. 孔的最小实体尺寸是其(　　)。

A. 上极限尺寸　　B. 下极限尺寸　　C. 公称尺寸　　D. 实际尺寸

8. 比较大小不相同的两个尺寸的标准公差等级高低的依据是它们的(　　)。

A. 标准公差　　B. 标准公差因子

C. 标准公差等级系数　　D. 基本偏差

9. 公称尺寸相同,相互结合的孔、轴公差带之间的关系叫做(　　)。

A. 间隙　　B. 过盈　　C. 联接　　D. 配合

10. 间隙或过盈的允许变动量叫做(　　)。

A. 尺寸公差　　B. 相关公差　　C. 标准公差　　D. 配合公差

11. 按GB/T 1804—2000的规定,未注公差线性尺寸的一般公差等级分为(　　)。

A. H、K、L三级　　B. F、M、C、V四级

C. f、m、c、v四级　　D. 15、16、17、18四级

12. 内径公称直径为ϕ40 mm的向心球轴承内圈与ϕ40k6轴颈配合,则它们构成的配合性质为(　　)。

A. 间隙配合　　B. 过渡配合　　C. 过盈配合　　D. 过渡或过盈配合

三、简答题

1. 试举三例说明孔与轴配合中应采用基轴制的场合。

2. 试述孔、轴三大类配合的名称以及相应孔和轴公差带的相对位置各有何特点。

四、计算题

试根据表中已有的数值,计算并填写该表空格中的数值(单位为mm),并画出公差带图。

公称尺寸	孔			轴			最大间隙或最小过盈	最小间隙或最大过盈	平均间隙或平均过盈	配合公差	配合性质
	上极限偏差	下极限偏差	公差	上极限偏差	下极限偏差	公差					
ϕ65	+0.030	0			+0.02			−0.039		0.049	

第3章 几何公差

3.1 概 述

由于受各种因素的影响，零件在加工过程中不可避免地会产生形状误差和位置误差，这些误差称为几何误差。为限制几何误差，保证互换性，零件图上应给出几何公差，并按零件图上的几何公差检测加工后零件的几何误差是否符合设计要求。

我国根据国际标准制订了有关几何公差的新国家标准：GB/T 1182—2018《产品几何技术规范（GPS） 几何公差 形状、方向、位置和跳动公差标注》，GB/T 4249—2018《产品几何技术规范（GPS） 公差原则》，GB/T 16671—2018《产品几何技术规范（GPS） 最大实体要求（MMR）、最小实体要求（LMR）和可逆要求（RPR）》，GB/T 17851—2010《产品几何技术规范（GPS） 几何公差基准和基准体系》，GB/T 1184—1996《形状和位置公差 未注公差值》，GB/T 1958—2017《产品几何技术规范（GPS） 几何公差 检测与验证》等。

3.1.1 几何公差的研究对象

几何公差的研究对象是构成零件几何特征的点、线、面。这些点、线、面统称为几何要素，简称要素。“点”指线的交点、圆心、球心等；“线”指零件的棱边、素线、轴线或中心线等；“面”指零件中心平面或各种形状的轮廓面（包括内外表面、圆柱面、圆锥面、球面）。

从不同的角度对几何要素进行分类。

1. 按存在状态分类

1）理想要素

理想要素指没有任何误差的点、线、面要素。理想要素只作为评定实际要素的依据，在生产中是不可能得到的。零件图上表示的要素均为理想要素。

2）实际要素

实际要素是加工后零件上实际存在的要素，通常以测得要素来代替。

2. 按结构特征分类

1）组成要素

组成要素指构成零件外形且人们能直接感觉到的面和面上的线，如图3.1中的a、b、c、d_1、d_2、e。

2）导出要素

导出要素指由组成要素导出的要素，如中心点、中心线或中心面，如图3.1中的中心点g、轴线h和中心面f。

3. 按检测关系分类

1）被测要素

被测要素指在图样中给出几何公差要求且需检测的要素，如图3.2中的平面a。

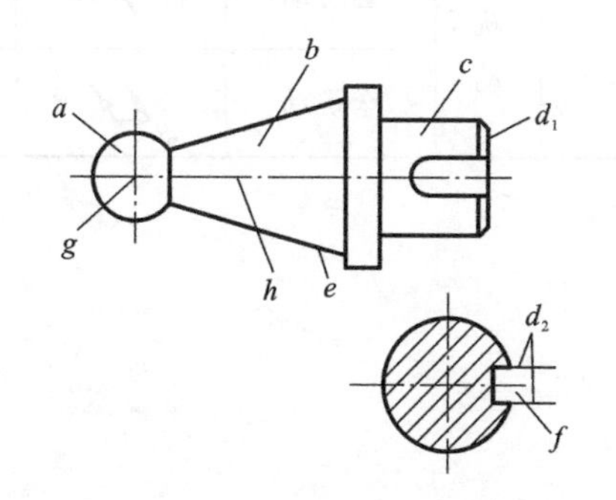

图3.1　组成要素和导出要素

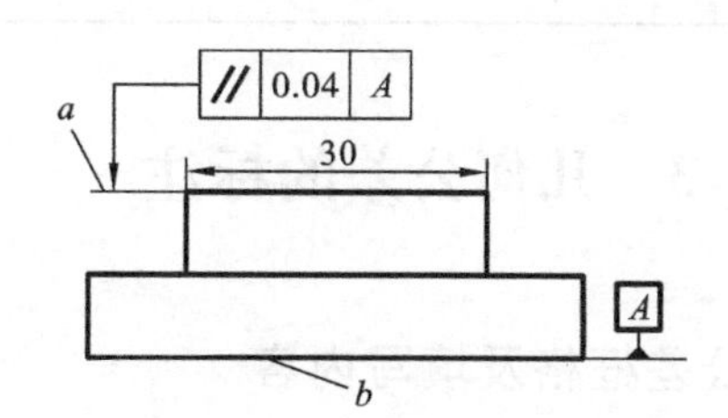

图3.2　基准要素和被测要素

2）基准要素

基准要素指图样上规定用来确定被测要素方向或位置的要素，是理想要素并标有基准代号，如图3.2中的平面b。

4. 按功能关系分类

1）单一要素

单一要素指仅对要素本身给出形状公差要求的要素。

2）关联要素

关联要素指对基准要素有功能要求而给出方向、位置和跳动公差要求的要素。图3.2中的平面a相对平面b有平行度要求，故平面a属关联要素。

3.1.2　几何公差的特征及其符号

GB/T 1182—2018规定了14种形状、方向和位置等公差的特征符号，见表3.1。

表 3.1 几何公差特征符号

公差类型		几何特征	符号	有无基准	公差类型		几何特征	符号	有无基准
形状	形状	直线度	—	无	方向、位置、跳动	方向	平行度	//	有
		平面度	▱	无			垂直度	⊥	有
		圆度	○	无			倾斜度	∠	有
		圆柱度	⌭	无		位置	位置度	⌖	有或无
形状、方向或位置	轮廓	线轮廓度	⌒	有或无			同轴度 同心度	◎	有
		面轮廓度	⌓	有或无			对称度	⌯	有
						跳动	圆跳动	↗	有
							全跳动	⌰	有

3.1.3 几何公差的标注

1. 公差框格及填写内容

一般公差框格在图样上应水平放置，如图 3.3(a)、(c)、(d)所示；也允许竖直放置，如图 3.3(b)、(e)所示。

形状公差框格共有 2 格，如图 3.4 所示；方向、位置、跳动公差框格有 3～5 格，如图 3.5 所示。水平放置的公差框格中的内容从左往右顺序填写：公差特征符号、几何公差值(单位 mm)和有关符号、基准字母和有关符号。对于竖直放置的公差框格，由下往上填写上述相关内容。

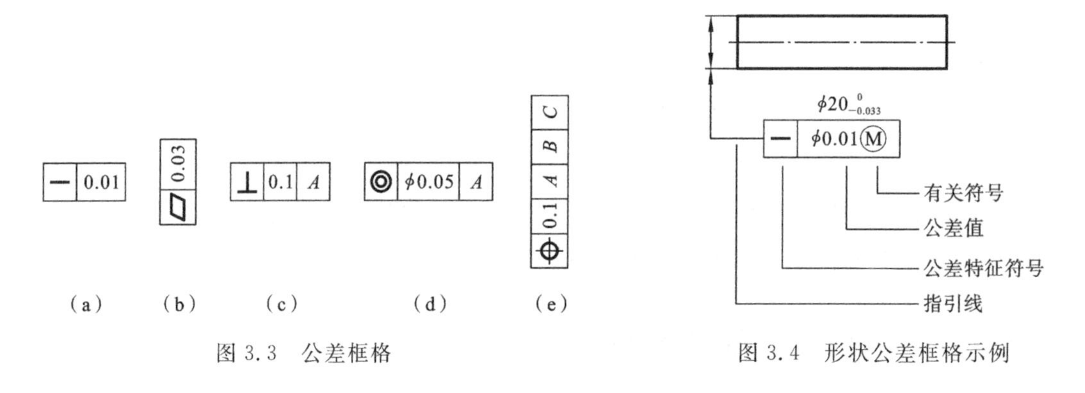

图 3.3 公差框格

图 3.4 形状公差框格示例

2. 指引线

公差框格通过指引线与被测要素联系起来。指引线由细实线和箭头构成，从公差框格

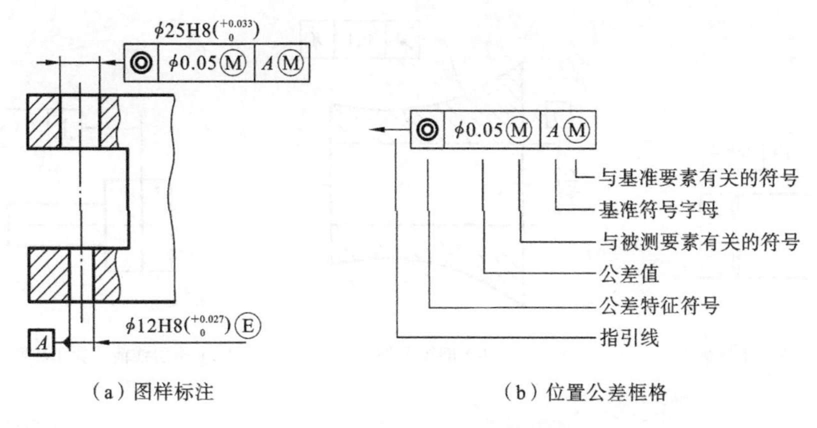

（a）图样标注　　（b）位置公差框格

图3.5　三格几何公差框格示例

的一端引出，保持与公差框格端线垂直，引向被测要素时允许弯折，但不得多于两次，如图3.6所示。

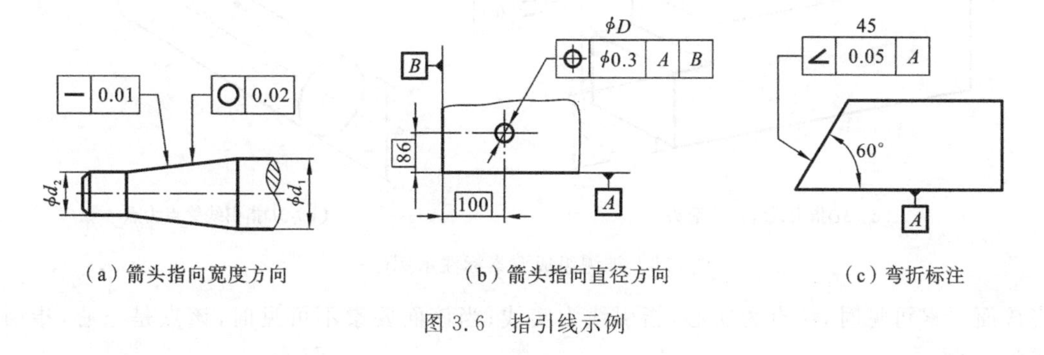

（a）箭头指向宽度方向　　（b）箭头指向直径方向　　（c）弯折标注

图3.6　指引线示例

3. 基准代号

基准代号由基准符号、方框、连线和大写字母组成。字母标注在基准方格内，与一个涂黑的三角形相连以表示基准，如图3.7所示。无论基准符号的方向如何，字母都应水平书写。

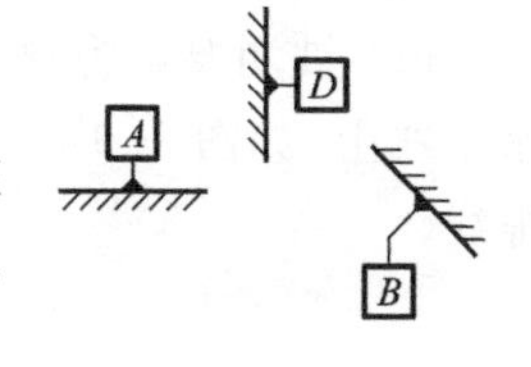

图3.7　基准符号

基准在图样上的表达：在基准部位标注基准符号，再将表示基准的大写字母标注在公差框格内，如图3.6(b)、(c)所示。

3.1.4　几何公差的标注方法

1. 被测要素的标注

标注被测要素时，公差框格指引线箭头所指位置和方向的不同将有不同含义，因此需严格按照国家标准规定进行标注。

(1) 被测要素为组成要素时，指引线箭头应指在被测表面的可见轮廓线上，如图3.8(a)和(b)所示；或指在轮廓线的延长线上，且必须与尺寸线明显错开，如图3.8(c)所示。

在三维(3D)图形的标注中，指引线终止在组成要素上，但应与尺寸线明显分开，如图3.8(d)所示。指引线的终点为指向延长线的箭头以及组成要素上的点(见图3.8(e))。

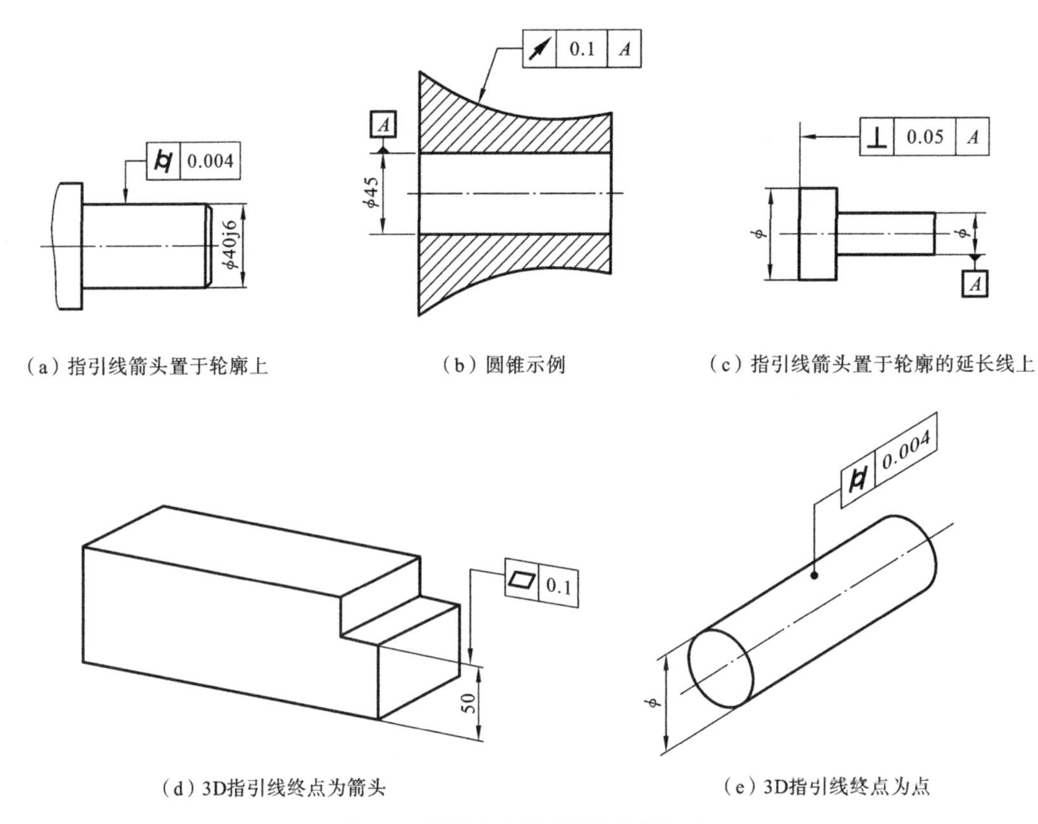

（a）指引线箭头置于轮廓上　（b）圆锥示例　（c）指引线箭头置于轮廓的延长线上

（d）3D指引线终点为箭头　（e）3D指引线终点为点

图 3.8　被测组成要素标注示例(一)

当该面要素可见时，该点为实心，指引线为实线；当该面要素不可见时，该点是空心，指引线为虚线。

(2) 被测要素为视图中的一个面时，用一小黑点引出该面，指引线箭头指在引出线的水平线上，如图 3.9 所示。当该面的被测要素为不可见时，这个圆点为空心，指引线为虚线。

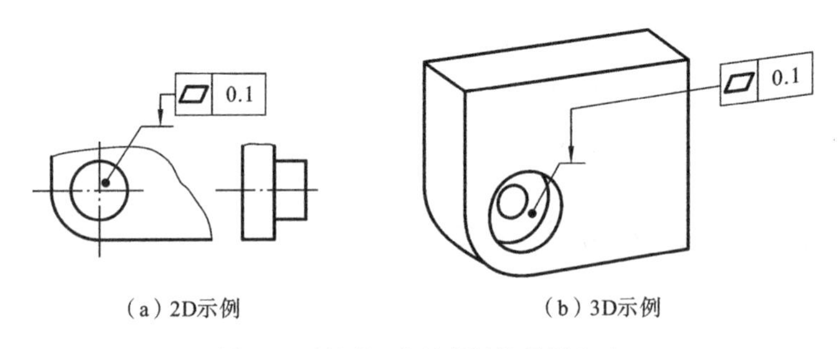

（a）2D示例　（b）3D示例

图 3.9　被测组成要素标注示例(二)

(3) 当被测要素为导出要素(如圆心、球心、轴线、中心线、中心平面等)时，指引线箭头应与该要素对应的尺寸线延长线重合。如果指引线箭头与尺寸线箭头方向一致时，可合并，如图 3.10 所示。

2. 基准要素的标注

(1) 当基准要素是表面或表面上的线等组成要素时，基准代号中的三角形底边应放置

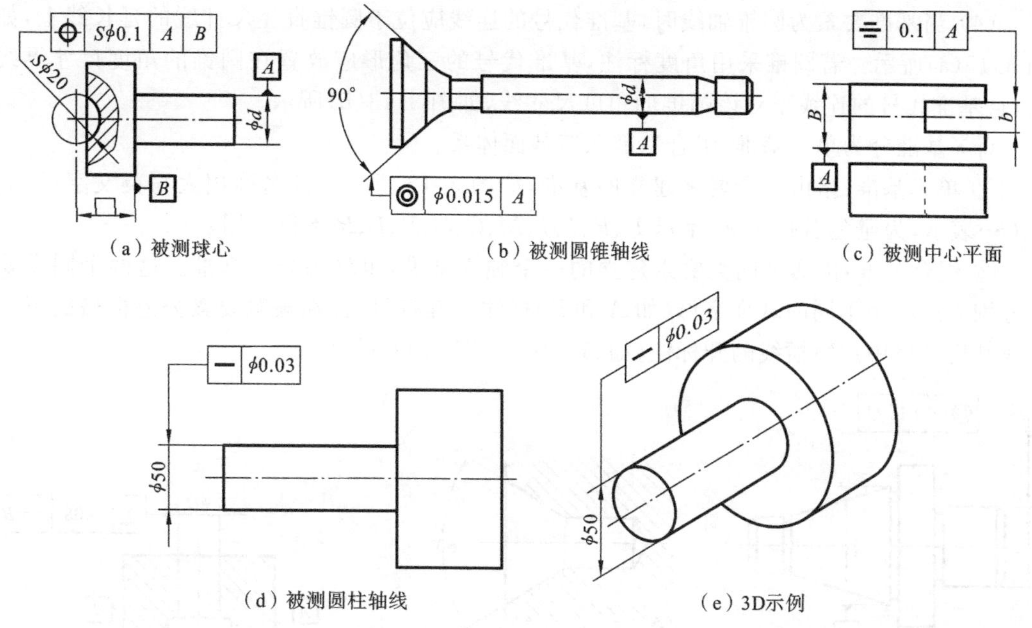

(a) 被测球心　(b) 被测圆锥轴线　(c) 被测中心平面

(d) 被测圆柱轴线　(e) 3D示例

图 3.10　被测导出要素标注示例

在该要素的轮廓线(面)或其延长线上,且基准三角形底边应与尺寸线明显错开,如图 3.11(a)和(b)所示。

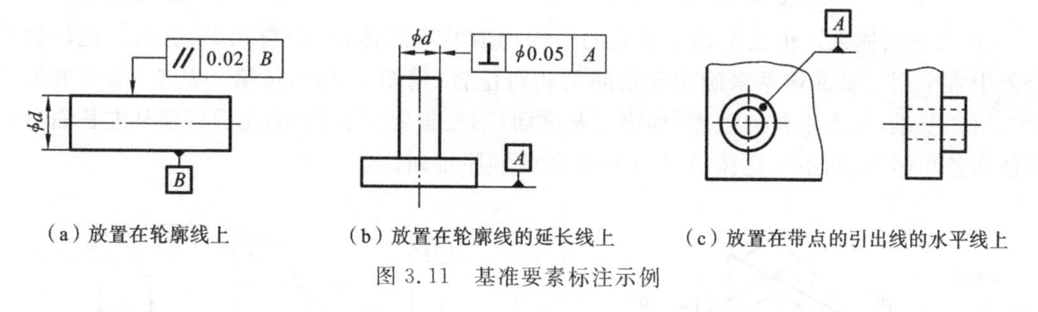

(a) 放置在轮廓线上　(b) 放置在轮廓线的延长线上　(c) 放置在带点的引出线的水平线上

图 3.11　基准要素标注示例

(2) 对于基准表面,用一小黑点引出该面,基准三角形的底边放置在引出线的水平线上,如图 3.11(c)所示。

(3) 当基准为导出要素(如圆心、球心、轴线、中心线、中心平面等)时,基准三角形连线应与该要素的尺寸线对齐,如图 3.12(a)所示。基准三角形可代替基准要素尺寸的一个尺寸箭头,如图 3.12(b)所示。

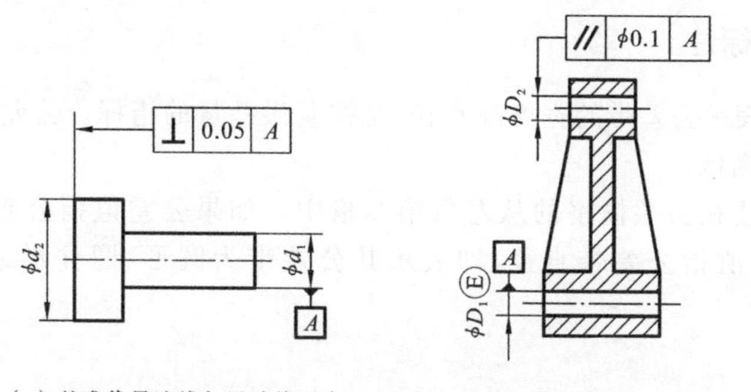

(a) 基准代号连线与尺寸线对齐　(b) 基准三角形代替一个尺寸箭头

图 3.12　基准导出要素标注基准符号示例

(4) 当基准要素为圆锥轴线时，基准代号的连线应位于圆锥直径尺寸线的延长线上，如图 3.13(a)所示。若圆锥采用角度标注，基准代号的三角形应放置在圆锥的角度尺寸界线上，且基准代号的连线正对该圆锥的角度尺寸线，如图 3.13(b)所示。

(5) 基准分为单一基准、组合基准和三基面体系。

① 单一基准：指由一个要素建立的基准，如图 3.12 所示。其名称用大写英文字母 A、B、C…表示，为避免引起误解，字母 E、F、I、J、M、Q、O、P、L、R 不得采用。

② 组合基准：由两个同类要素建立的一个独立基准，也称为公共基准。这两个同类要素分别采用两个不同的基准字母(如 A 和 B)标注基准符号，并在被测要素公差框格的第三格或其后某格中用短横线隔开标注(如 $A-B$)，如图 3.14 所示。

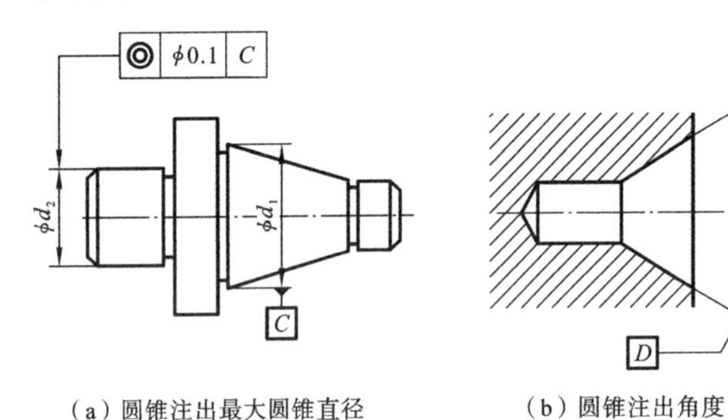

φD
⊥ 0.08 A−B
A
B

图 3.13　对圆锥轴线标注基准符号示例

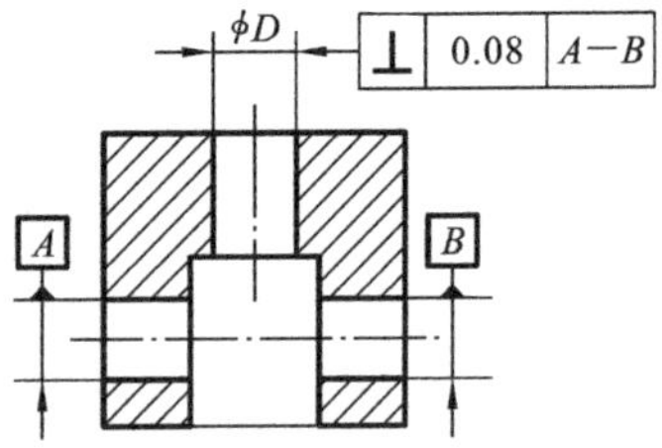

图 3.14　公共基准标注示例

③ 三基面体系。由三个相互垂直的平面构成的基准体系，如图 3.15 所示。在位置度公差中常采用三基面体系来确定要素间的相对位置(见图 3.16)，按第一基准(最重要的表面)、第二基准(其次重要的表面)和第三基准面(第三重要的表面)的先后顺序从左往右分别标注在各小格中，而不一定按 A、B、C…字母的顺序排列。

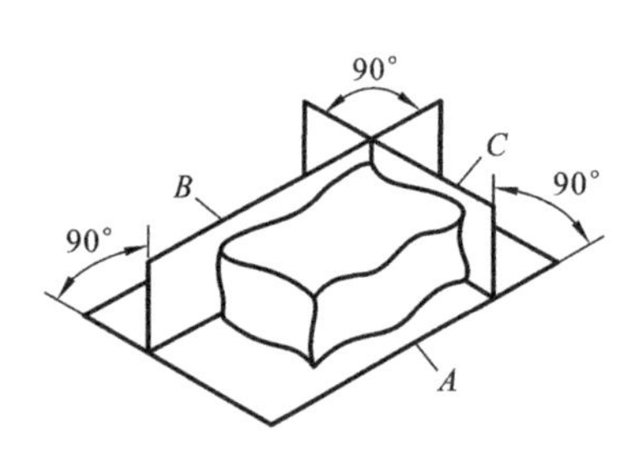

图 3.15　三基面体系

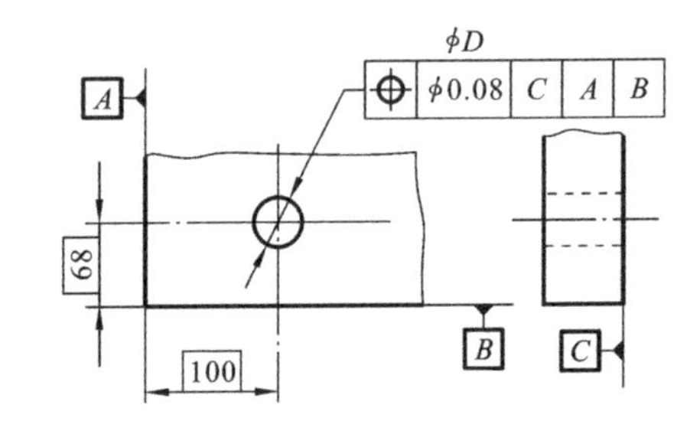

图 3.16　三基面体系标注示例

3. 公差值的标注

(1) 公差值是表示公差带的宽度或直径，是控制误差量的指标。公差值的大小直接体现几何公差精度的高低。

(2) 公差值标注在公差框格的从左数第 2 格中。如果公差值指公差带宽度，只标注公差值 t；如果公差值指公差带直径，即表示其公差带为圆形、圆柱形或球形，则标注 ϕ 或 $S\phi t$。

4. 特殊规定

除上述规定外，GB/T 1182—2018 根据我国实际需要，对下述方面作了专门规定。

1）部分长度上的公差值标注

由于功能要求，有时不仅限制被测要素在整个范围内的几何公差，还需限制特定长度或特定面积上的几何公差。例如，图3.17表示被测要素在任意200 mm的长度上，直线度公差值为0.05 mm。

如果在部分长度内控制几何公差的同时，还需控制整个范围内的几何公差值，即两个要求应同时满足，这属于进一步限制，如图3.18所示。

图3.17 线性局部限制标注示例　　图3.18 进一步限制标注示例

2）被测要素局部区域的公差值标注

如果在被测要素的局部区域内控制几何公差时，可用两种方法表示：

① 使用粗长点画线定义部分表面，如图3.19(a)所示。

② 使用粗长点画线和阴影区域来定义部分表面，如图3.19(b)、(c)和(d)所示。

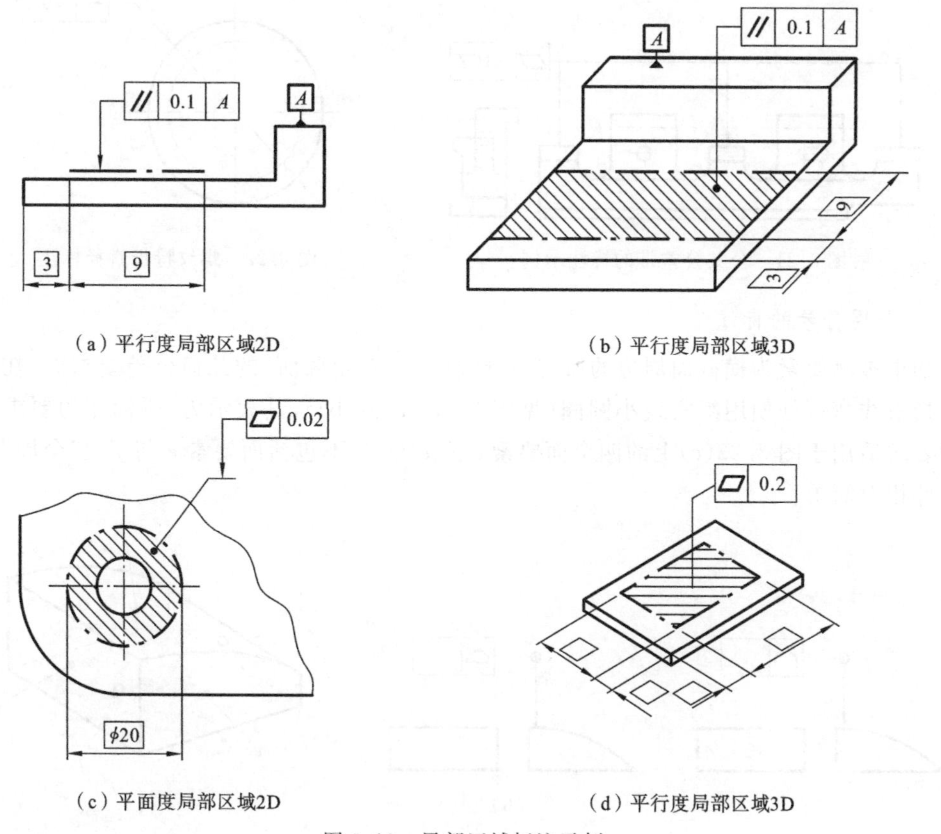

(a) 平行度局部区域2D
(b) 平行度局部区域3D
(c) 平面度局部区域2D
(d) 平行度局部区域3D

图3.19 局部区域标注示例

3）公共公差带的标注

当两个或两个以上要素，同时受一个公差带控制，但不是共面关系时，可用图3.20(a)或(b)的方式表示。若两个或两个以上要素，同时受一个公差带控制，且为共面或共线时，需在公差值后加公共公差带符号CZ，如图3.21所示。

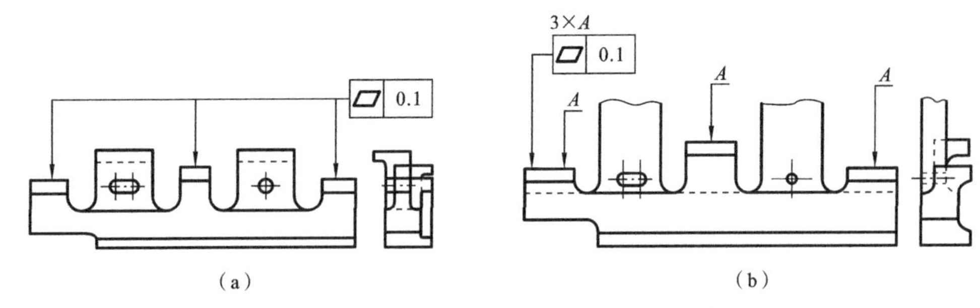

图 3.20　不同平面的要求相同时的标注示例

4）螺纹、花键、齿轮的标注

标准规定：对于螺纹来说，如果被测要素和基准要素是中径轴线，则不需说明；如果是大径轴线，在公差框格上加注大径代号“MD”(见图 3.22)；小径代号为“LD”。齿轮和花键的节径轴线用“PD”表示；大径(外齿轮为齿顶圆直径，内齿轮为齿根圆直径)用“MD”表示；小径(外齿轮为齿根圆直径，内齿轮为齿顶圆直径)用“LD”表示。

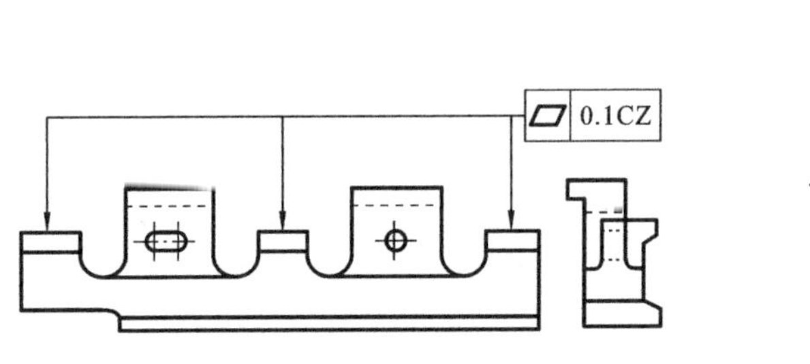

图 3.21　公共公差带的标注示例

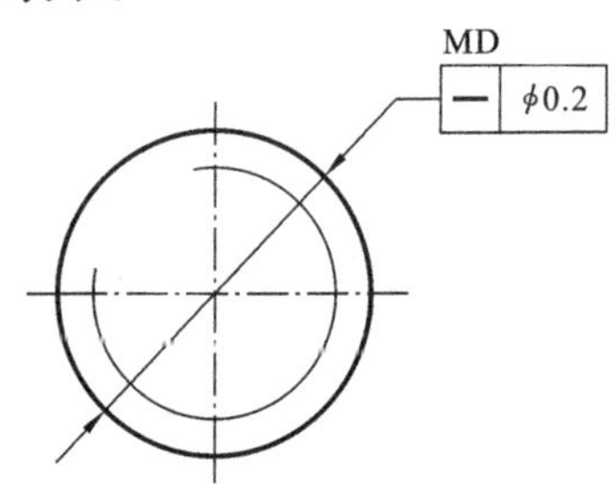

图 3.22　螺纹特指直径标注

5）全周符号的标注

如果被测要素为横截面周边的所有轮廓线(或所有轮廓面)的几何公差要求时，在公差框格指引线弯折处使用细实线小圆圈(见图 3.23(a)和(b))，其表示为：所标注的要求作为单独要求适用于图 3.23(c)上的四个面要素 a、b、c 与 d，不包括面要素 e 与 f。“全周”标注的工件相对简单。

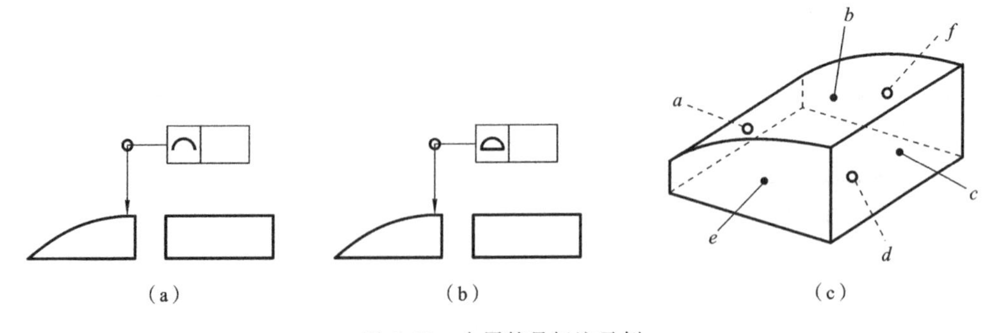

图 3.23　全周符号标注示例

6）理论正确尺寸的表示

对于位置度、轮廓度或倾斜度，其尺寸由不带公差的理论正确位置、轮廓或角度确定，这种尺寸为理论正确尺寸，其采用框格表示，如图 3.24 所示。

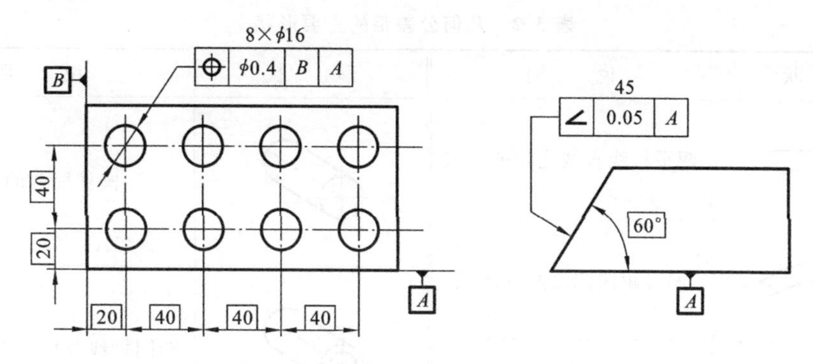

图 3.24 理论正确尺寸的标注示例

3.1.5 简化标注

为提高绘图效率，在保证读图方便而又不引起误解的前提下，几何公差的标注可采用简化标注。

(1) 当同一要素有多项几何公差要求时，可在一条指引线的末端绘制多个框格，如图3.25所示。

注意：公差框格按公差值从上到下依次递减的顺序排布；指引线取决于标注空间，应连接于公差框格左侧或右侧的中点。

(2) 当结构和尺寸分别相同的几个被测要素有相同几何公差要求时，可以只对其中一个要素绘制公差框格，并在公差框格上方加文字说明或数字表示被测要素的个数，如图3.26所示。

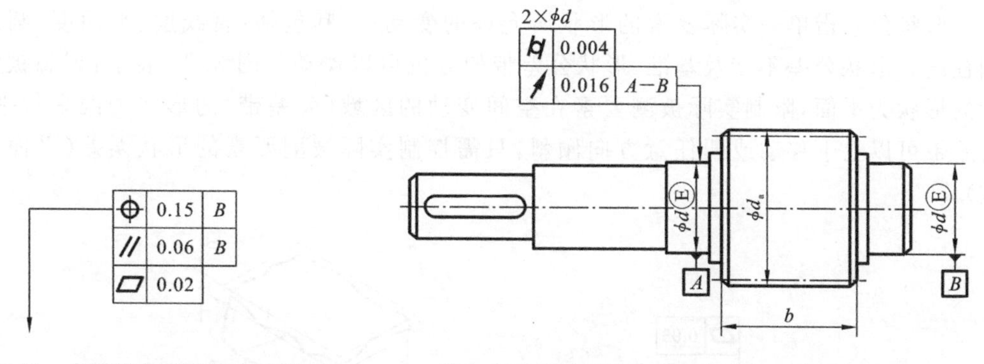

图 3.25 多项要求同时标注示例

图 3.26 两轴颈有相同几何公差要求的标注示例

3.1.6 几何公差带

几何公差带是用来限制实际被测要素变动的区域。如果实际被测要素全部落在给定的公差带内，则表明该实际被测要素合格。表3.2列出了几何公差带的主要形状。几何公差带的大小用其宽度或直径表示，并由给定的公差值确定；几何公差带的方位由给定的几何公差特征项目和标注形式确定。

表 3.2 几何公差带的主要形状

形　状	说　明	形　状	说　明
	两平行线直线之间的区域		圆柱面内的区域
	两等距曲线之间的区域		两同轴线圆柱面之间的区域
	两同心圆之间的区域		两平行平面之间的区域
	圆内的区域		两等距曲面之间的区域
	圆球内的区域		

3.2 形状公差

形状公差指单一实际要素的形状所允许的变动量，其包括：直线度、平面度、圆度和圆柱度。形状公差不涉及基准，形状公差带的方位可以浮动。图 3.27 表示：理想被测要素的形状为平面，限制实际被测要素在空间变动的区域（公差带）的形状为两平行平面，公差带可以上下移动或朝任意方向倾斜，只需控制实际被测要素的形状误差（平面度误差）。

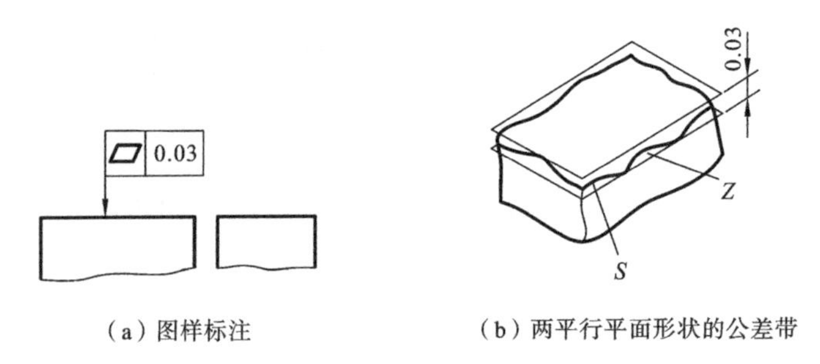

（a）图样标注　　（b）两平行平面形状的公差带

图 3.27　平面度公差带

S—实际被测要素；Z—公差带

形状公差带的定义、标注示例和解释见表 3.3。

表3.3 形状公差带定义、标注示例和解释

特征项目	公差带定义	标注示例和解释
直线度公差	公差带为在平行于基准A的给定平面内与给定方向上,间距等于公差值t的两平行直线所限定的区域 c a b a—基准; b—任意距离; c—平行于基准A的相交平面	在由相交平面框格 // A 规定的平面内,上表面的实际线应限定在间距等于0.1 mm的两平行直线之间 — 0.1 // A A — 0.1 // A A
	在给定方向上,公差带为间距等于公差值t的两平行直线所限定的区域 t	实际棱线应限定在间距等于0.1 mm的两平行直线之间 — 0.1 2D — 0.1 3D
	在任意方向上,公差带为直径等于公差值ϕt的圆柱面所限定的区域 ϕt	外圆柱面的实际轴线应限定在直径等于0.08 mm的圆柱面内 — ϕ0.08 2D — ϕ0.08 3D
平面度公差	公差带为间距等于公差值t的两平行平面所限定的区域 t	实际平面应限定在间距等于0.08 mm的两平行平面之间 ▱ 0.08 2D ▱ 0.08 3D

续表

特征项目	公差带定义	标注示例和解释
圆度公差	公差带为在给定横截面内，半径差等于公差值 t 的两同心圆所限定的区域 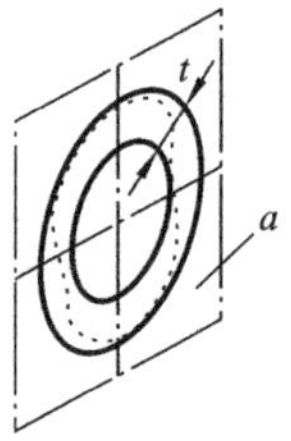 a—任一横截面	在圆柱面的任意横截面内，实际圆周应限定在半径差等于 0.03 mm 的两共面同心圆之间 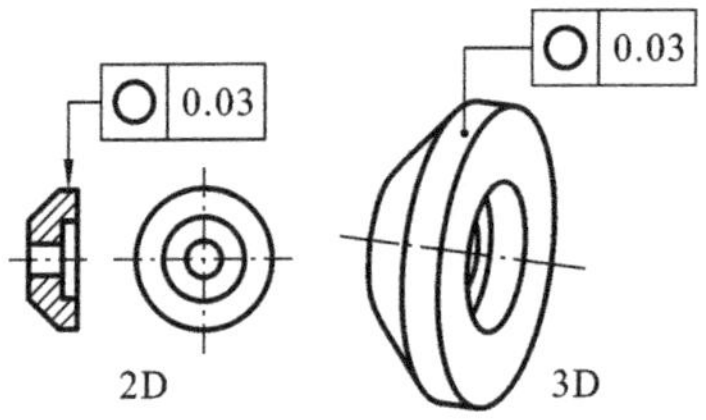 2D　3D
		在圆锥面的任意横截面内，实际圆周应限定在半径差等于 0.1 mm 的两共面同心圆之间 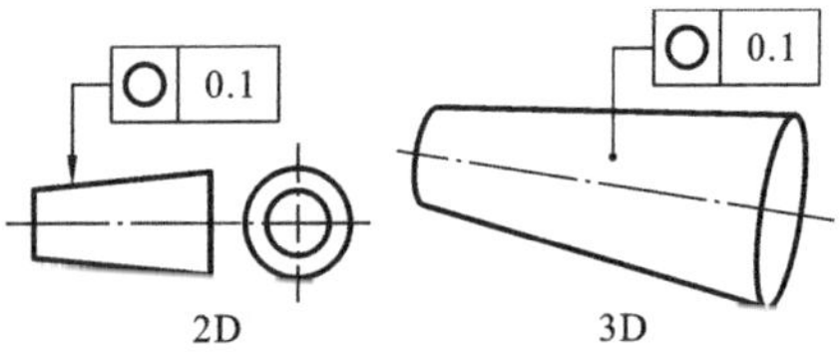 2D　3D
圆柱度公差	公差带为半径差等于公差值 t 的两同轴线圆柱面所限定的区域 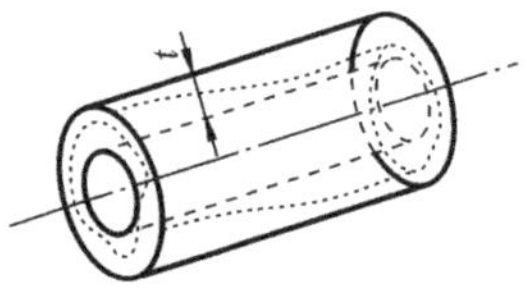	实际圆柱面应限定在半径差等于 0.1 mm 的两同轴线圆柱面之间 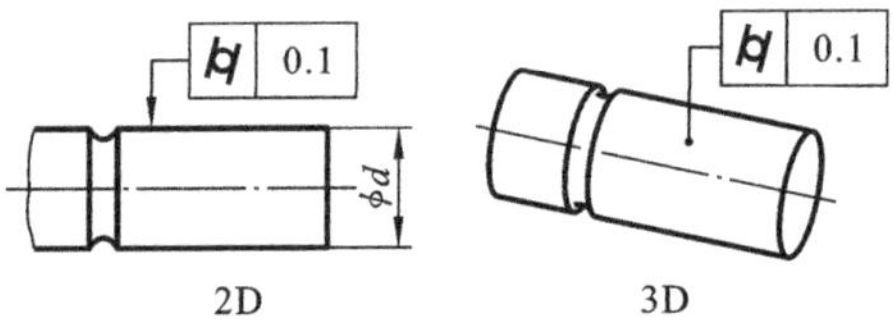 2D　3D

3.3 方向、位置和跳动公差

3.3.1 方向公差带的定义、标注和解释

方向公差包括平行度公差、垂直度公差和倾斜度公差。被测要素有直线和平面，基准要素也有直线和平面。

被测要素相对于基准要素有线对线、线对面、面对线和面对面四种情况。方向公差涉及基准，被测要素相对于基准要素必须保持图样给定的平行、垂直和倾斜所夹角度(即理论正

确角度)确定的方向关系。方向公差带在控制被测要素相对于基准平行、垂直和倾斜所夹角度方向误差的同时,能够自然地控制被测要素的形状误差,所以形状公差值必须小于方向公差值,如图3.28所示。

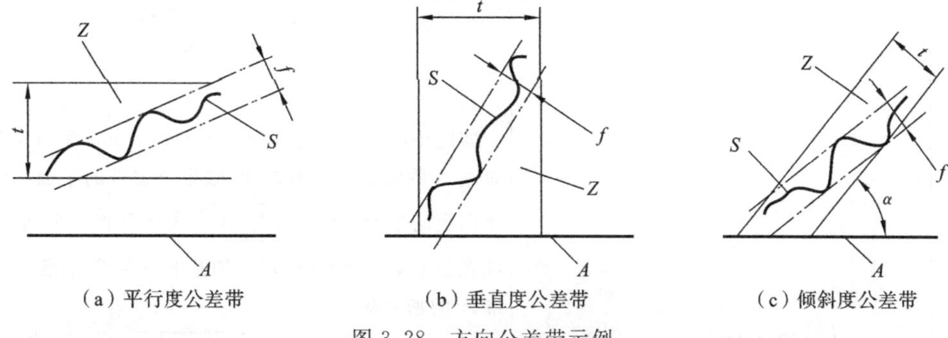

(a) 平行度公差带　(b) 垂直度公差带　(c) 倾斜度公差带

图3.28　方向公差带示例

A—基准;t—方向公差值;Z—方向公差带;S—实际被测要素;f—形状误差值

方向公差带的定义、标注示例和解释见表3.4。

表3.4　方向公差带定义、标注示例和解释

特征项目		公差带定义		标注示例和解释
平行度公差	线对线平行度公差	平行定向平面	公差带为间距等于公差值 t、平行于两基准且沿规定方向的两平行平面所限定的区域 a—基准轴线 A; b—基准平面 B	实际中心线应限定在间距等于0.1 mm,平行于基准轴线 A 的两平行平面之间,限定公差带的平面均平行于由定向平面框格(<// B>表示平行于平面 B,标注在公差框格的右侧)规定的基准平面 B,基准 B 为基准 A 的辅助基准 // 0.1 A <// B> 2D // 0.1 A <// B> 3D

续表

特征项目				公差带定义	标注示例和解释
平行度公差	线对线平行度公差	垂直定向平面		公差带为间距等于公差值 t、平行于基准 A 且垂直于基准 B 的两平行平面所限定的区域 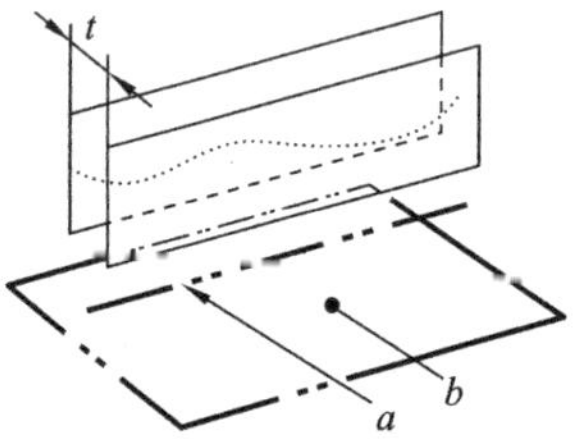 a—基准轴线 A； b—基准平面 B	实际中心线应限定在间距等于 0.1 mm，平行于基准轴线 A 的两平行平面之间，限定公差带的平面均垂直于由定向平面框格（⊥ B 表示垂直于平面 B，标注在公差框格的右侧）规定的基准平面 B，基准 B 为基准 A 的辅助基准 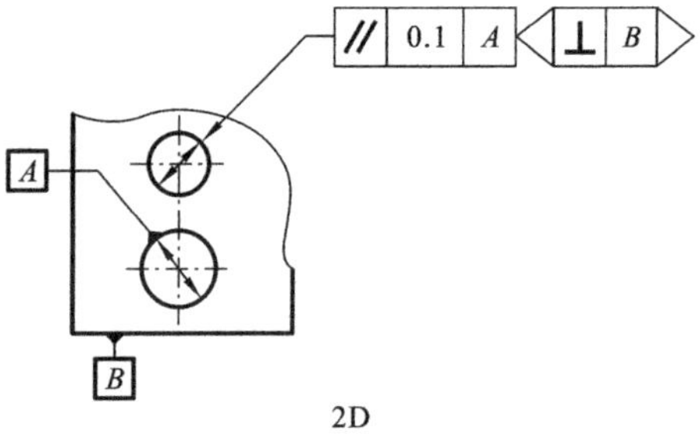 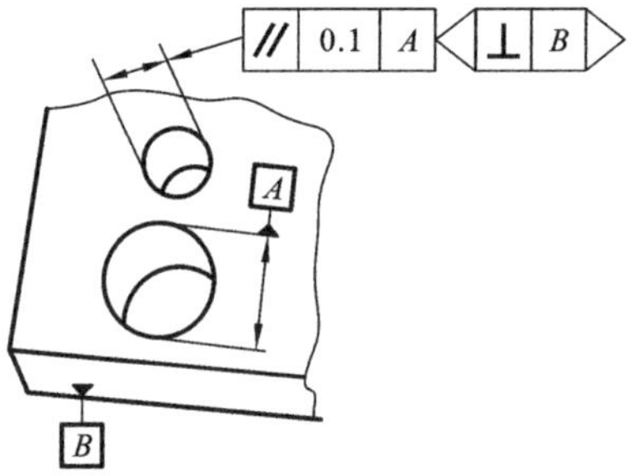 // 0.1 A ⊥ B 2D // 0.1 A ⊥ B 3D

续表

特征项目			公差带定义	标注示例和解释
平行度公差	线对线平行度公差	平行、垂直定向平面	实际中心线应限定在两对间距分别等于 0.1 mm 和 0.2 mm，且平行于基准轴线 A 的两平行平面之间 注：定向平面框格（⊥ B）规定了 0.2 mm 公差带的限定平面垂直于定向平面 B；定向平面框格（// B）规定了 0.1 mm 的公差带的限定平面平行于定向平面 B 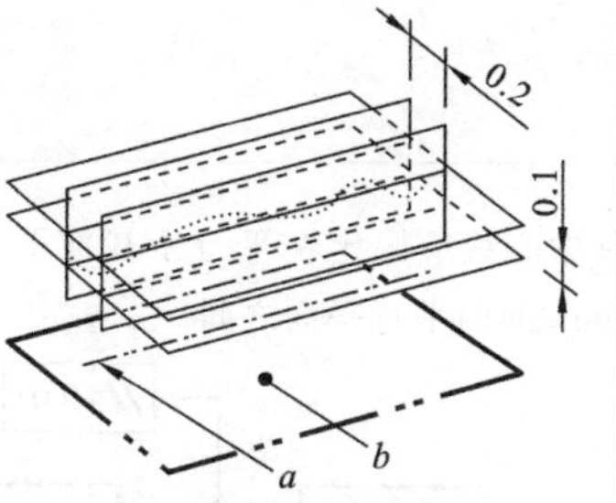 a—基准轴线 A； b—基准平面 B	实际中心线应限定在两对间距分别等于公差值 0.1 mm 和 0.2 mm，且平行于基准轴线 A 的平行平面之间。定向平面框格规定了公差带宽度相对于基准平面 B 的方向，基准 B 为基准 A 的辅助基准 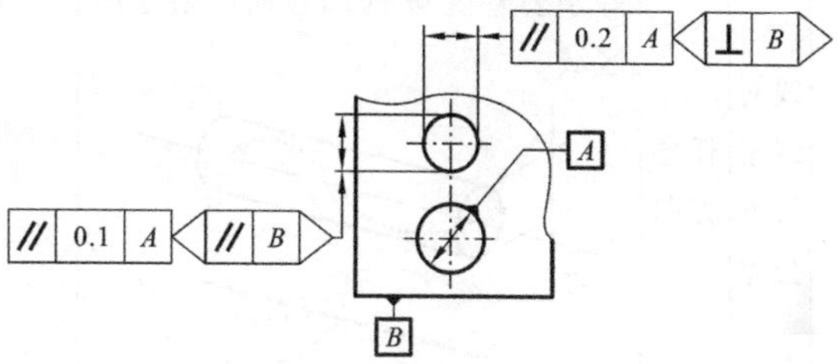 或 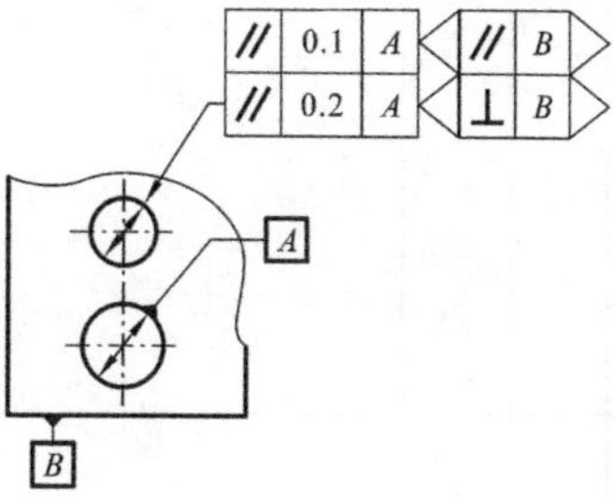 2D 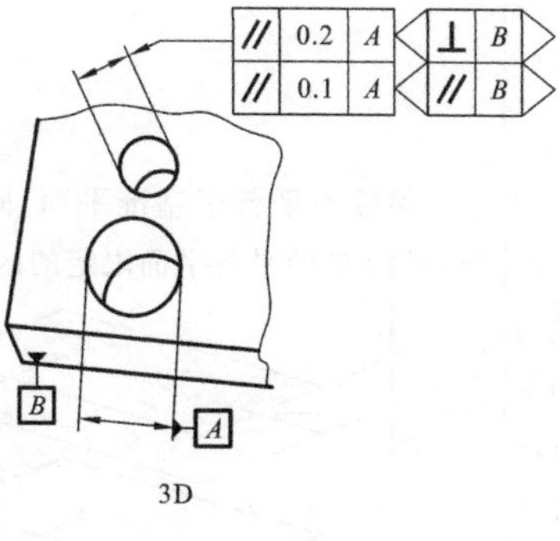 3D

续表

特征项目			公差带定义	标注示例和解释
平行度公差	线对线平行度公差	任意方向	公差带为平行于基准轴线、直径等于公差值 ϕt 的圆柱面所限定的区域 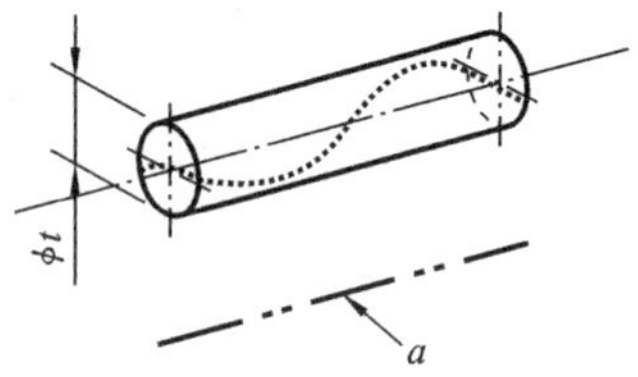 ϕt a a—基准轴线 A	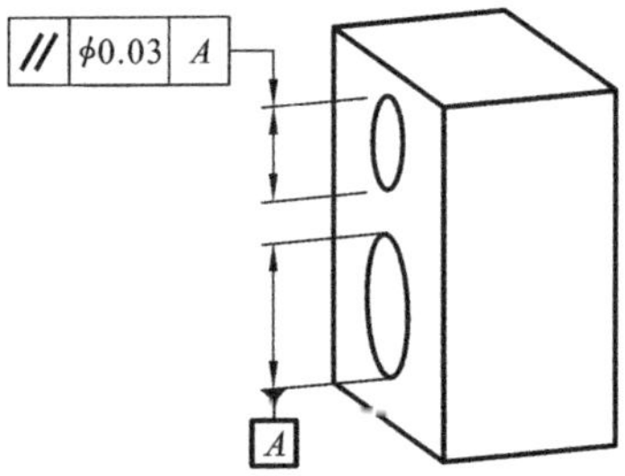 实际中心线应限定在平行于基准轴线 A、直径等于 0.03 mm 的圆柱面内 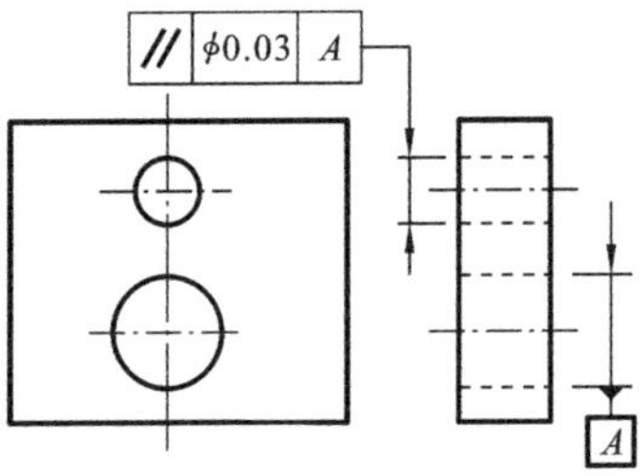 // ϕ0.03 A A 2D // ϕ0.03 A A 3D
	线对面平行度公差		公差带为平行于基准平面、间距等于公差值 t 的两平行平面限定的区域 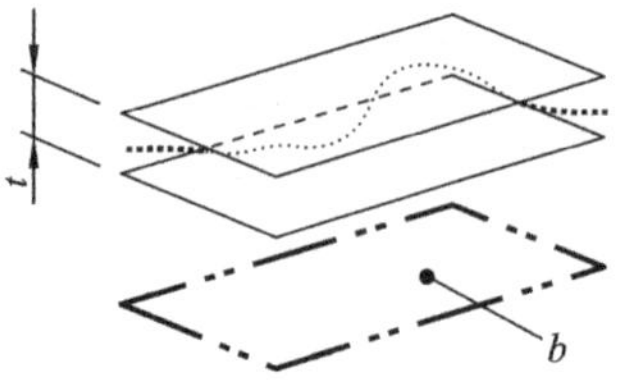 t b b—基准平面 B	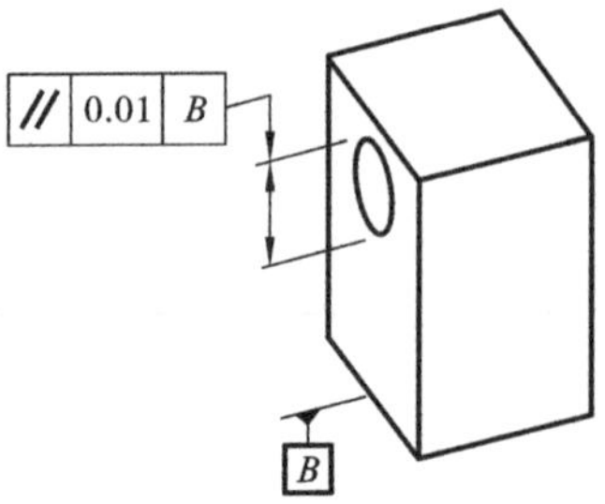 实际中心线应限定在平行于基准平面 B、间距等于 0.01 mm 的两平行平面之间 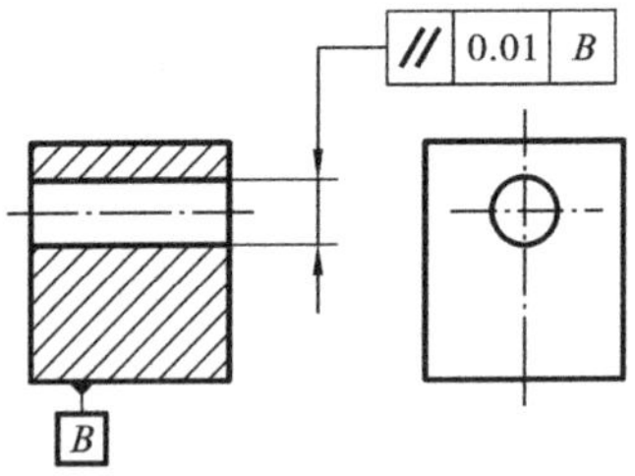 // 0.01 B B 2D // 0.01 B B 3D

续表

特征项目		公差带定义	标注示例和解释
平行度公差	线对面平行度公差	公差带为间距等于公差值 t 的两平行直线所限定的区域，该两平行直线平行于基准平面 A 且处于平行于基准平面 B 的平面内 注：⟨// B⟩表示平行于平面 B 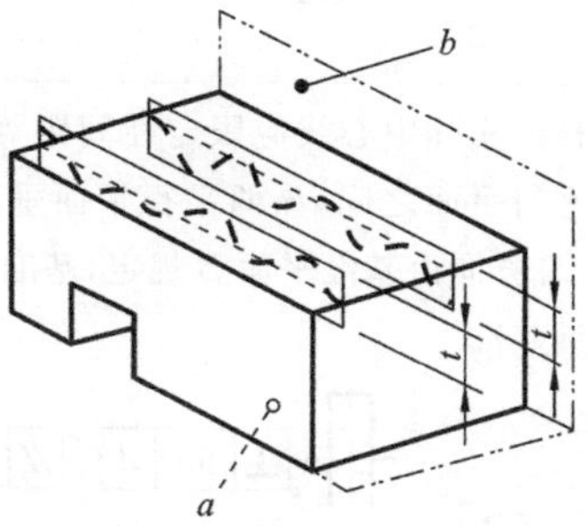 a—基准平面 A； b—基准平面 B	实际线应限定在平行于基准平面 B，且间距等于 0.02 mm 平行于基准平面 A 的两平行线之间，基准 B 为基准 A 的辅助基准 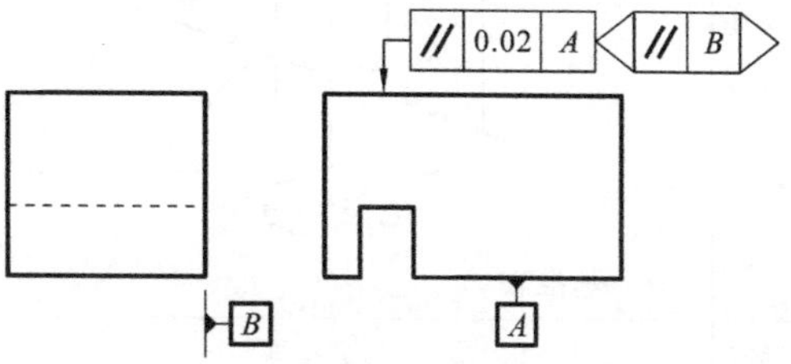 2D 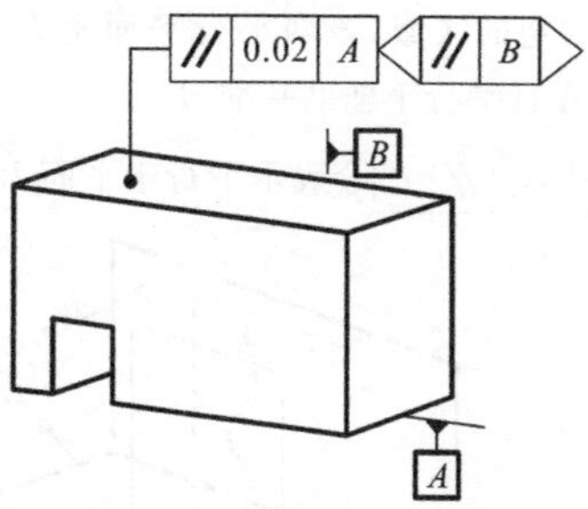 3D
	面对面平行度公差	公差带为间距等于公差值 t，平行于基准的两平行平面所限定的区域 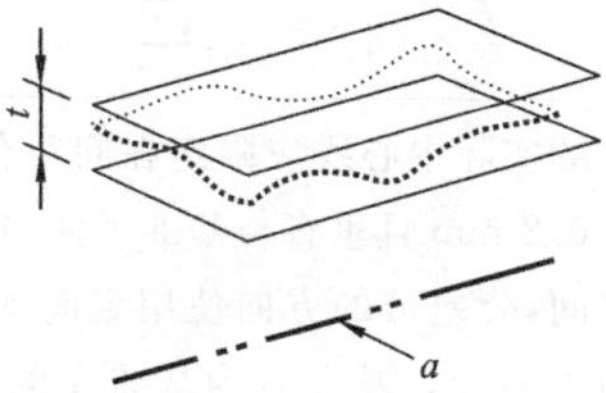 a—基准轴线 C	实际面应限定在间距等于 0.1 mm，平行于基准轴线 C 的两平行平面之间 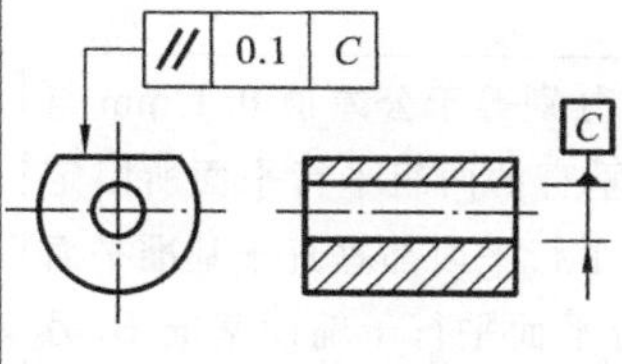 2D 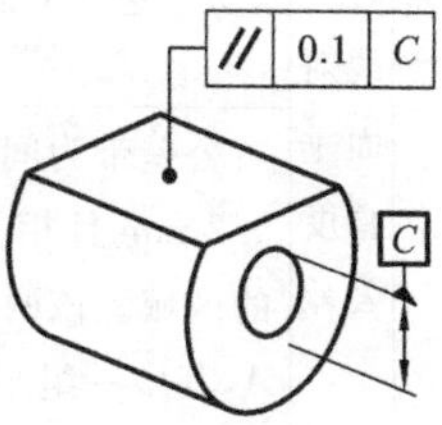 3D
		公差带为间距等于公差值 t，平行于基准平面的两平行平面所限定的区域 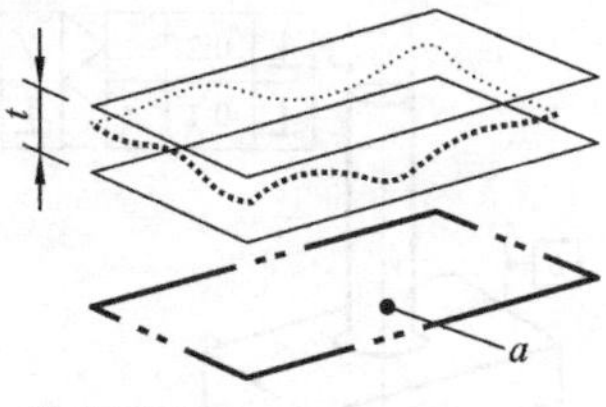 a—基准平面 D	实际表面应限定在间距等于 0.01 mm，平行于基准平面 D 的两平行平面之间 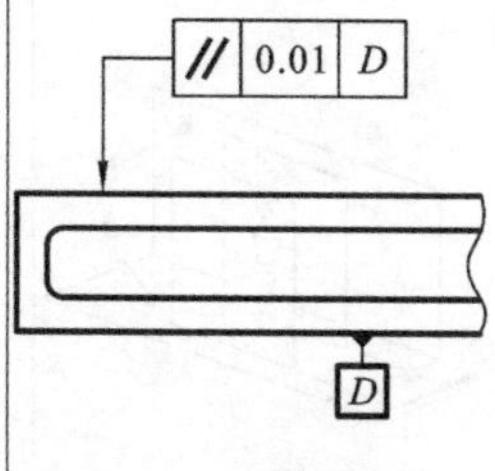 2D 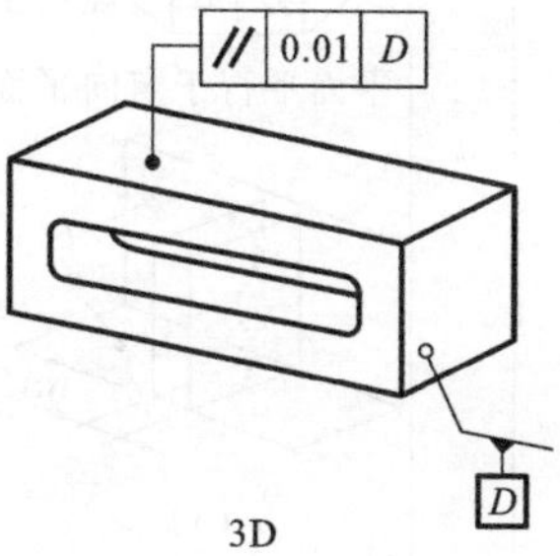 3D

续表

特征项目		公差带定义	标注示例和解释
垂直度公差	线对线垂直度公差	公差带为间距等于公差值 t，垂直于基准轴线的两平行平面所限定的区域 a—基准轴 A	实际中心线应限定在间距等于 0.06 mm，垂直于基准轴 A 的两平行平面之间 ⊥ 0.06 A 2D　3D
	线对面垂直度公差	公差带为间距等于公差值 t 的两平行平面所限定的区域，该两平行平面垂直于基准平面 A 且平行于辅助基准 B 注：∥ B 表示平行于平面 B a—基准平面 A； b—基准平面 B	圆柱的实际中心线应限定在间距等于 0.1 mm 的两平行平面之间，该两平行平面垂直于基准平面 A，且方向由基准平面 B 规定，基准 B 为基准 A 的辅助基准 ⊥ 0.1 A ∥ B 2D 3D
		公差带为间距分别等于公差值 0.1 mm 与 0.2 mm 且相互垂直的两组平行平面所限定的区域。该两组平行平面都垂直于基准平面 A，其中一组平行平面平行于辅助基准 B，另一组平行平面则垂直于辅助基准 B 注：⊥ B 规定了 0.1 mm 公差带的限定平面垂直于定向平面 B ∥ B 规定了 0.2 mm 公差带的限定平面平行于定向平面 B (a)　(b) a—基准平面 A；　b—基准平面 B	圆柱的实际中心线应限定在间距分别等于 0.1 mm 与 0.2 mm 且垂直与基准平面 A 的两组平行平面之间，公差带的方向使用定向平面框格由基准平面 B 规定。基准 B 为基准 A 的辅助基准 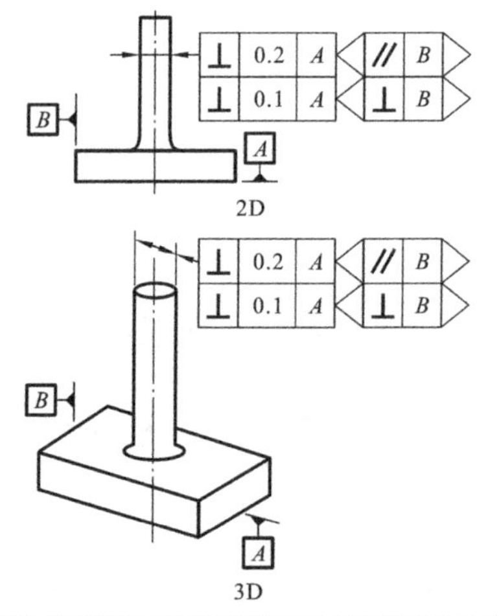 2D 3D

续表

<table>
<tr><th colspan="2">特征项目</th><th>公差带定义</th><th>标注示例和解释</th></tr>
<tr><td rowspan="3">垂直度公差</td><td>线对面垂直度公差</td><td>公差带为直径等于公差值 ϕt，轴线垂直于基准平面的圆柱所限定的区域
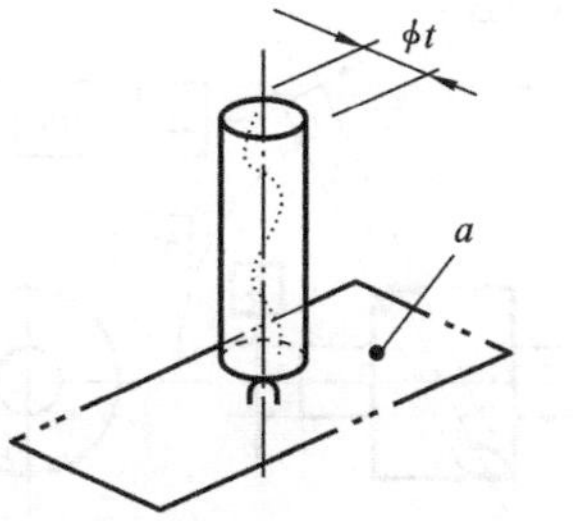

a—基准平面 A</td><td>圆柱的实际中心线应限定在直径等于 0.01 mm 且垂直于基准平面 A 的圆柱内
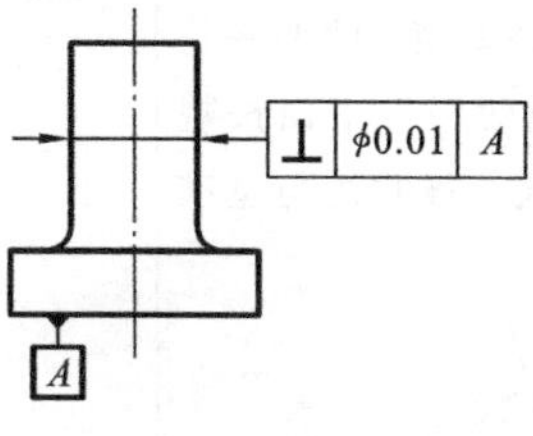

2D
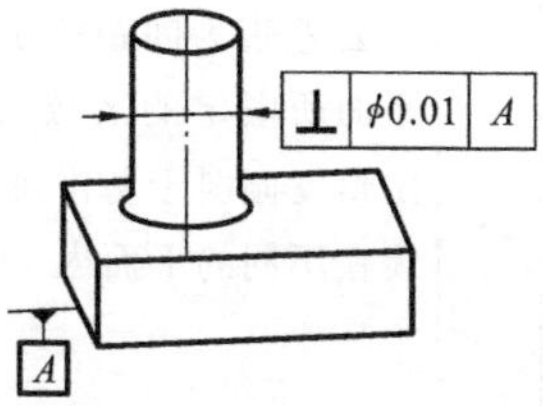

3D</td></tr>
<tr><td>面对线垂直度公差</td><td>公差带为间距等于公差值 t 且垂直于基准轴线的两平行平面所限定的区域
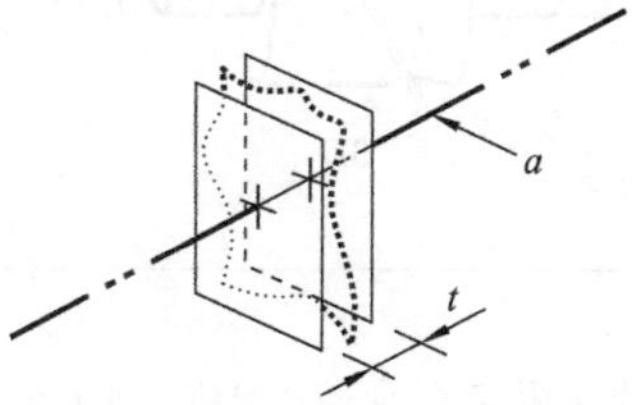

a—基准轴线 A</td><td>实际面应限定在间距等于 0.08 mm 的两平行平面之间，该两平行平面垂直于基准轴线 A
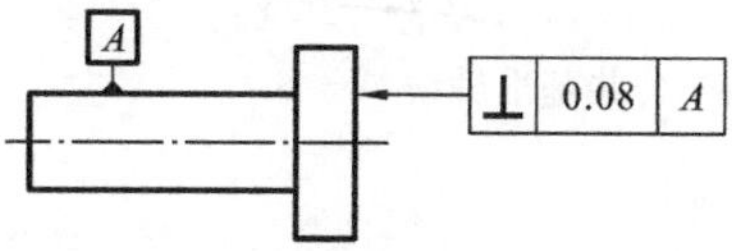

2D
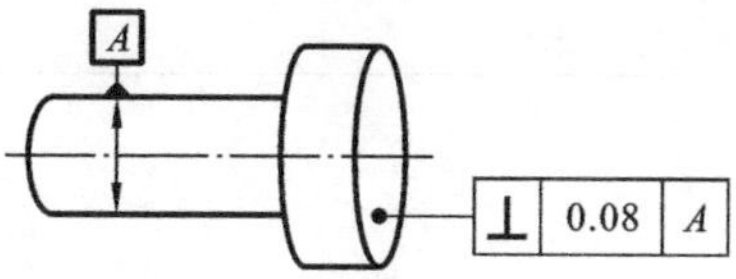

3D</td></tr>
<tr><td>面对面垂直度公差</td><td>公差带为间距等于公差值 t，垂直于基准平面 A 的两平行平面所限定的区域
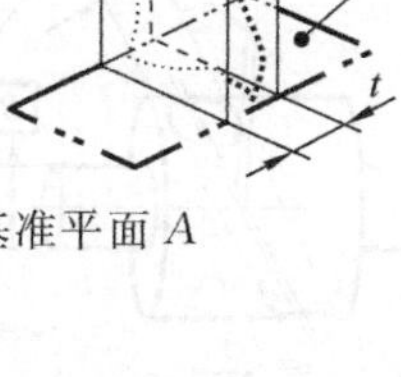

a—基准平面 A</td><td>实际面应限定在间距等于 0.08 mm，垂直于基准平面 A 的两平行平面之间
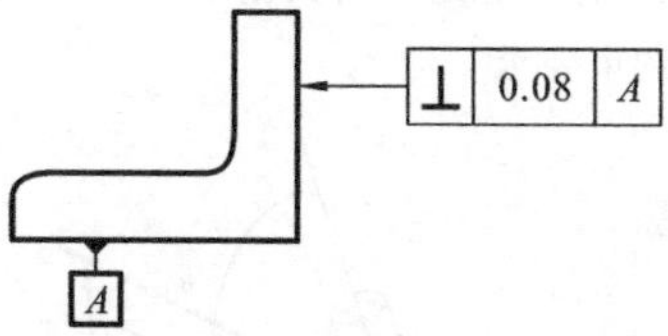

2D
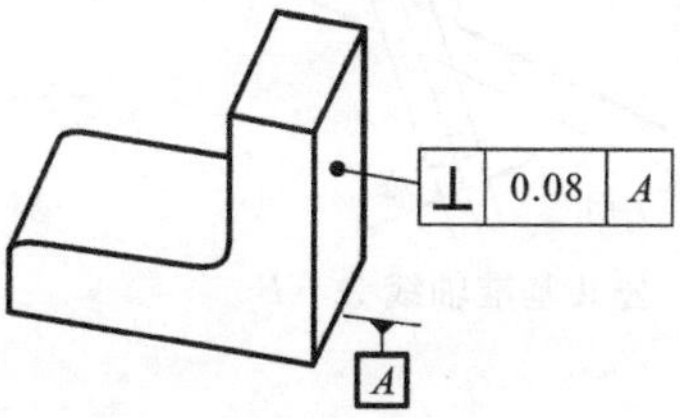

3D</td></tr>
</table>

续表

特征项目		公差带定义	标注示例和解释
倾斜度公差	线对线倾斜度	公差带为间距等于公差值 t 的两平行平面所限定的区域，该两平行平面按规定角度倾斜于基准轴线。被测线与基准线在不同的平面内 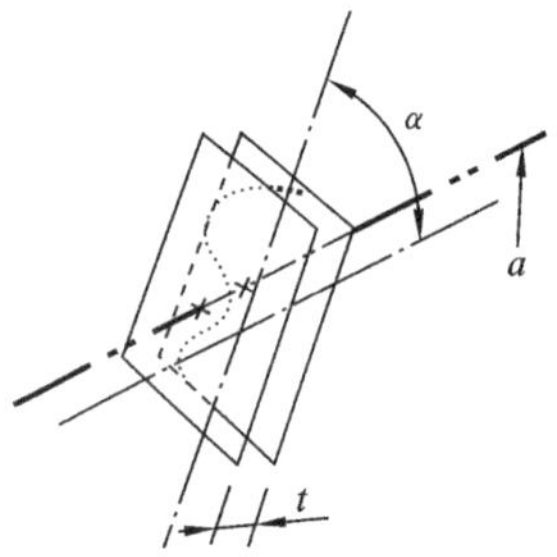 a—公共基准轴线 $A-B$	实际中心线应限定在间距等于 0.08 mm 的两平行平面之间，该两平行平面按理论正确角度 60°倾斜于公共基准轴线 $A-B$ 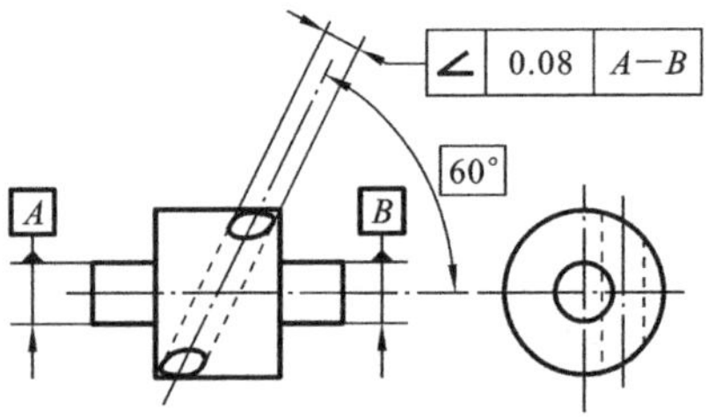 2D 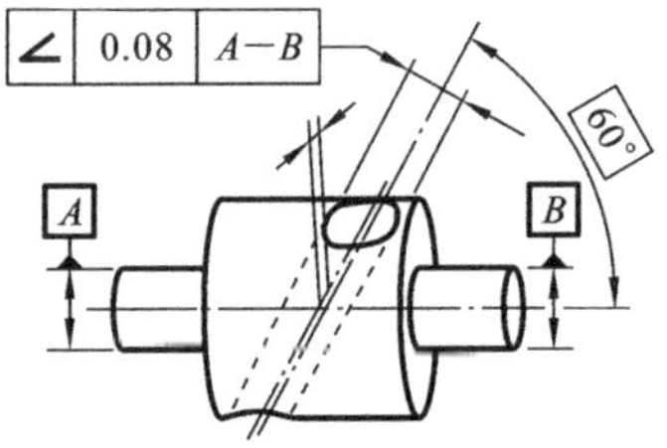 3D
		公差带为直径等于公差值 ϕt 的圆柱面所限定区域，该圆柱面按规定角度倾斜于基准。被测线与基准线在不同的平面内 注：公差带相对于公共基准 $A-B$ 的距离无约束要求 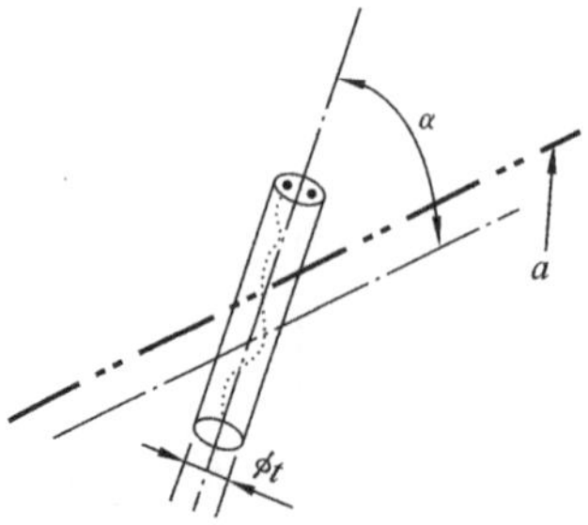 a—公共基准轴线 $A-B$	实际中心线应限定在直径等于 0.08 mm 的圆柱面所限定的区域，该圆柱面按理论正确角度 60°倾斜于公共基准轴线 $A-B$ 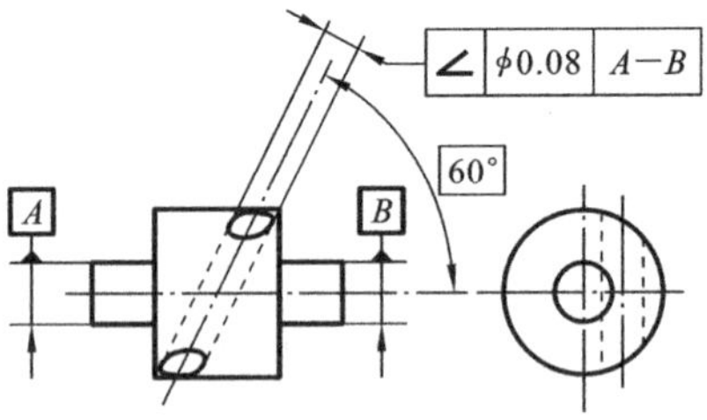 2D 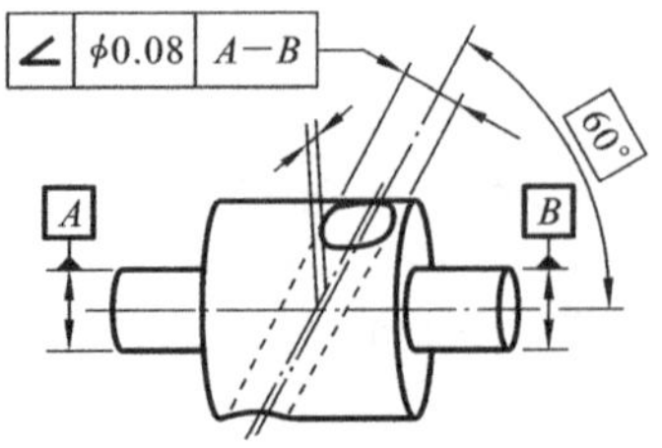 3D

续表

特征项目		公差带定义	标注示例和解释
倾斜度公差	线对面倾斜度	公差带为直径等于公差值 ϕt 的圆柱面所限定的区域，该圆柱面公差带的轴线按规定角度倾斜于基准平面 A 且平行于基准平面 B 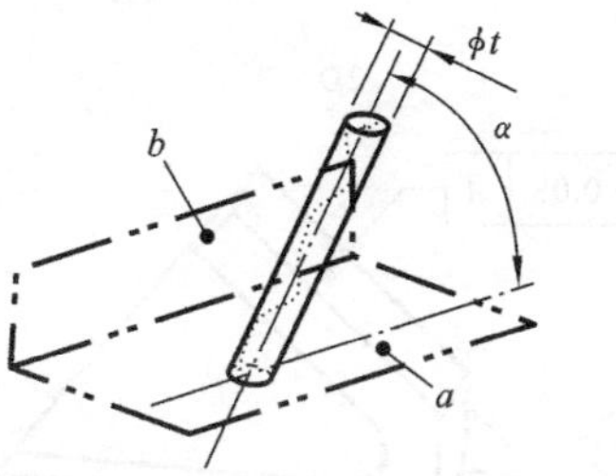 a—基准平面 A； b—基准平面 B	实际中心线应限定在直径等于 0.1 mm 的圆柱面内，该圆柱面的中心线按理论正确角度 60°倾斜于基准平面 A 且平行于基准平面 B 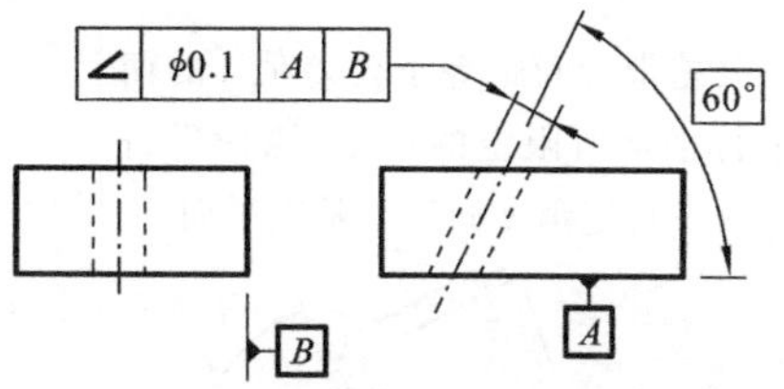 2D 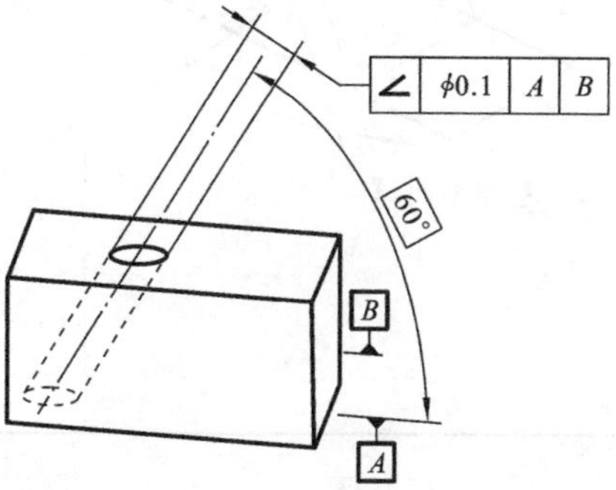 3D
	面对线倾斜度	公差带为间距等于公差值 t 的两平行平面所限定的区域，该两平行平面按规定角度倾斜于基准直线 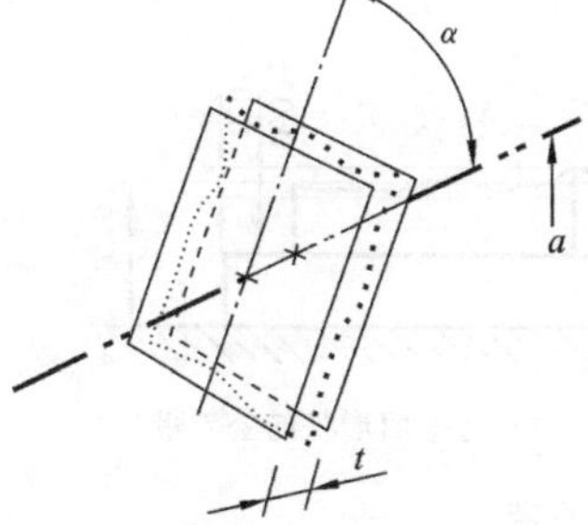 a—基准轴线 A	实际表面应限定在间距等于 0.1 mm 的两平行平面之间，该两平行平面按理论正确角度 75°倾斜于基准轴线 A 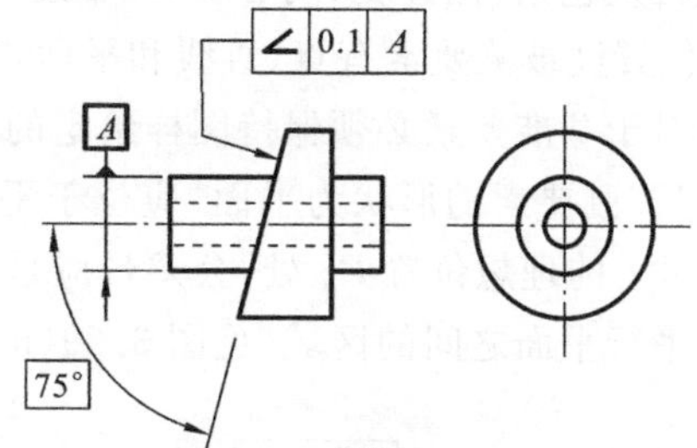 2D 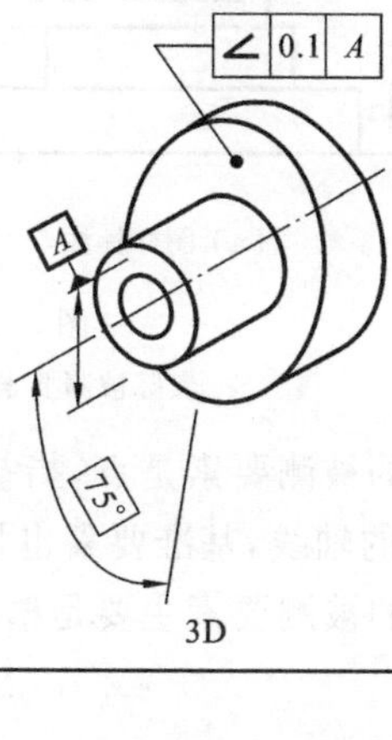 3D

续表

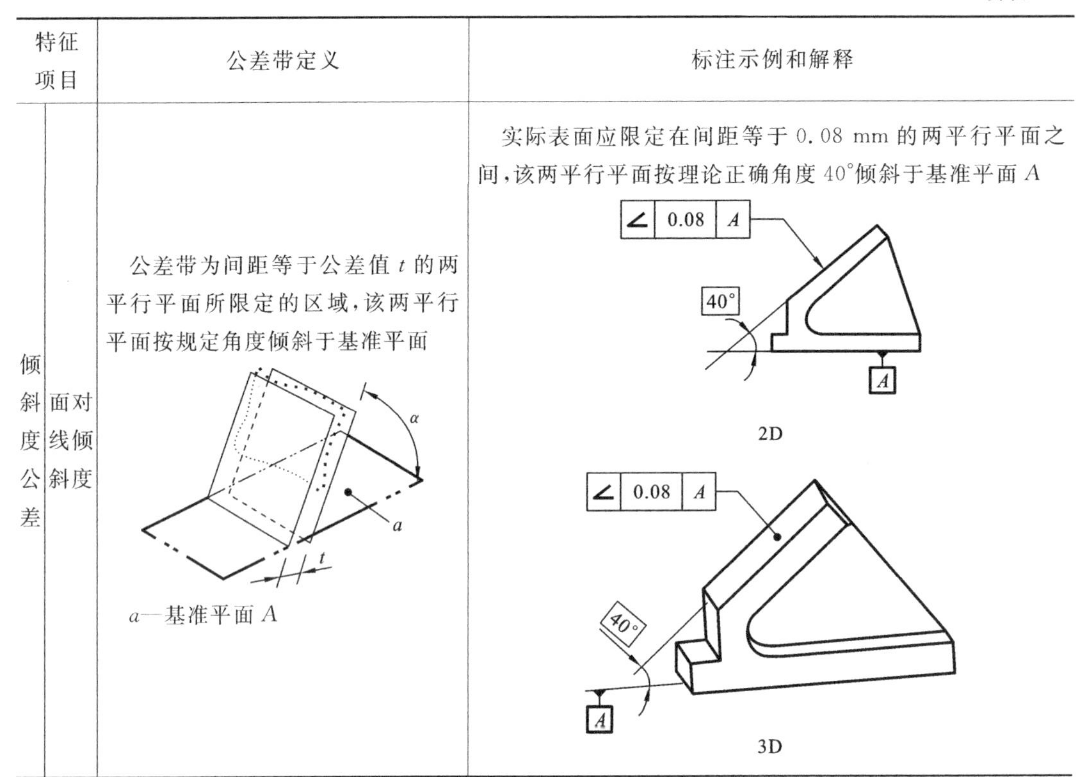

特征项目		公差带定义	标注示例和解释
倾斜度公差	面对线倾斜度	公差带为间距等于公差值 t 的两平行平面所限定的区域，该两平行平面按规定角度倾斜于基准平面 a—基准平面 A	实际表面应限定在间距等于 0.08 mm 的两平行平面之间，该两平行平面按理论正确角度 40°倾斜于基准平面 A 2D 3D

3.3.2 位置公差带的定义、标注和解释

位置公差包括：位置度、同心度、同轴度和对称度。

(1) 位置度被测要素有点、直线和平面，基准要素主要有直线和平面。位置度公差指被测要素相对于基准要素必须保持图样给定的由理论正确尺寸确定的位置关系。图 3.29(a) 表示：理想被测要素的形状为平面，应位于平行于基准平面 A 且至该基准平面的距离为理论正确尺寸 l 的理想位置 P_0 处，公差带应是间距等于 0.05 mm 且相对于理想位置 P_0 对称配置的两平行平面之间的区域（见图 3.29(b)）。

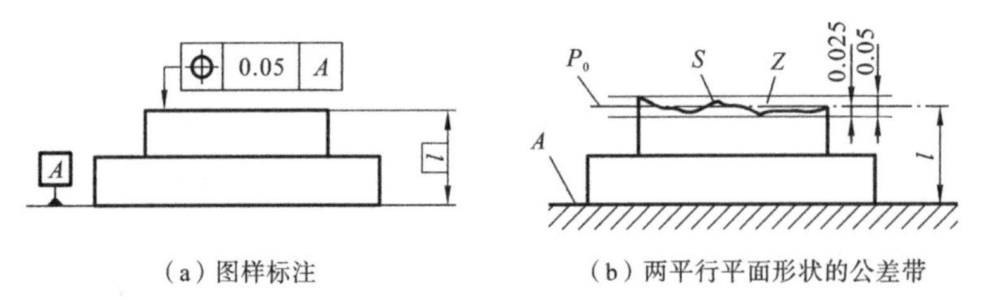

(a) 图样标注　　(b) 两平行平面形状的公差带

图 3.29　平面的位置度公差带

S—实际被测要素；Z—公差带；P_0—被测表面的理想位置

(2) 同心度的被测要素是点，指被测点应与基准点重合的精度要求。同轴度的被测要素主要是回转体的轴线，基准要素也是轴线。

(3) 对称度的被测要素主要是槽类的中心平面，基准要素也是中心平面。图 3.30(a)表示：宽度为 b 的槽的被测中心平面应与宽度为 B 的两平行平面的基准中心平面 A 重合，公差带是间距等于 0.02 mm 且相对于基准中心平面 A 对称配置的两平行平面之间的区域（见图 3.30(b)）。

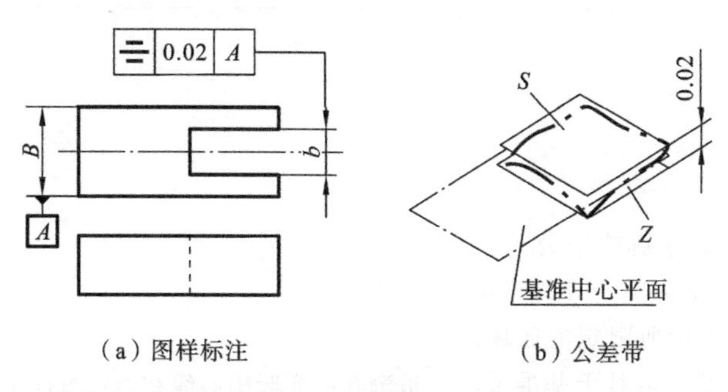

（a）图样标注　　（b）公差带

图 3.30　面对面的对称度

S—实际被测中心平面；Z—两平行平面形状的公差带

因此，对某一被测要素给出位置公差后，仅在对其方向精度或（和）形状精度有进一步要求时，才另行给出方向公差或（和）形状公差，所以方向公差值必须小于位置公差值。

位置公差带的定义、标注示例和解释见表 3.5。

表 3.5　位置公差带定义、标注示例和解释

特征项目		公差带定义	标注示例和解释
位置度公差	点的位置度公差	公差带为直径等于公差值 $S\phi t$ 的圆球所限定的区域，该圆球的中心位置由相对于基准 A、B、C 的理论正确尺寸确定 30　$S\phi t$　a　c　25　b a—基准平面 A； b—基准平面 B； c—基准中心平面 C	实际球心应限定在直径等于 0.3 mm 的圆球内，该圆球的中心与基准平面 A、基准平面 B、基准中心平面 C 及被测球所确定的理论正确位置一致 $S\phi0.3$ A B C　C　25　B　A　30 2D C　$S\phi0.3$ A B C　25　A　B　30 3D

续表

特征项目		公差带定义	标注示例和解释
位置度公差	线的位置度公差	公差带为间距分别等于公差值0.05 mm与0.2 mm，对称于理论正确位置的平行平面所限定的区域。该理论正确位置由相对于基准C、A、B的理论正确尺寸确定。该公差在基准体系的两个方向上给定 ⟨// B⟩规定的限定平面平行于定向平面B 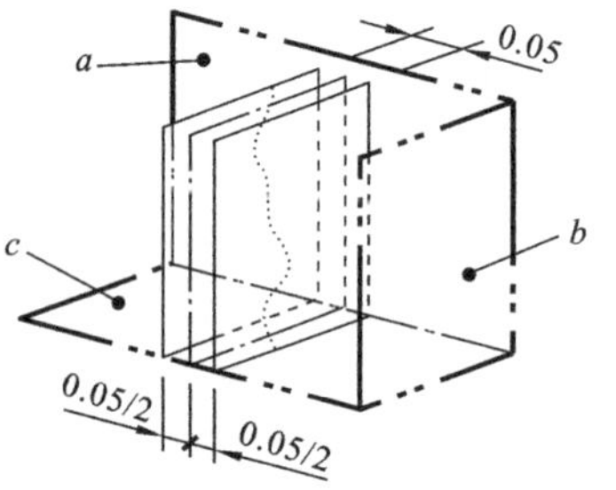 (a) 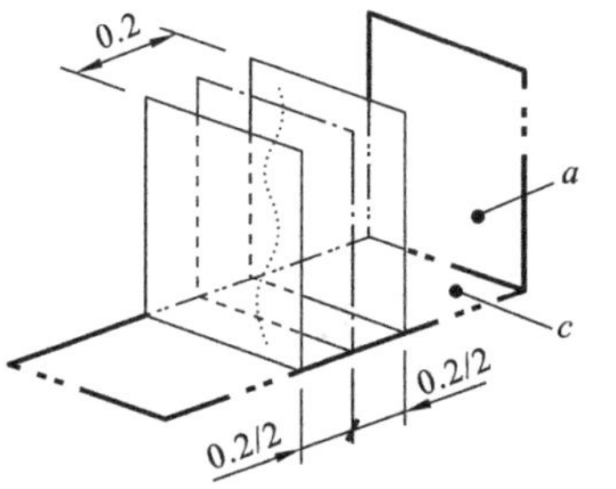 (b) a—第二基准平面A，垂直于基准平面C； b—第三基准平面B；垂直于基准平面C和第二基准平面A； c—基准平面C	被测孔的实际中心线在给定方向上应各自限定在间距分别等于0.05 mm及0.2 mm且相互垂直的两对平行平面内。每对平行平面的方向由基准体系确定，且对称于基准平面C、A、B及被测孔所确定的理论正确位置 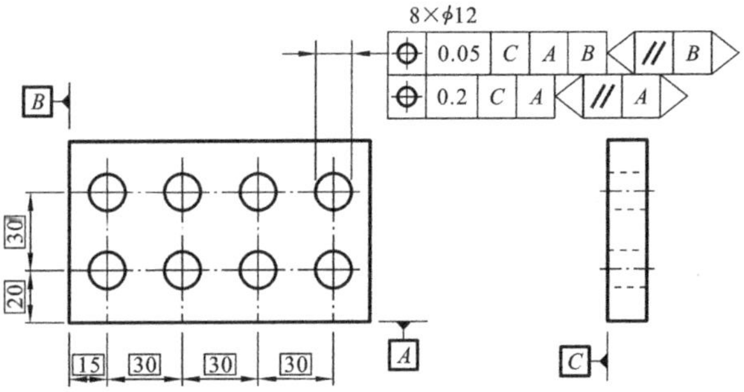 2D 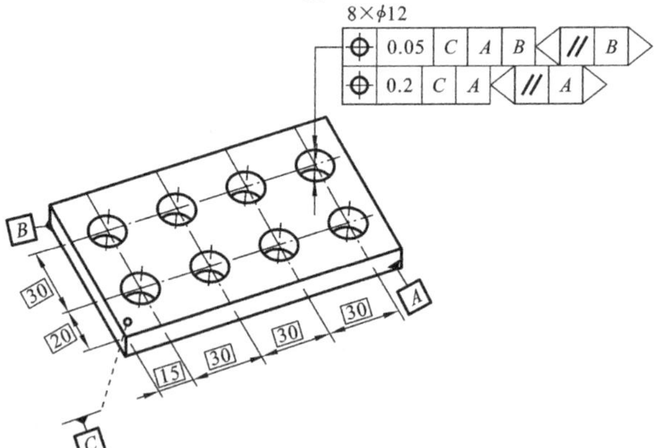 3D

续表

<table>
<tr><th colspan="2">特征项目</th><th>公差带定义</th><th>标注示例和解释</th></tr>
<tr><td rowspan="2">位置度公差</td><td rowspan="2">线的位置度公差</td><td rowspan="2">公差带为直径等于公差值 ϕt 的圆柱面所限定的区域，该圆柱面轴线的位置由相对于基准 C、A、B 的理论正确尺寸确定 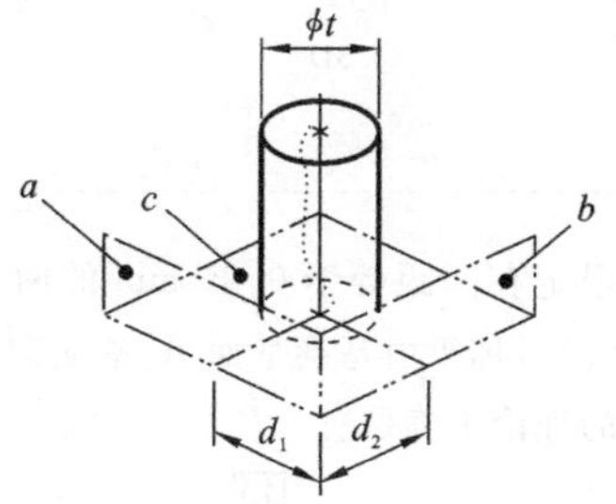
a—基准平面 A；
b—基准平面 B；
c—基准平面 C</td><td>实际中心线应限定在直径等于 0.08 mm 的圆柱面内，该圆柱面的轴线应处于由基准平面 C、A、B 与被测孔所确定的理论正确位置 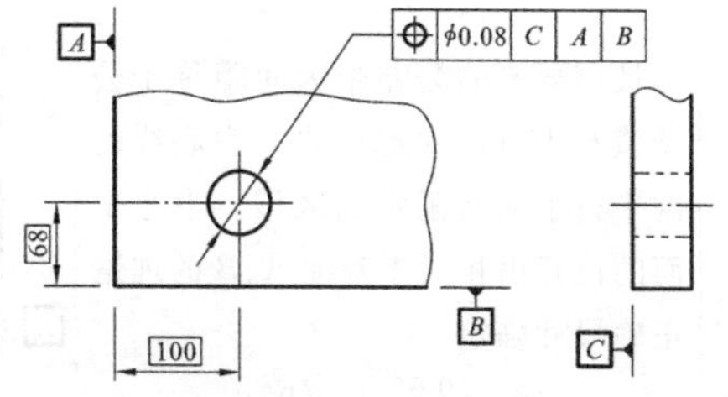
2D 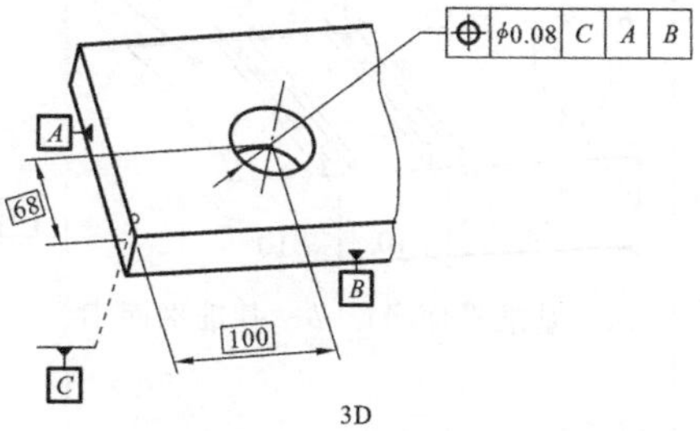
3D</td></tr>
<tr><td>被测孔的实际中心线应各自限定在直径等于 0.1 mm 的圆柱内，该圆柱的轴线应处于由基准 C、A、B 与被测孔所确定的理论正确位置 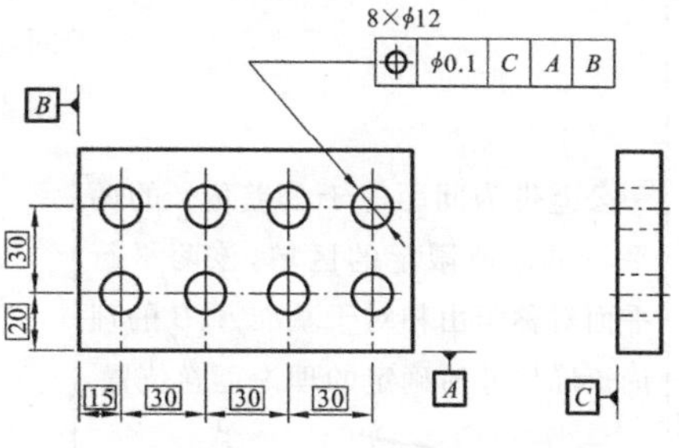
2D 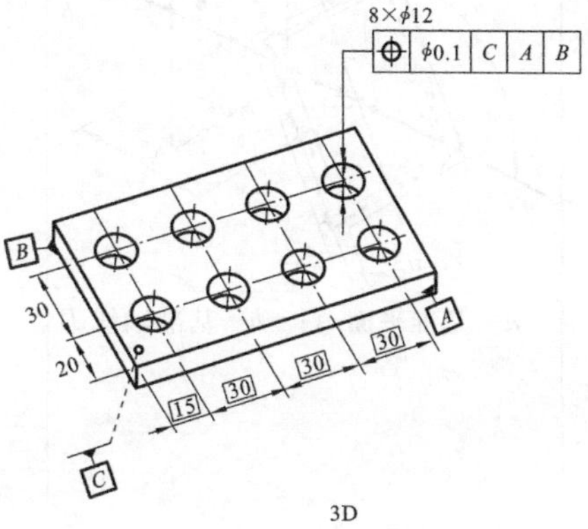
3D</td></tr>
</table>

续表

<table>
<tr><th colspan="2">特征项目</th><th>公差带定义</th><th>标注示例和解释</th></tr>
<tr><td rowspan="2">位置度公差</td><td>线的位置度公差</td><td>被测要素的公差带为间距等于公差值 0.1 mm，对称于要素中心线的两平行平面所限定的区域。中心平面的位置由相对于基准 A、B 的理论正确尺寸确定 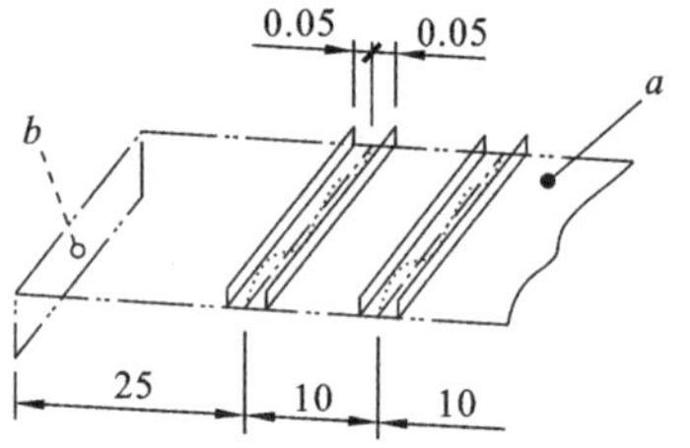
a—基准平面 A；b—基准平面 B</td><td>被测刻线的实际中心线应限定在距离等于 0.1 mm，对称于基准平面 A、B 与被测线所确定的理论正确位置的两平行平面之间 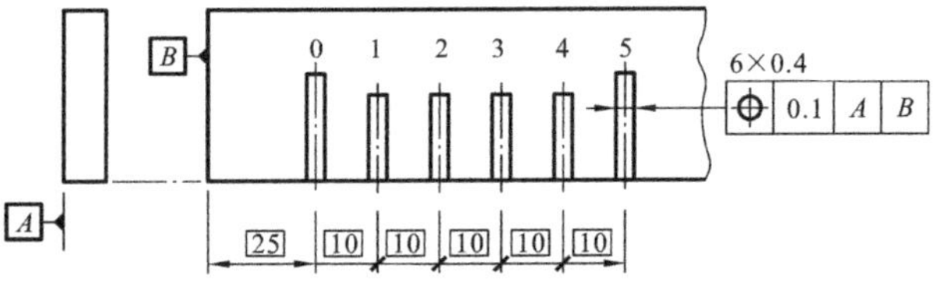
2D 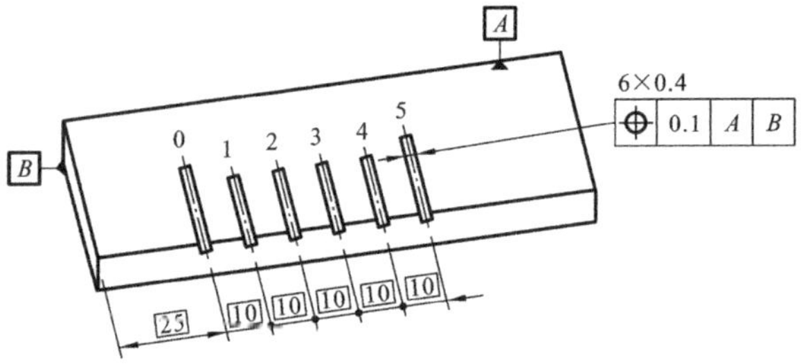
3D</td></tr>
<tr><td>面的位置度公差</td><td>公差带为间距等于公差值 t 的两平行平面所限定的区域，该两平行平面对称于由相对于基准 A、B 的理论正确尺寸所确定的理论正确位置 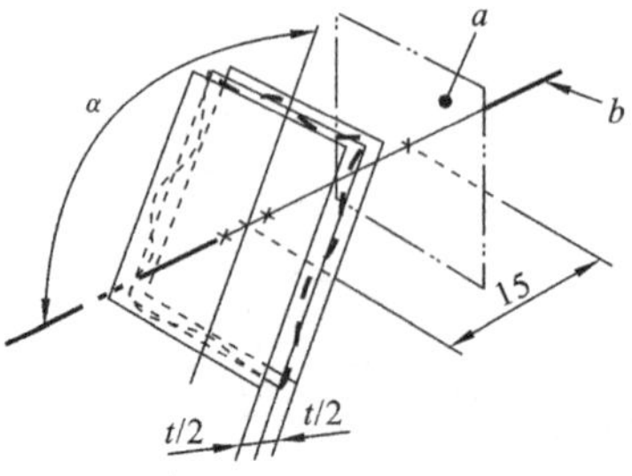
a—基准平面 A；b—基准轴线 B</td><td>实际表面应限定在间距等于 0.05 mm 的两平行平面之间，该两平行平面对称于由基准平面 A、基准轴线 B 与该被测表面所确定的理论正确位置 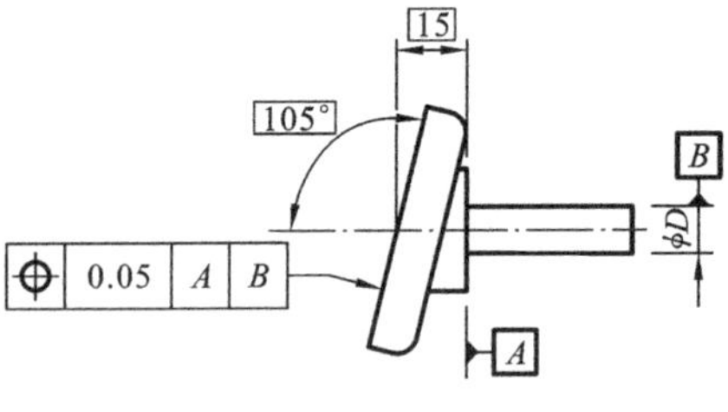
2D 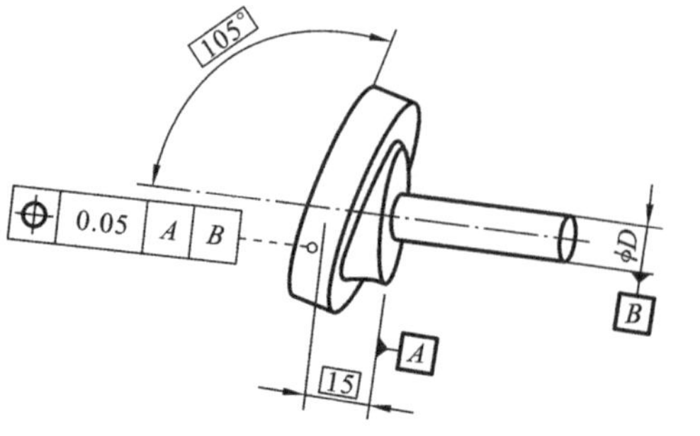
3D</td></tr>
</table>

续表

特征项目		公差带定义	标注示例和解释
同心度与同轴度公差	点的同心度公差	公差带为直径等于公差值 ϕt 的圆周所限定的区域。该圆周公差带的圆心与基准点重合 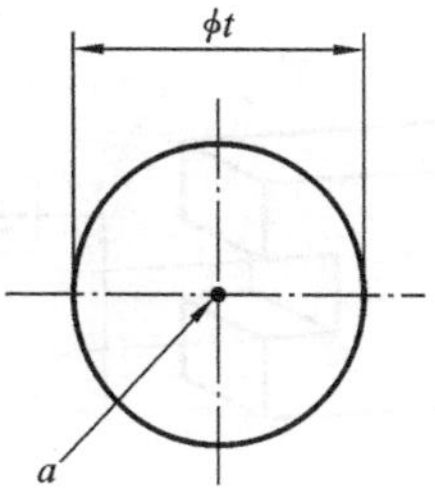 a—基准点 A	在任意横截面内(用符号 ACS 标注在几何公差框格的上方表示),内圆的实际中心应限定在直径等于 0.1 mm,以基准点 A(在同一横截面内)为圆心的圆周内 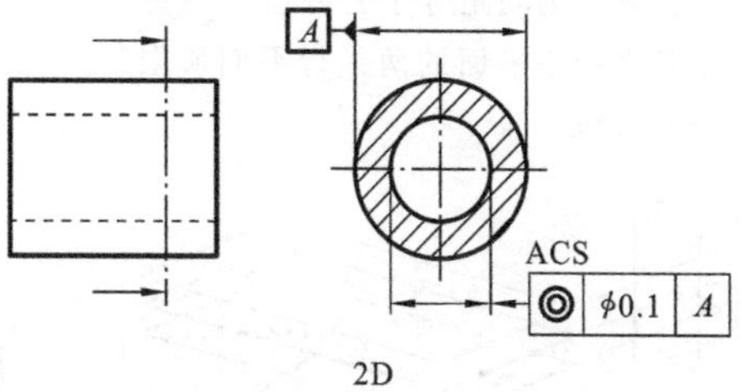 2D 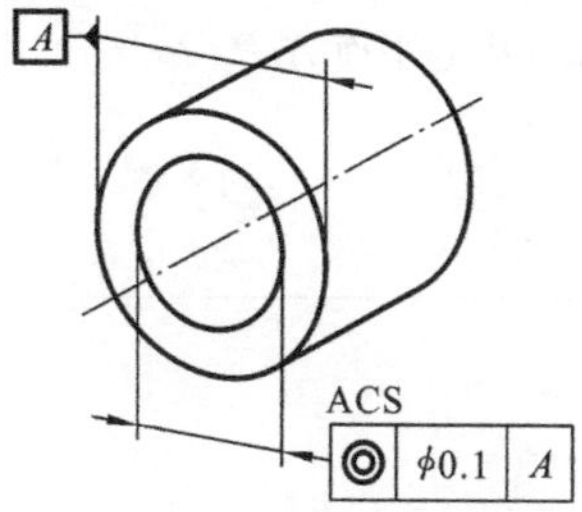 3D
	线的同轴度公差	公差带为直径等于公差值 ϕt 的圆柱面所限定的区域,该圆柱的轴线与基准轴线重合 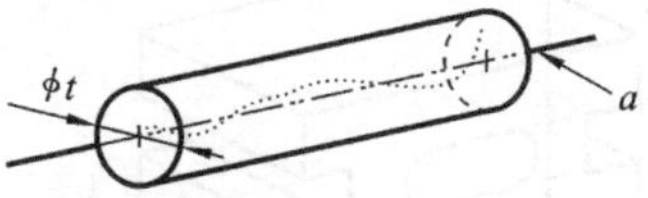 a—基准轴线 A	被测圆柱的实际中心线应限定在直径等于 0.1 mm,以基准轴线 A 为轴线的圆柱面内 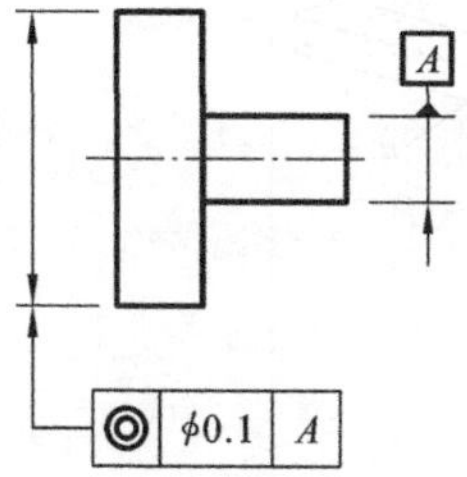 2D 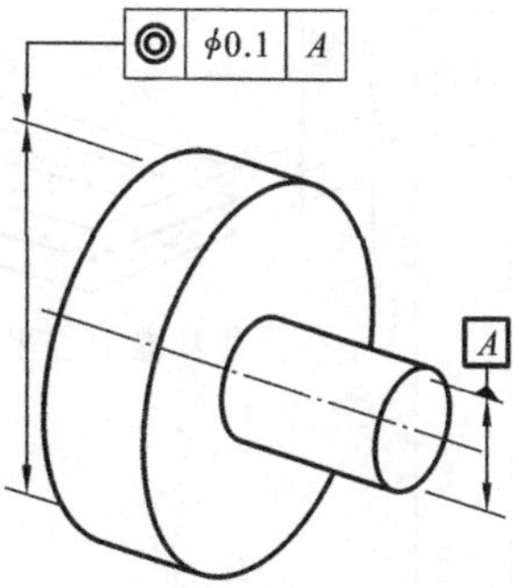 3D
		公差带为直径等于公差值 ϕt 的圆柱面所限定的区域,该圆柱的轴线与基准轴线重合 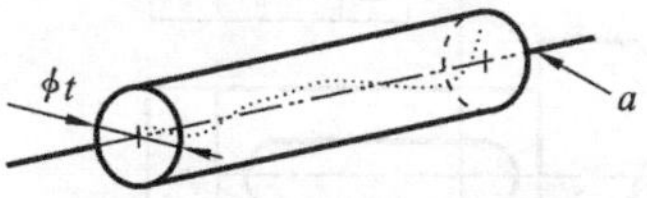 a—垂直于第一基准平面 A 的第二基准轴线 B	被测圆柱的实际中心线应限定在直径等于 0.1 mm,以垂直于基准平面 A 的基准轴线 B 为轴线的圆柱面内 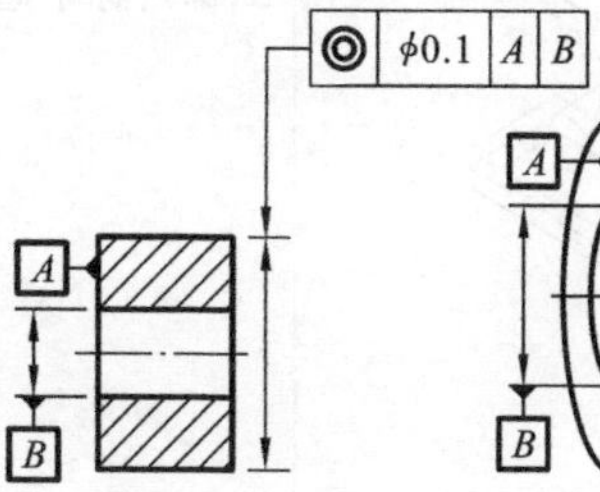 2D 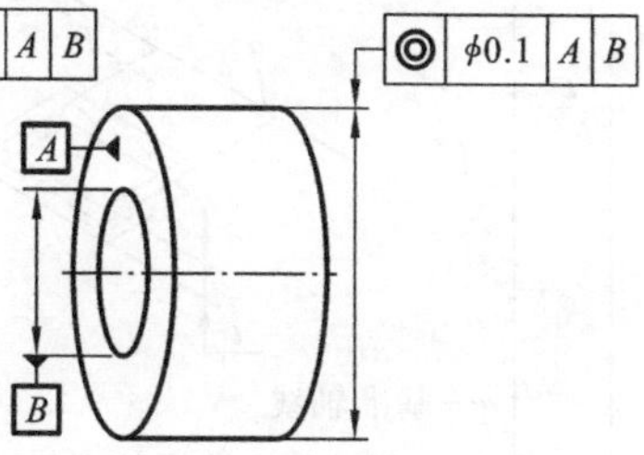 3D

续表

特征项目		公差带定义	标注示例和解释
对称度公差	面对面对称度公差	公差带为间距等于公差值 t，对称于基准中心平面的两平行平面所限定的区域 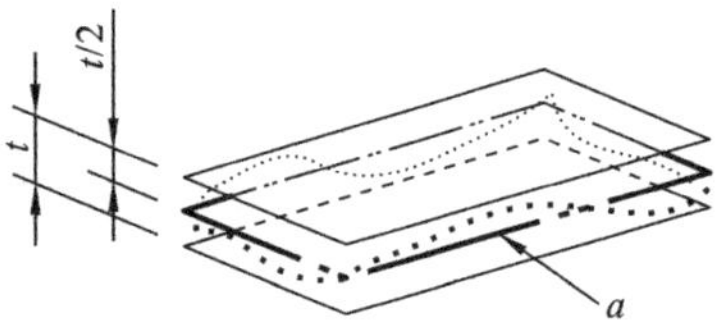 a—基准中心平面 A	实际中心表面应限定在间距等于 0.08 mm，对称于基准中心平面 A 的两平行平面之间 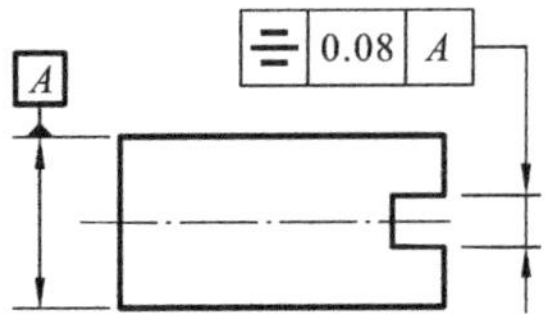 2D 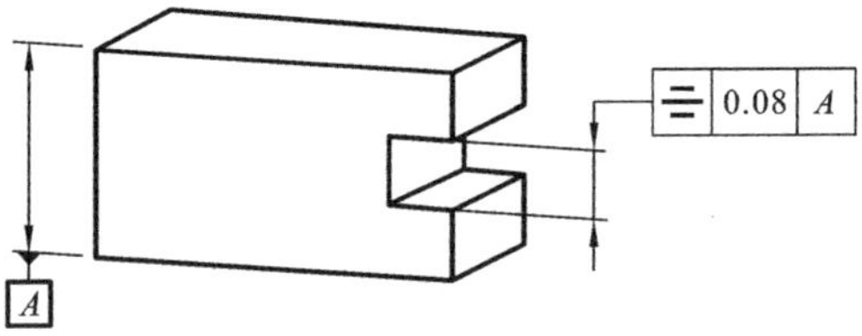 3D
	面对线对称度公差	公差带为间距等于公差值 t，对称于基准中心平面的两平行平面所限定的区域 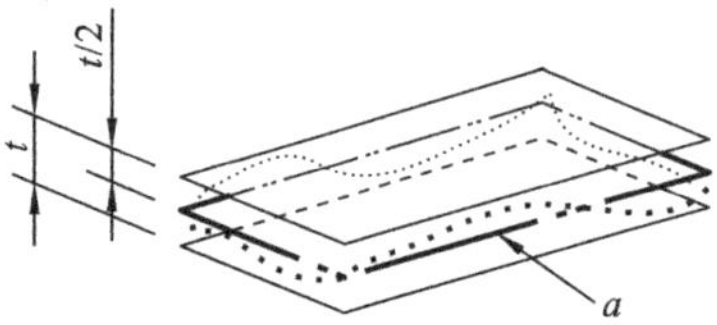 a—公共基准中心平面 $A-B$	实际中心面应限定在间距等于 0.08 mm，对称于公共基准中心平面 $A-B$ 的两平行平面之间 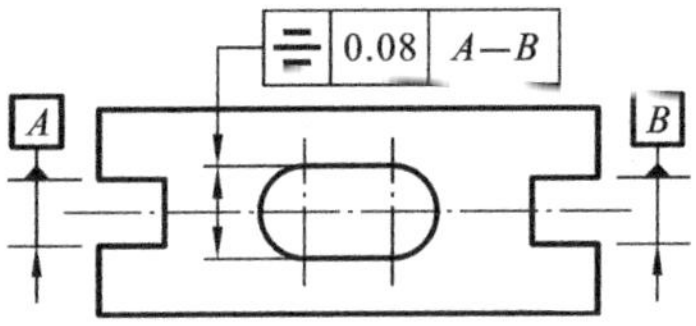 2D 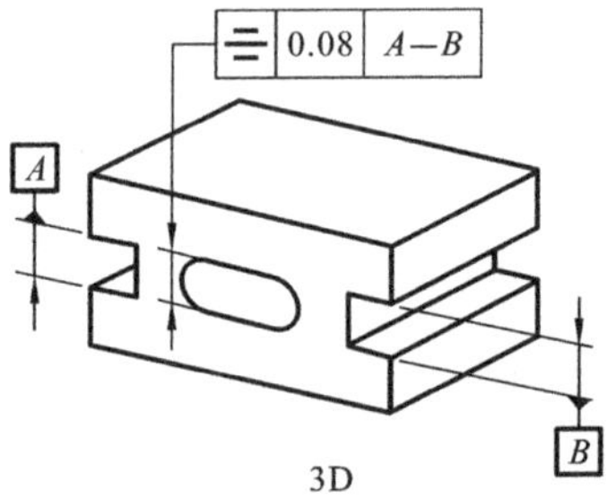 3D
		公差带为间距等于公差值 t 且对称于基准轴线的两平行平面所限定的区域 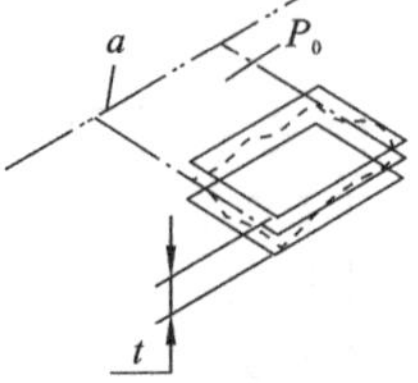 a—基准轴线 P_0—通过基准轴线的理想平面	宽度为 b 的被测键槽的实际中心平面应限定在间距为 0.05 mm 的平行平面之间。该两平行平面对称于基准轴线 B，即对称于通过基准轴线 B 的理想平面 P。 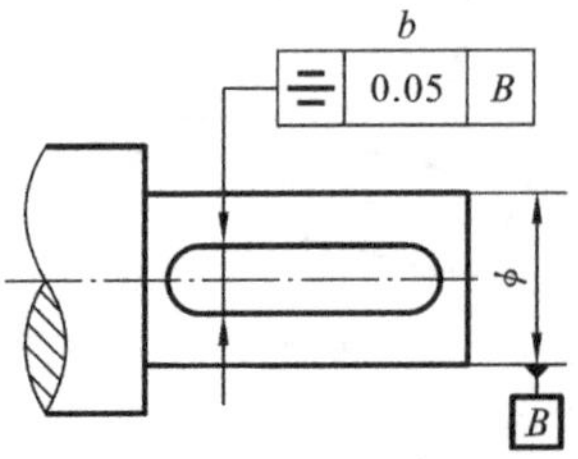

3.3.3 跳动公差带的定义、标注和解释

跳动公差包括圆跳动公差和全跳动公差。

(1) 圆跳动公差的被测要素有圆柱面、圆锥面和端面，基准要素是轴线。圆跳动公差要求被测要素相对于基准要素回转一周，同时测头相对于基准不动。

(2) 全跳动公差的被测要素有圆柱面和端面；基准要素是轴线。全跳动公差要求被测要素相对于基准要素回转多周，同时测头相对于基准移动。

跳动公差带在控制被测要素相对于基准位置误差的同时，能自然地控制被测要素相对于基准的方向误差和被测要素的形状误差。

跳动公差带的定义、标注示例和解释见表3.6。

表3.6 跳动公差带定义、标注示例和解释

特征项目		公差带定义	标注示例和解释
圆跳动公差	径向圆跳动公差	公差带为在任一垂直于基准轴线的横截面内，半径差等于公差值 t，圆心在基准轴线上的两同心圆所限定的区域 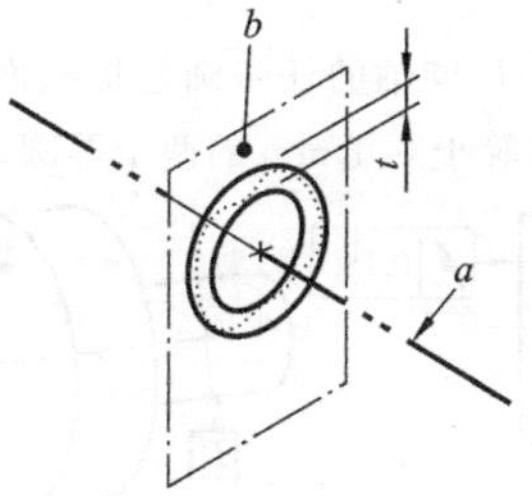 a—基准轴线 A； b—垂直于基准轴线 A 的横截面	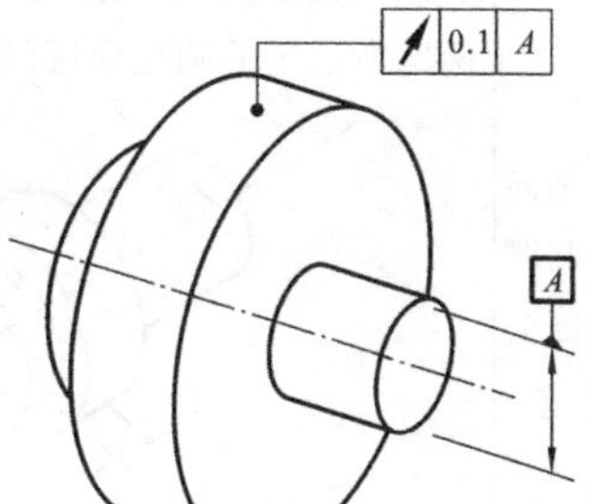 在任一垂直于基准轴线 A 的横截面内，实际线应限定在半径差等于0.1 mm，圆心在基准轴线 A 上的两共面同心圆之间 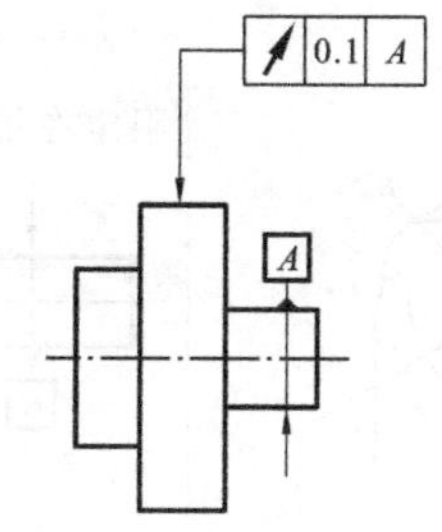
		公差带为在任一垂直于基准轴线的横截面内，半径差等于公差值 t，圆心在基准轴线上的两同心圆所限定的区域 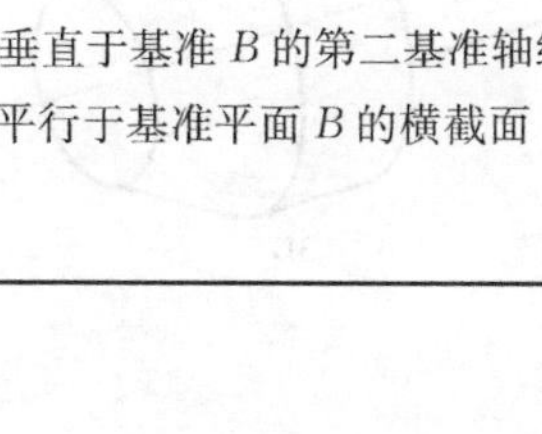 a—垂直于基准 B 的第二基准轴线 A； b—平行于基准平面 B 的横截面	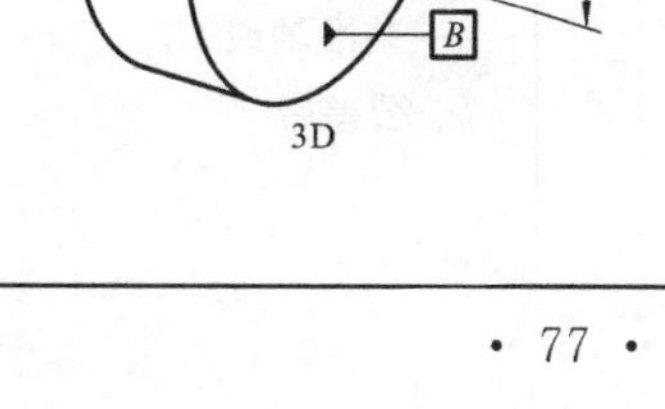 在任一平行于基准平面 B、垂直于基准轴线 A 的横截面上，实际圆应限定在半径差等于0.1 mm，圆心在基准轴线 A 上的两共面同心圆之间 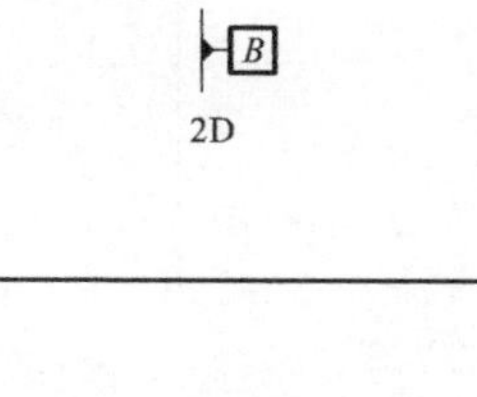

续表

特征项目		公差带定义	标注示例和解释
圆跳动公差	径向圆跳动公差	公差带为在任一垂直于基准轴线的横截面内，半径差等于公差值 t，圆心在基准轴线上的两同心圆所限定的区域 a—基准轴线 $A-B$； b—垂直于基准轴线 $A-B$ 的横截面	在任一垂直于公共基准直线 $A-B$ 的横截面内，实际线应限定在半径差等于公差值 0.1 mm，圆心在基准轴线 $A-B$ 上的两共面同心圆之间 2D 3D
	轴向圆跳动公差	公差带为与基准轴线同轴的任一半径的圆柱截面上，间距等于公差值 t 的两圆所限定的圆柱面区域 a—基准轴线 D；　b—公差带； c—与基准轴线 D 同轴的任意直径	在与基准轴线 D 同轴的任一圆柱形截面上，实际圆应限定在轴向距离等于 0.1 mm 的两个等圆之间 2D　3D
	斜向圆跳动公差	公差带为与基准轴线同轴的任一圆锥截面上，间距等于公差值 t 的两圆所限定的圆锥面区域 a—基准轴线 C； b—公差带	在与基准轴线 C 同轴的任一圆锥截面上，实际线应限定在素线方向间距等于 0.1 mm 的两不等圆之间，并且截面的锥角与被测要素垂直 2D 3D

续表

特征项目		公差带定义	标注示例和解释
圆跳动公差	斜向圆跳动公差	公差带为与基准轴线同轴的任一圆锥截面上，间距等于公差值 t 的两圆所限定的圆锥面区域 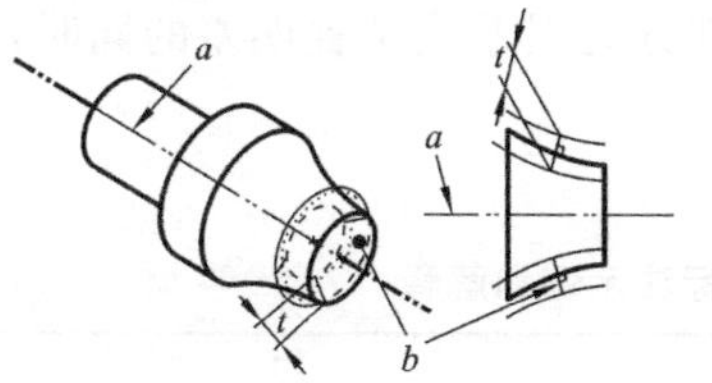 a—基准轴线 C； b—公差带	当被测要素的素线不是直线时，圆锥截面的锥角要随所测圆的实际位置而改变，以保持与被测要素垂直 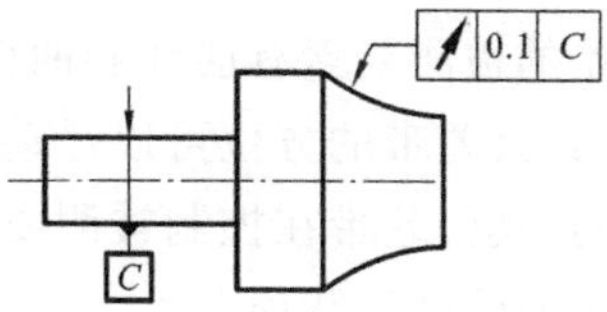 2D 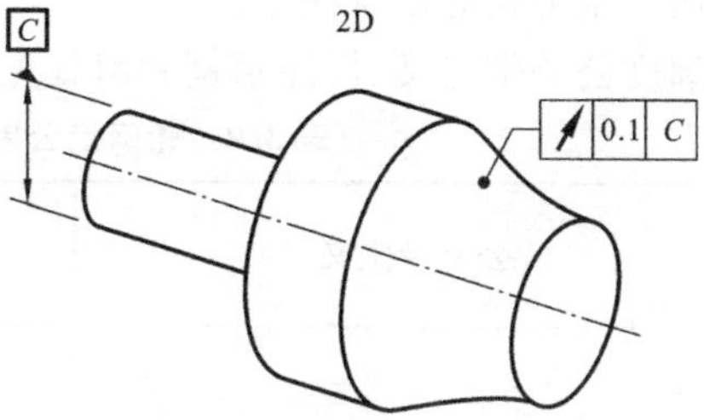 3D
全跳动公差	径向全跳动公差	公差带为半径差等于公差值 t，与基准轴线同轴的两圆柱所限定的区域 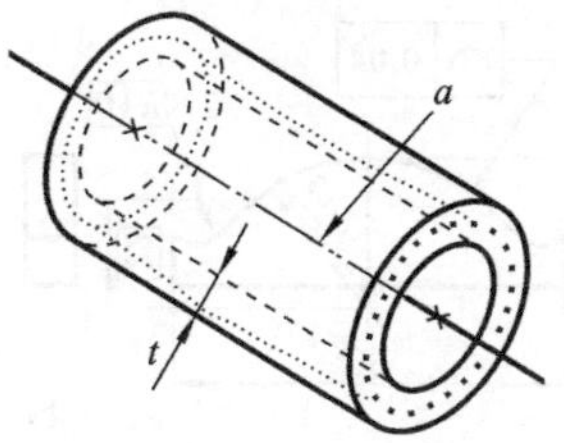 a—公共基准轴线 $A-B$	实际表面应限定在半径差等于 0.1 mm，与公共基准轴线 $A-B$ 同轴的两圆柱之间 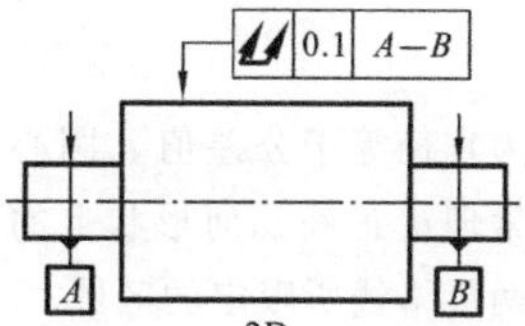 2D 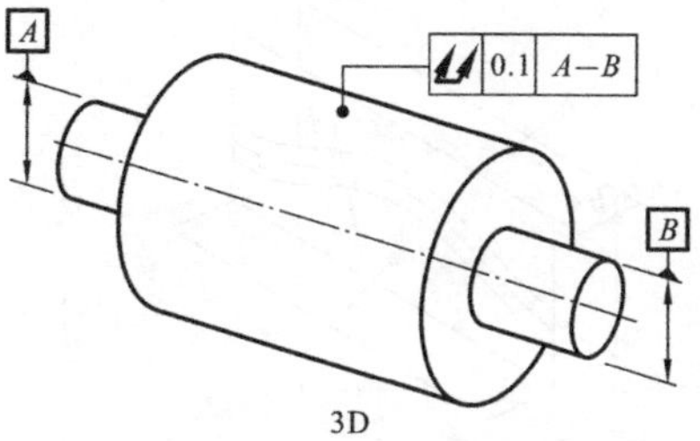 3D
	轴向全跳动公差	公差带为间距等于公差值 t，垂直于基准轴线的两平行平面所限定的区域 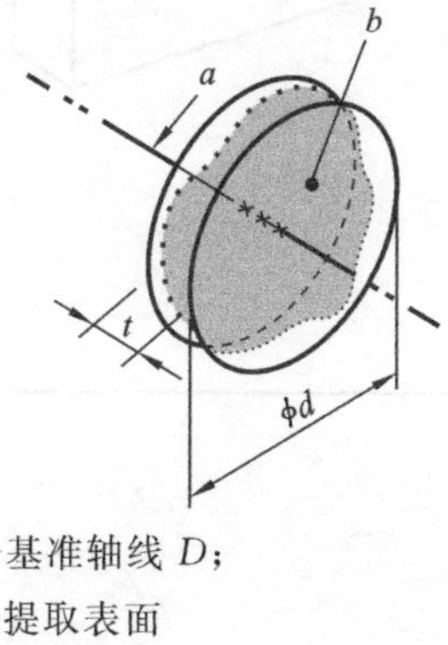 a—基准轴线 D； b—提取表面	实际表面应限定在间距等于 0.1 mm，垂直于基准轴线 D 的两平行平面之间 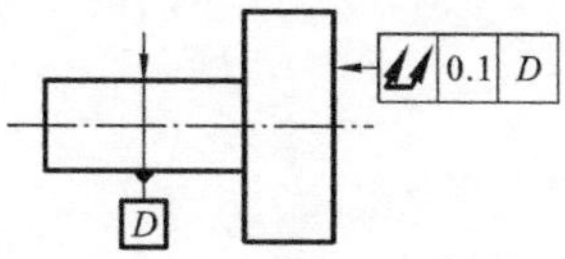 2D 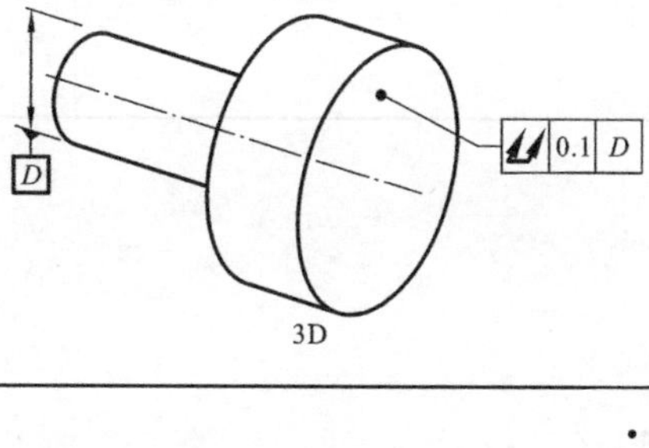 3D

3.4 轮廓公差

轮廓公差包括线轮廓度公差和面轮廓度公差。

轮廓公差的被测要素有曲线和曲面。有的轮廓度公差不涉及基准，只能控制被测要素的轮廓形状，其公差带的方位可以浮动；有的涉及基准，基准要素有直线和平面，其公差带的方位是固定的，其公差带在控制被测要素相对于基准方向误差或位置误差的同时，能自然地控制被测要素的轮廓形状误差。

轮廓度公差带定义、标注示例和解释见表 3.7。

表 3.7 轮廓度公差带定义、标注示例和解释

特征项目	公差带定义	标注示例和解释
无基准的线轮廓度公差	公差带为直径等于公差值 t、圆心位于被测要素理论正确几何形状上的一系列圆的两包络线所限定的区域 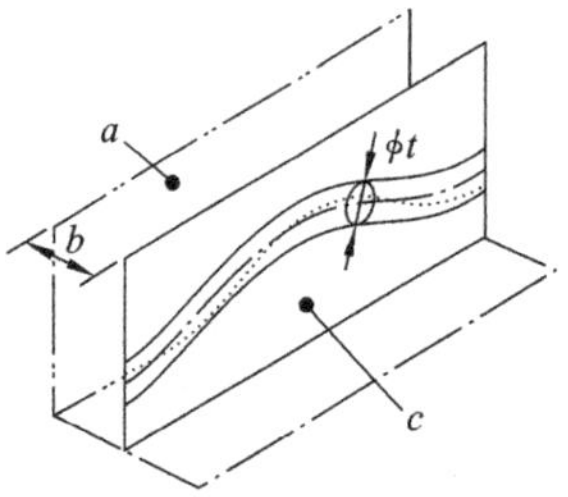 a—基准平面 A b—任意距离 c—平行于基准平面 A 的平面	在任一平行于图示投影面的截面内，实际轮廓线应限定在直径等于 0.04 mm、圆心位于被测要素理论正确几何形状上的一系列圆的两等距包络线之间 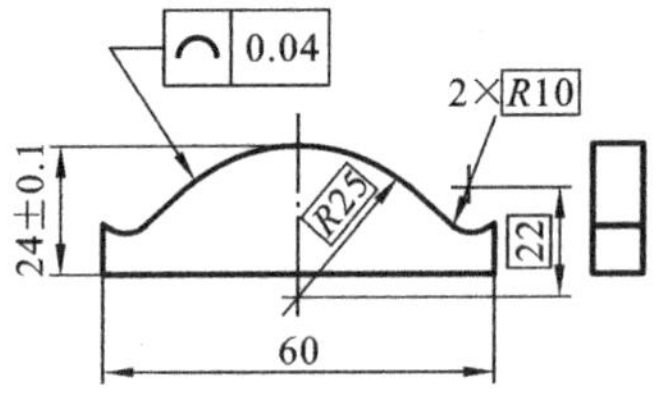 2D 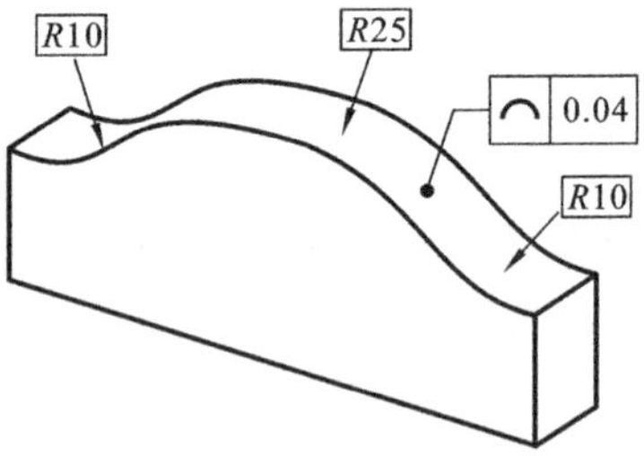 3D

续表

特征项目	公差带定义	标注示例和解释
相对于基准体系的线轮廓度公差	公差带为直径等于公差值 t、圆心位于由基准平面 A 和基准平面 B 确定的被测要素理论正确几何形状上的一系列圆的两包络线所限定的区域 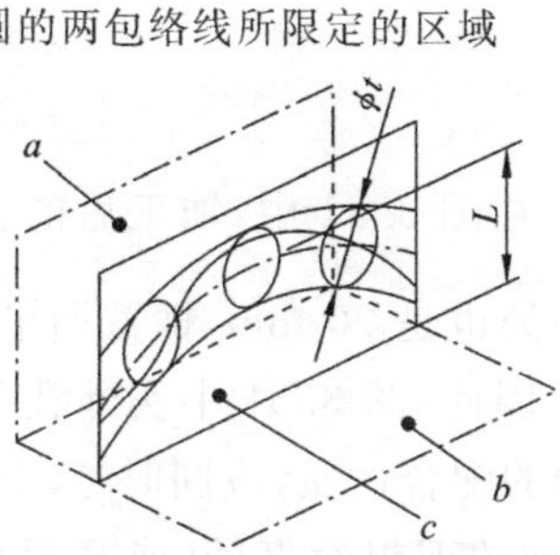 a、b—基准平面 A、基准平面 B c—平行于基准平面 A 的平面	在任一平行于图示投影面的截面内，实际轮廓线应限定在直径等于 0.04 mm、圆心位于由基准平面 A 和基准平面 B 确定的被测要素理论正确几何形状上的一系列圆的两等距包络线之间 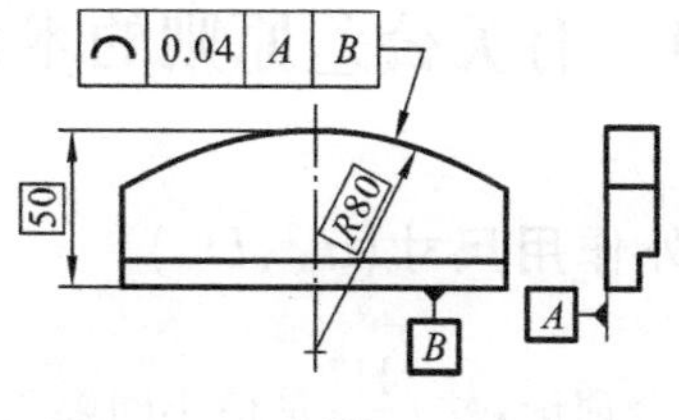 2D 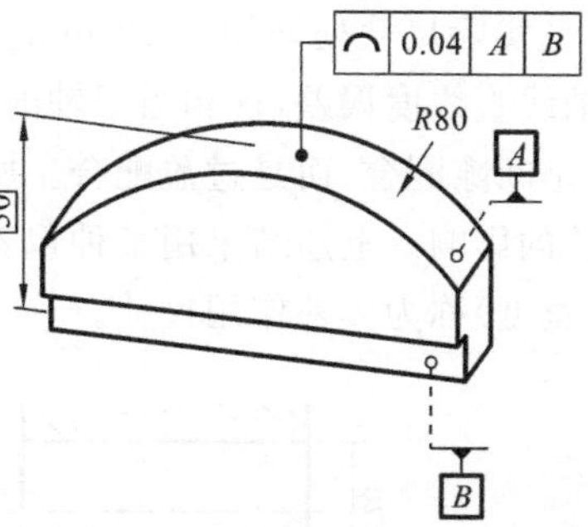 3D
无基准的面轮廓度公差	公差带为直径等于公差值 t、球心位于被测要素理论正确几何形状上的一系列圆球的两包络线所限定的区域 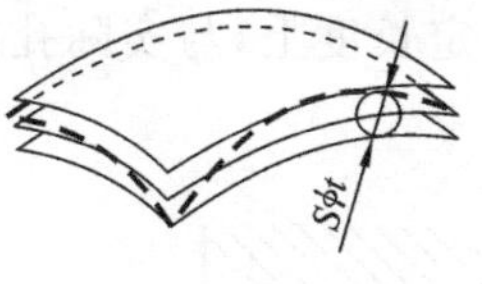	实际轮廓面应限定在直径等于 0.02 mm、球心位于被测要素理论正确几何形状上的一系列圆球的两等距包络面之间 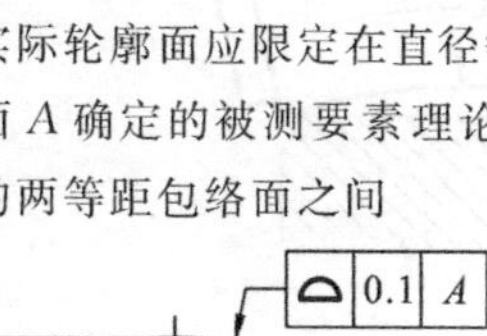 2D 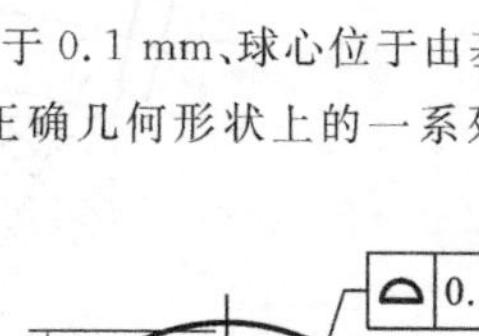　3D
相对于基准体系的面轮廓度公差	公差带为直径等于公差值 t、球心位于由基准平面 A 确定的被测要素理论正确几何形状上的一系列圆球的两包络面所限定的区域 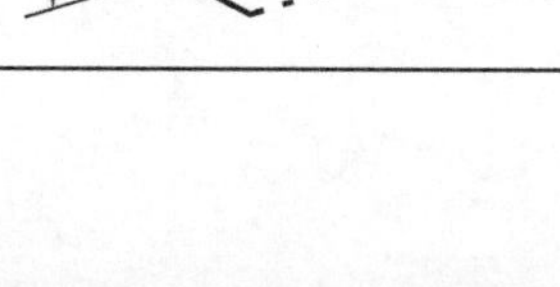	实际轮廓面应限定在直径等于 0.1 mm、球心位于由基准平面 A 确定的被测要素理论正确几何形状上的一系列圆球的两等距包络面之间 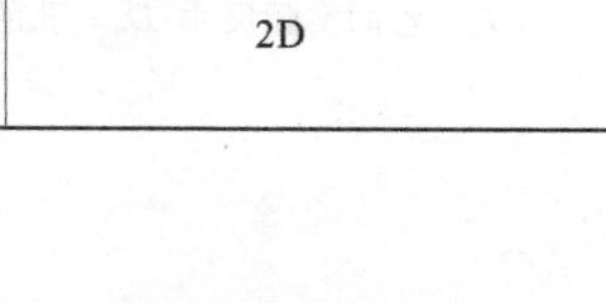 2D 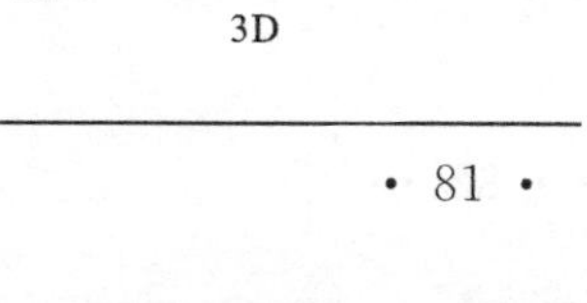　3D

3.5 公差原则

公差原则是确定几何公差与尺寸公差之间相互关系的基本原则。其包括独立原则和相关要求，而相关要求又分为包容要求、最大实体要求、最小实体要求和可逆要求。

3.5.1 有关公差原则的术语和定义

1. 体外作用尺寸(d_{fe}、D_{fe})

根据配合理论，$\phi 20\ \dfrac{H7}{h6}$是最小间隙为零的间隙配合。在图 3.31 中，加工后的孔具有正确的形状，且实际尺寸处处均为 20 mm；轴的实际尺寸处处也是 20 mm，横截面形状正确，但是存在轴线直线度误差，这相当于轴的轮廓尺寸增大。因此，图 3.31 中实际孔与实际轴的装配，不是间隙配合，而是过盈配合。所以，对于孔与轴的配合性质，应同时考虑实际尺寸和形状误差的影响。上述结果用某种包容实际孔或实际轴的理想面直径(或宽度)来表示，该直径(或宽度)称为体外作用尺寸。

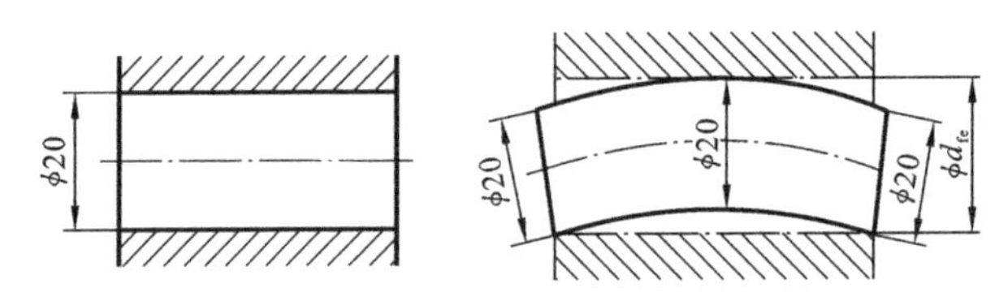

图 3.31 理想孔与轴线弯曲的轴装配

轴的体外作用尺寸用符号 d_{fe}表示，指在被测要素的给定长度上，与实际轴外表面体外相接的最小理想孔的直径(或宽度)，如图 3.32(a)所示。

孔的体外作用尺寸用符号 D_{fe}表示，指在被测要素的给定长度上，与实际孔内表面体外相接的最大理想轴的直径(或宽度)，如图 3.32(b)所示。

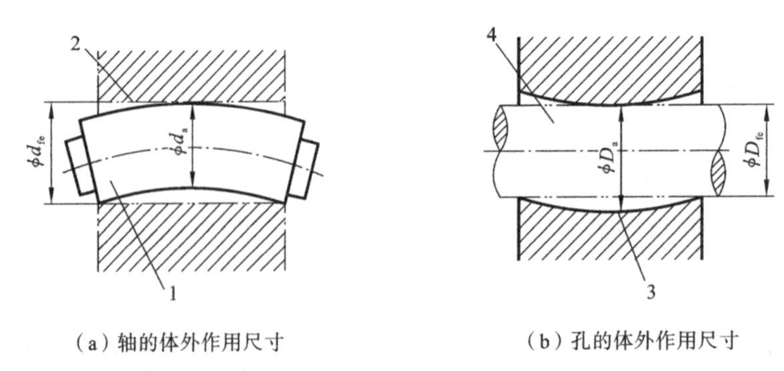

图 3.32 单一尺寸要素的体外作用尺寸

1—实际被测轴；2—最小的外接理想孔；3—实际被测孔；4—最大的外接理想轴；

d_a—轴的实际尺寸；D_a—孔的实际尺寸

对于关联的轴(或孔)的体外作用尺寸 d'_{fe}(或D'_{fe}),理想面的轴线或中心平面必须与基准保持图样上给定的几何关系。例如,图 3.33 中被测轴的d'_{fe}是在被测轴的配合面全长上,与实际被测轴体外相接的最小理想孔 K 的直径,且该理想孔的轴线必须垂直于基准平面 G。

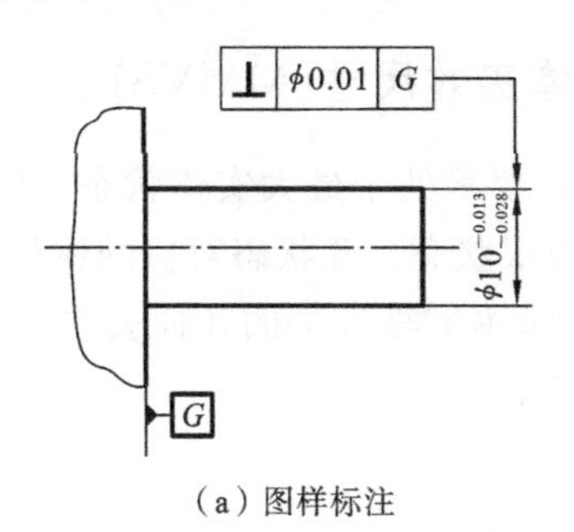

(a)图样标注

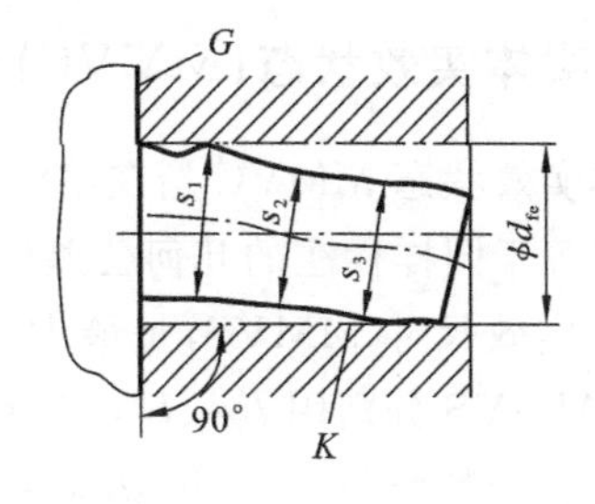

(b)最小理想孔的轴线垂直于基准平面

图 3.33 轴的关联体外作用尺寸

s_1、s_2、s_3—轴的实际尺寸

2. 体内作用尺寸(d_{fi}、D_{fi})

轴的体内作用尺寸用符号d_{fi}表示,指在被测要素的给定长度上,与实际轴的外表面体内相接的最大理想面的直径(或宽度),如图 3.34(a)所示。

孔的体内作用尺寸用符号D_{fi}表示,指在被测要素的给定长度上,与实际孔的内表面体内相接的最大理想面的直径(或宽度),如图 3.34(b)所示。

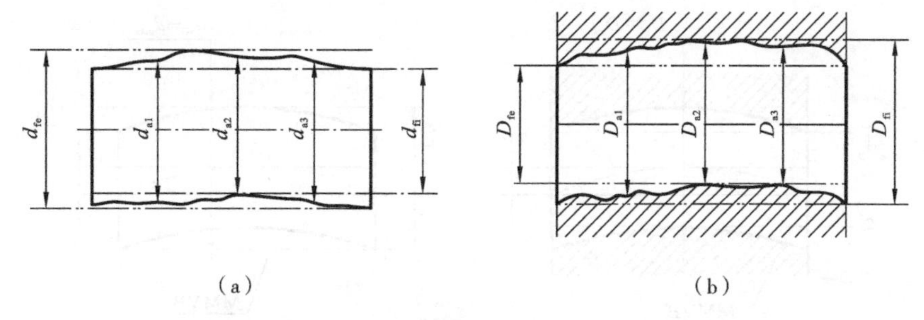

(a) (b)

图 3.34 体外作用尺寸与体内作用尺寸

对于关联的轴(或孔)的体内作用尺寸d'_{fi}(或D'_{fi}),理想面的轴线或中心平面必须与基准保持图样上给定的几何关系。

注意:体内、体外作用尺寸是局部提取尺寸与几何误差综合形成的结果,存在于实际孔、轴上,表示装配状态。

3. 最大实体状态(MMC)和最大实体尺寸(MMS)

最大实体状态 MMC 指实际要素在给定长度上处处位于极限尺寸之间并具有实体最大(即材料最多)的状态。最大实体状态对应的极限尺寸称为最大实体尺寸 MMS。

轴的最大实体尺寸d_M等于轴的上极限尺寸d_{max},即:$d_M = d_{max}$;

孔的最大实体尺寸D_M等于孔的下极限尺寸D_{min},即:$D_M = D_{min}$。

4. 最小实体状态(LMC)和最小实体尺寸(LMS)

最小实体状态 LMC 指实际要素在给定长度上处处位于极限尺寸之间并具有实体最小

(即材料最少)的状态。最小实体状态对应的极限尺寸称为最小实体尺寸 LMS。

轴的最小实体尺寸d_L等于轴的下极限尺寸d_{min},即:$d_L=d_{min}$;

孔的最小实体尺寸D_L等于孔的上极限尺寸D_{max},即:$D_L=D_{max}$。

5. 最大实体实效状态(MMVC)和最大实体实效尺寸(MMVS)

最大实体实效状态 MMVC 指在给定长度上,实际要素处于最大实体状态,且其导出要素的几何误差等于图样标注的几何公差值时的综合极限状态。此状态对应的体外作用尺寸称为最大实体实效尺寸 MMVS,是最大实体尺寸与标注了符号Ⓜ的几何公差 t 的综合结果。轴、孔的 MMVS 分别用d_{MV}、D_{MV}表示(见图 3.35(a)):

$$d_{MV}=d_M+t=d_{max}+t \tag{3.1}$$

$$D_{MV}=D_M-t=D_{min}-t \tag{3.2}$$

6. 最小实体实效状态(LMVC)和最小实体实效尺寸(LMVS)

最小实体实效状态 LMVC 指在给定长度上,实际要素处于最小实体状态,且其导出要素的几何误差等于图样标注的几何公差值时的综合极限状态。此状态对应的体内作用尺寸称为最小实体实效尺寸 LMVS,是最小实体尺寸与标注了符号Ⓛ的几何公差 t 的综合结果。轴、孔的 LMVS 分别用d_{LV}、D_{LV}表示(见图 3.35(b)):

$$d_{LV}=d_L-t=d_{min}-t \tag{3.3}$$

$$D_{LV}=D_L+t=D_{max}+t \tag{3.4}$$

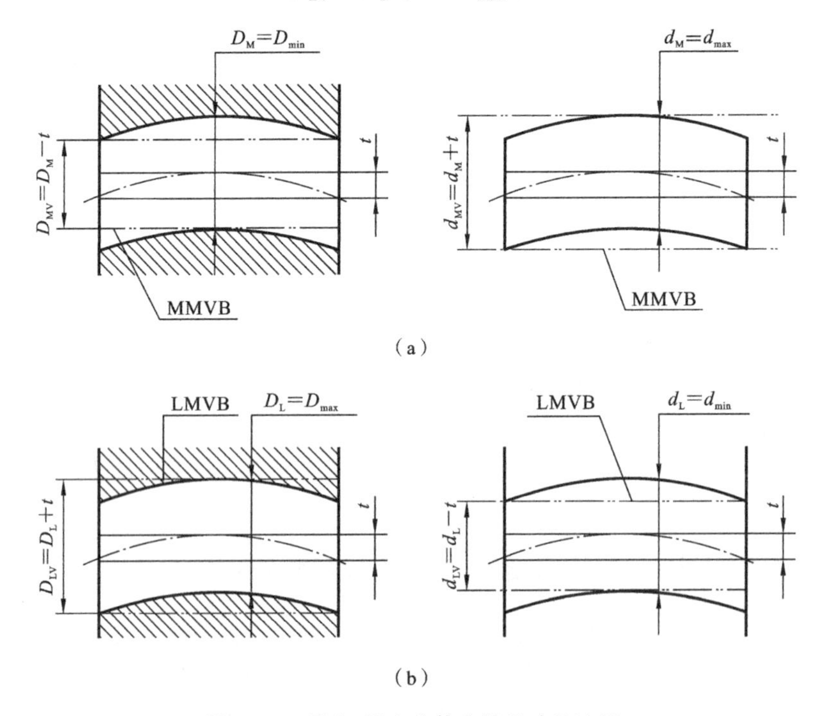

图 3.35　最大、最小实体实效尺寸及边界

7. 边界

边界是由设计给定的具有理想形状的极限包容面。

1) 最大实体实效边界(MMVB)

MMVB指尺寸为最大实体实效尺寸的边界,如图3.35(a)所示。

2) 最小实体实效边界(LMVB)

LMVB指尺寸为最小实体实效尺寸的边界,如图3.35(b)所示。

3.5.2 独立原则

独立原则指图样上给定的尺寸公差与几何公差相互独立,且分别满足各自要求。当采用独立原则时,图样上给出的尺寸公差只控制被测要素的尺寸误差,几何公差只控制被测要素的几何误差,且在图样上不做任何附加标记。

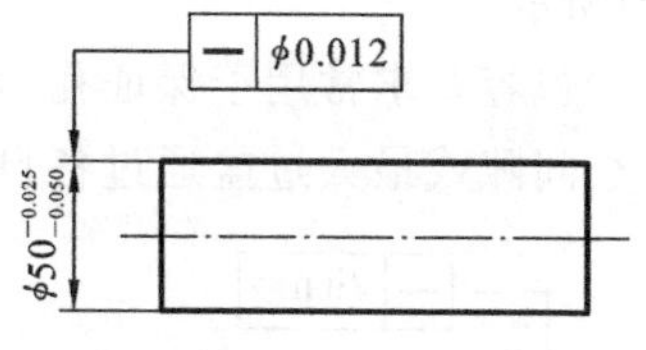

图3.36 独立原则应用示例

图3.36中的轴采用独立原则,即要求完工后的轴的实际尺寸控制在ϕ49.950～ϕ49.975 mm之间;轴的直线度误差不得大于0.012 mm。只有同时满足上述两个条件,轴才合格。

对于尺寸公差和几何公差采用独立原则的被测要素,应对实际尺寸和几何误差分别检测。统计表明,机械图样中95%以上的公差要求遵循的是独立原则。

3.5.3 相关要求

1. 包容要求

包容要求指实际要素处处不得超过最大实体边界,即实际组成要素应遵守最大实体边界,作用尺寸不超出最大实体尺寸。其实质是:如果实际要素达到最大实体状态,就不得有任何几何误差;当实际要素偏离最大实体状态时,才允许存在与偏离量相对应的几何误差。包容要求反映了尺寸公差与几何公差之间的补偿关系。

采用包容要求时,被测要素遵守最大实体边界,即要素的体外作用尺寸不得超越其最大实体尺寸,且局部实际尺寸不得超越其最小实体尺寸,即

对于轴 $d_{fe} \leqslant d_M = d_{max}$ 且 $d_a \geqslant d_L = d_{min}$

对于孔 $D_{fe} \geqslant D_M = D_{min}$ 且 $D_a \leqslant D_L = D_{max}$

包容要求只适用于单一尺寸要素,应在其尺寸极限偏差或公差带之后注有符号Ⓔ,如图3.37(a)所示。

① $d_{fe} \leqslant d_M = 20$ mm 且 $d_a \geqslant d_L = 19.97$ mm;

② 当轴处于最大实体状态(即最大实体尺寸20 mm)时,不允许有形状误差,即形状公差为零;当轴的直径为最小实体尺寸19.97mm时,允许轴具有0.03mm的直线度误差,如图3.37(b)所示。

③ 当轴的实际尺寸在19.97～20 mm之间变动时,实际尺寸偏离最大实体尺寸20 mm的尺寸值将补偿给相对应的几何误差值。例如,当轴的实际尺寸是19.98 mm时,偏离最大实体尺寸20 mm的尺寸值是0.02 mm,所以允许轴具有0.02 mm的直线度误差,如图3.37

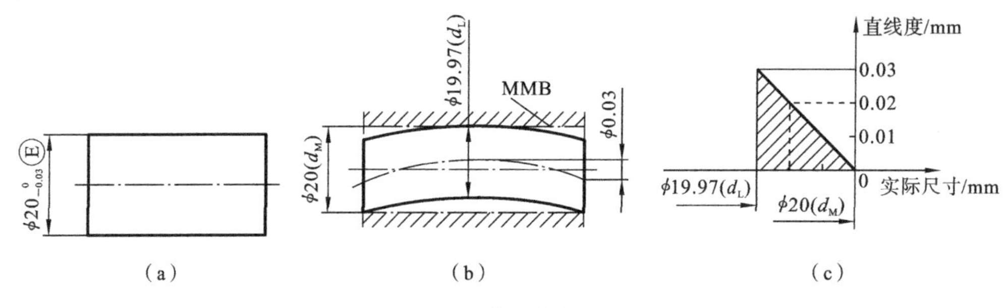

图 3.37 包容要求应用示例

(c)所示。

包容要求常用于保证孔、轴的配合性质，特别是配合公差较小的精密配合要求，所需的最小间隙或最大过盈通过各自的最大实体边界来保证。

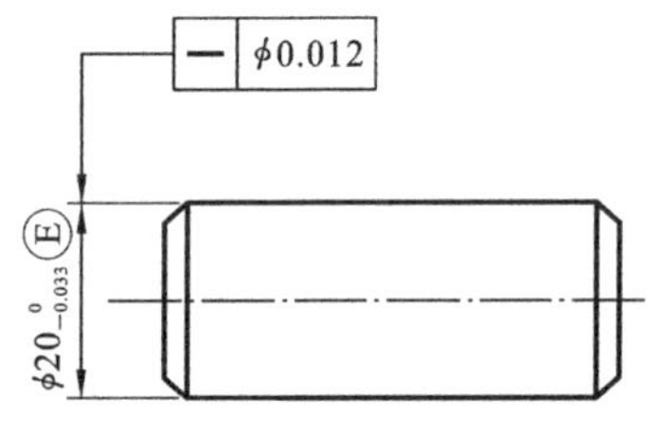

图 3.38 包容要求和独立要求共用

采用包容要求后，若对尺寸要素的几何精度有更严格的要求，还可另行给出几何公差，但是几何公差值必须小于尺寸公差值。例如，图 3.38 中的轴采用包容要求，并给出了直线度公差，表示：轴的实际表面不得超出最大实体边界，其局部实际尺寸不得小于最小实体尺寸，同时轴线直线度不得超过 0.012 mm。因此，当轴的实际尺寸偏离最大实体尺寸 20 mm 时，轴线直线度公差最多只能增大到 0.012 mm。

2. 最大实体要求

最大实体要求指被测要素的实际轮廓遵守最大实体实效边界，当实际尺寸偏离最大实体尺寸时，允许几何误差值超出在最大实体状态下给出公差值的一种公差要求。

最大实体要求应用于被测要素时，应在被测要素几何公差框格中的公差值后标注符号Ⓜ，如图 3.39(a)所示；应用于基准要素时，应在几何公差框格中的基准字母代号后标注符号Ⓜ，如图 3.40 所示。

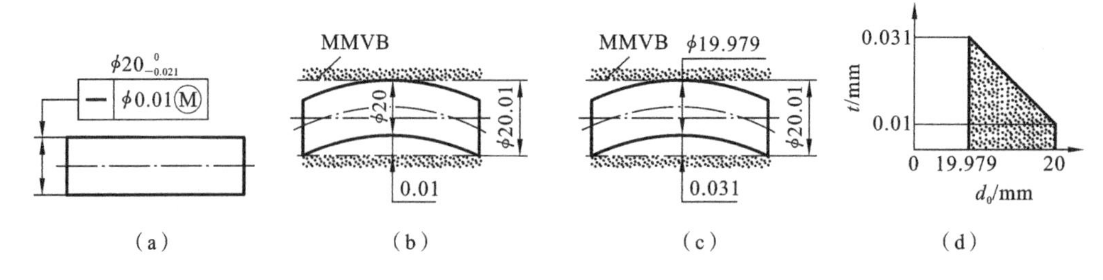

图 3.39 最大实体要求应用于被测要素示例

1) 最大实体要求应用于被测要素

被测要素的实际轮廓在给定长度上处处不得超出最大实体实效边界，即其体外作用尺寸不能超出最大实体实效尺寸，且其局部实际尺寸不得超出最大实体尺寸和最小实体尺寸，即

对于轴 $d_{fe} \leqslant d_{MV} = d_{max} + t$ 且 $d_M = d_{max} \geqslant d_a \geqslant d_L = d_{min}$

对于孔 $D_{fe} \geqslant D_{MV} = D_{min} - t$ 且 $D_M = D_{min} \leqslant D_a \leqslant D_L = D_{max}$

图 3.39 中的轴应满足：

① 实际轮廓不得超出最大实体实效边界 $d_{MV} = d_{max} + t = (20 + 0.01)$ mm $= 20.01$ mm，如图 3.39(b)所示；

② 当轴的实际尺寸为最大实体尺寸 20 mm 时，轴线直线度误差值为 0.01 mm，如图 3.39(d)所示；

③ 当轴的实际尺寸为最小实体尺寸 19.979 mm 时，轴线直线度误差达到最大值，即 0.01+0.021=0.031 mm，如图 3.39(c)所示。

2) 最大实体要求应用于基准要素

最大实体要求应用于基准要素时，若基准要素的体外作用尺寸偏离相应的边界尺寸，则允许基准要素在一定的范围内浮动，浮动范围等于基准要素的体外作用尺寸和相应边界尺寸之差。

(1) 基准要素本身遵循独立原则或采用包容要求。

图 3.40(a)表示：最大实体要求应用于均布(EQS)4 个孔 $\phi 8_{0}^{+0.1}$ 轴线的位置度公差和基准要素，而基准本身遵循独立原则。因此，基准要素的局部尺寸应限制在 20～20.1mm 范围内。

图 3.40(b)表示：最大实体要求应用于均布(EQS)4 个孔 $\phi 8_{0}^{+0.1}$ 的轴线的位置度公差和基准要素，而基准本身采用包容要求。因此，基准要素遵守最大实体边界，其边界尺寸为 $D_M = 20$ mm。

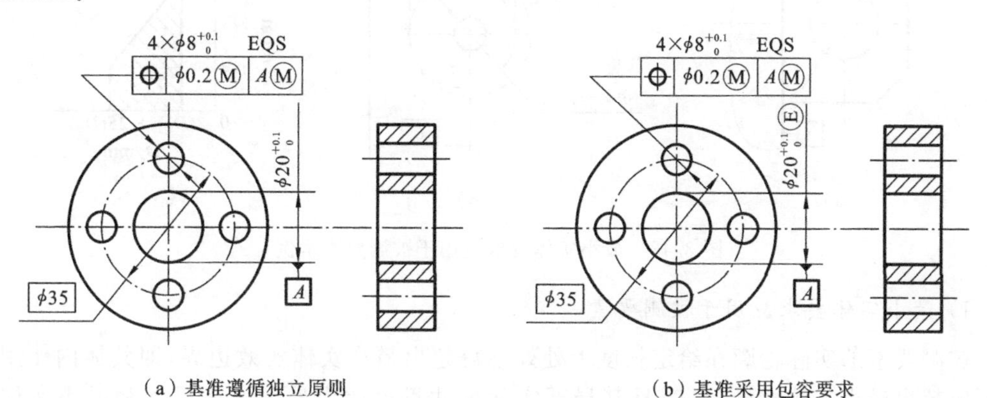

(a) 基准遵循独立原则　　(b) 基准采用包容要求

图 3.40 基准采用独立原则或包容要求

(2) 基准要素本身采用最大实体要求，遵守最大实体实效边界。

图 3.41 表示：最大实体要求应用于均布 4 个孔 $\phi 8_{0}^{+0.1}$ 轴线的位置度公差和基准要素，基准本身的直线度公差也采用最大实体要求。因此，对于均布 4 孔的位置度公差，其基准应遵守由直线度公差确定的最大实体实效边界，其边界尺寸为 $d_{MV} = d_{max} + t = 20$ mm $+ 0.02$ mm $= 20.02$ mm。

3) 最大实体要求的应用

最大实体要求常应用于只要求可装配性的零件。当被测要素或基准要素偏离最大实体状态时，几何公差可以得到补偿，从而提高零件的合格率，获得显著的经济效益。

3. 最小实体要求

最小实体要求指被测要素的实际轮廓遵守最小实体实效边界，当其实际尺寸偏离最小

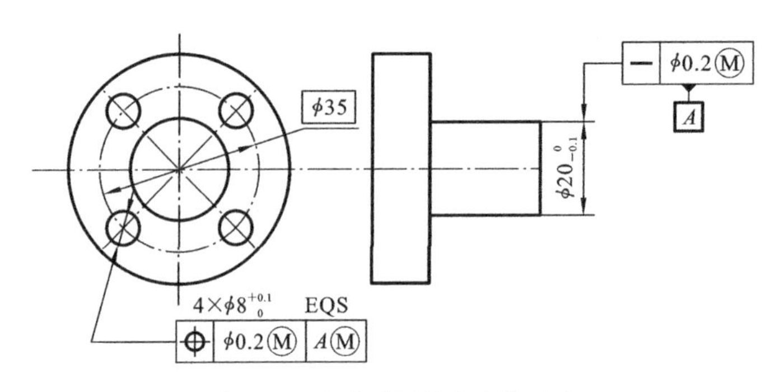

图 3.41 基准采用最大实体要求

实体尺寸时，允许其几何误差值超出在最小实体状态下给出公差值的一种公差要求。

最小实体要求用于被测要素时，应在被测要素几何公差框格中的公差值后标注符号Ⓛ，如图 3.42(a)所示；应用于基准导出要素时，应在被测要素几何公差框格内相应的基准字母代号后标注符号Ⓛ，如图 3.43 所示。

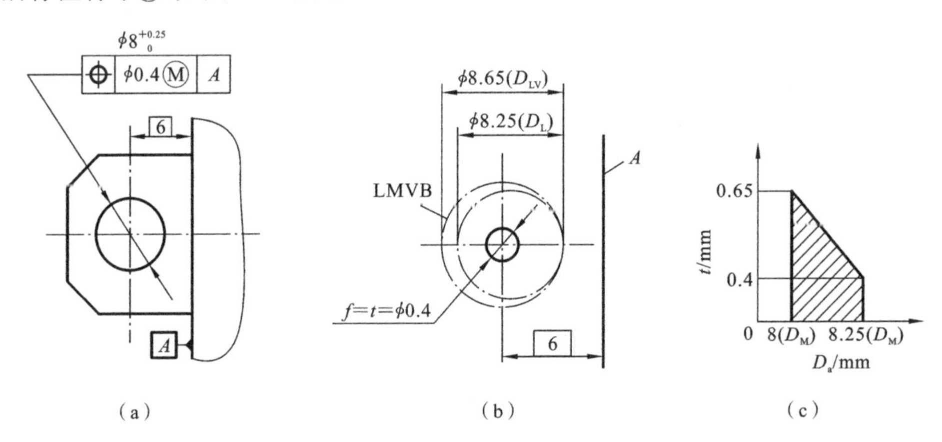

图 3.42 最小实体要求应用于被测要素示例

1) 最小实体要求应用于被测要素

被测要素的实际轮廓在给定长度上处处不得超出最小实体实效边界，即其体内作用尺寸不应超出最小实体实效尺寸，且其局部实际尺寸不得超出最大实体尺寸和最小实体尺寸，即

对于轴 $d_{fi} \geqslant d_{LV} = d_{min} - t$，$d_M = d_{max} \geqslant d_a \geqslant d_L = d_{min}$

对于孔 $D_{fi} \leqslant D_{LV} = D_{max} + t$，$D_M = D_{min} \leqslant D_a \leqslant D_L = D_{max}$

图 3.42 中的孔应当满足：

① 实际轮廓不得超出最小实体实效边界 $D_{LV} = D_{max} + t = 8.25\ \text{mm} + 0.4\ \text{mm} = 8.65\ \text{mm}$，如图 3.42(b)所示；

② 当孔的实际尺寸为最小实体尺寸 8.25 mm 时，允许位置度误差值为 0.4 mm，如图 3.42(b)所示；

③ 当孔的实际尺寸处于最大实体尺寸 8 mm 时，孔对基准的位置度误差达到最大值，即 0.4 mm+0.25 mm=0.65 mm，如图 3.42(c)所示。

2) 最小实体要求应用于基准要素

最小实体要求应用于基准要素时，若基准要素的体内作用尺寸偏离相应的边界尺寸，则允许基准要素在一定的范围内浮动，浮动范围等于基准要素的体内作用尺寸和相应边界尺寸之差。

① 基准要素本身不采用最小实体要求时，图 3.43(a)表示：最小实体要求应用于孔 $\phi15^{+0.1}_{0}$ 轴线的同轴度公差和基准要素，而基准本身遵循独立原则。因此，基准要素的局部尺寸应限制在 29.95～30 mm 范围内。

② 基准要素本身采用最小实体要求时，应遵守最小实体实效边界，如图 3.43(b)所示。

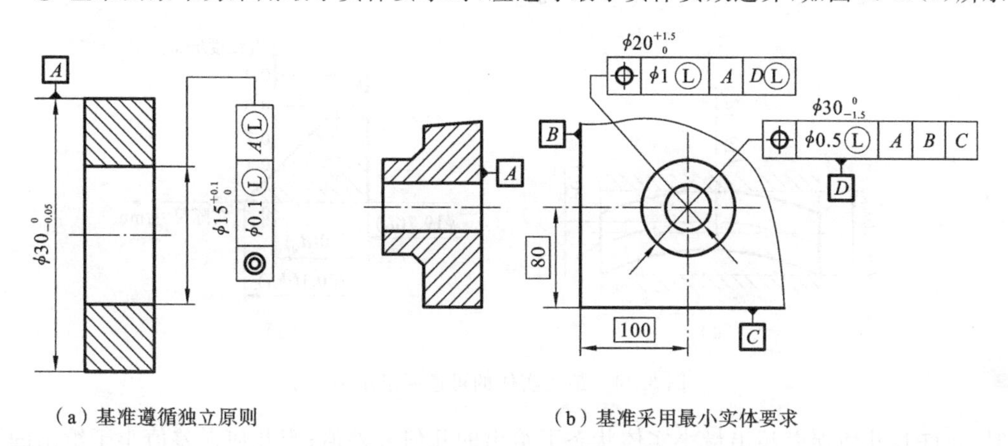

(a) 基准遵循独立原则　　(b) 基准采用最小实体要求

图 3.43　最小实体要求应用于基准要素示例

3) 最小实体要求的应用

最小实体要求常用于保证孔的最小壁厚和轴的最小强度的场合。对薄壁结构及要求强度高的轴，应考虑合理地使用最小实体要求，以保证产品的质量。

4. 可逆要求

可逆要求指当导出要素的几何误差值小于给出的几何公差值时，允许在满足零件功能的前提下，扩大尺寸公差。可逆要求是一种反补偿要求，只能与最大实体要求和最小实体要求联用，而不能单独使用。

1) 可逆要求用于最大实体要求

采用可逆的最大实体要求，应在被测要素的几何公差框格中的公差值后加注ⓂⓇ(见图 3.44(a))，被测要素的实际轮廓遵守最大实体实效边界。当其实际尺寸偏离最大实体尺寸时，允许其几何误差值超出最大实体状态下给出的几何公差值；当其几何误差值小于给出的几何公差值时，也允许实际尺寸超出最大实体尺寸。

图 3.44 中被测轴的轴线直线度公差遵守最大实体实效边界，即 $d_{fe} \leqslant d_{MV} = d_{max} + t = 20$ mm+0.1 mm=20.1 mm。当被测轴的实际尺寸在 19.7～20.1 mm 之间时，轴线的直线度公差在 0～0.4 mm 之间变化。如果实际尺寸是 20 mm(d_M)，轴线直线度误差可达 0.1 mm(见图 3.44(c))。如果实际尺寸是 19.7 mm(d_L)，则轴线直线度误差可达 0.4 mm(见图 3.44(d))。如果轴线直线度误差为零，则实际尺寸可达 20.1 mm(d_{MV})(见图 3.44(b))。

2) 可逆要求用于最小实体要求

采用可逆的最小实体要求，应在被测要素的几何公差框格中的公差值后加注“ⓁⓇ”(见图 3.45(a))，被测要素的实际轮廓遵守最小实体实效边界。当其实际尺寸偏离最小实体尺

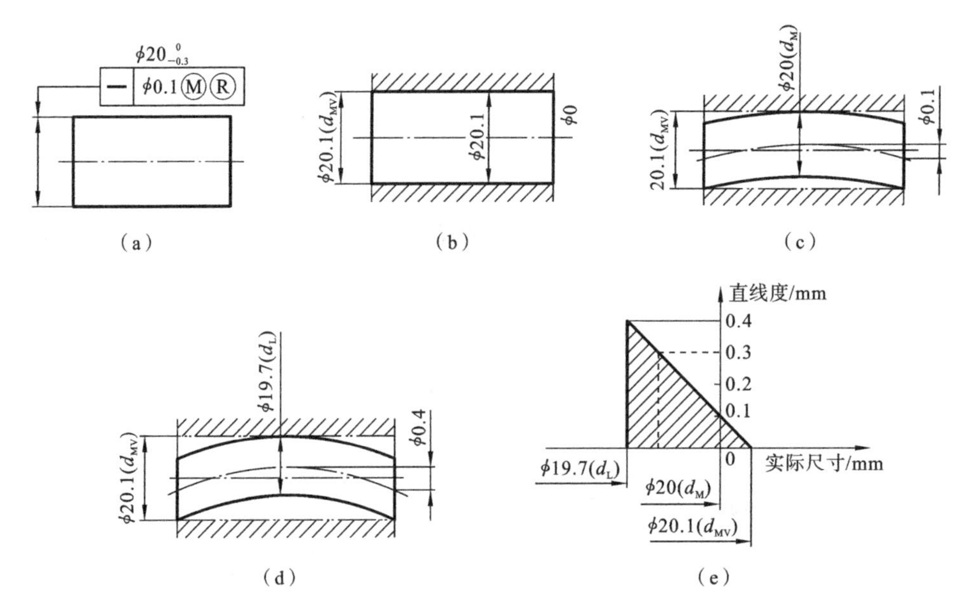

(a)　(b)　(c)　(d)　(e)

图 3.44　最大实体的可逆要求示例

寸时，允许其几何误差超出最小实体状态下给出的几何公差值；当几何误差值小于给出的几何公差值时，也允许其实际尺寸超出最小实体尺寸。

图 3.45 中被测孔 $\phi8$ 轴线的位置度公差遵守最小实体实效边界，即 $D_{fi} \leqslant D_{LV} = D_{max} + t = 8.25\ \text{mm} + 0.4\ \text{mm} = 8.65\ \text{mm}$。当被测孔的实际尺寸在 8～8.25 mm 之间时，轴线的位置度公差在 0～0.65 mm 之间变化。如果实际尺寸是 8 mm(D_M)，轴线直线度误差可达0.65 mm(见图 3.45(c))。如果实际尺寸是 8.25 mm(D_L)，则轴线直线度误差可达 0.4 mm(见图 3.45(b))。如果轴线位置度误差为零，则实际尺寸可达 8.65 mm(D_{MV})(见图 3.45(d))。

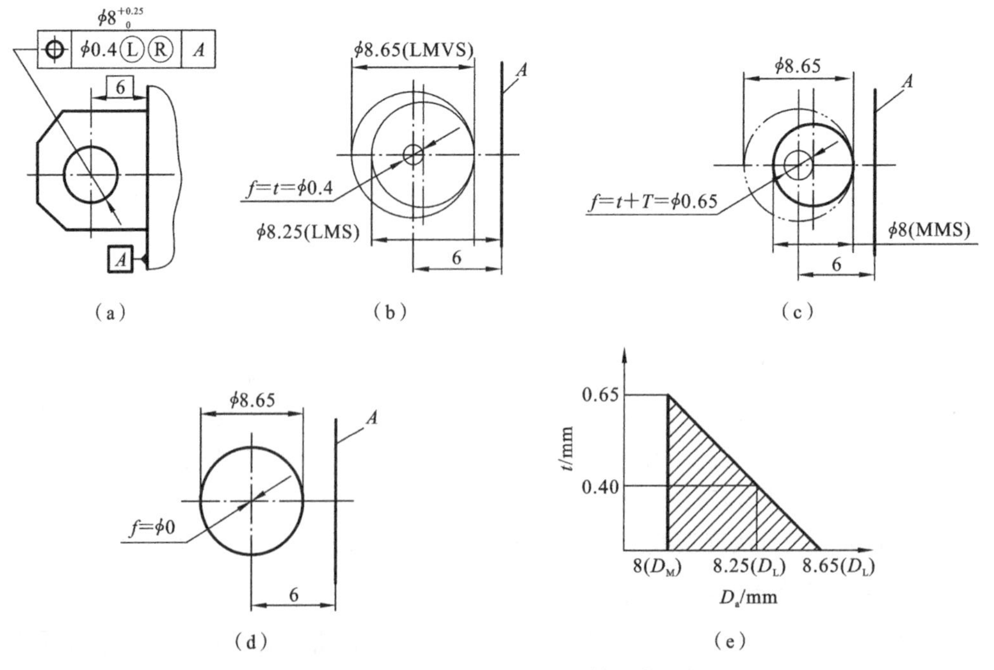

(a)　(b)　(c)　(d)　(e)

图 3.45　可逆要求用于最小实体要求示例

3）可逆要求的应用

在实际生产中，有些零件要素只要求其实际轮廓限定在某一控制边界中，而无须严格区分其实际尺寸和几何误差是否在允许的范围内。例如，用通规检验零件就体现了尺寸公差和几何公差互补的综合。因此，应用最大、最小实体要求的场合，均可考虑应用可逆要求。

采用相关要求的零件在实际生产中一般用量规检验，采用包容要求的零件用极限量规检验；采用最大、最小实体要求及可逆要求的零件用位置量规检验。

5. 零几何公差

当关联要素采用最大（小）实体要求且几何公差为零时，称为零几何公差，如图3.46所示。零几何公差看作最大（最小）实体要求的特例。此时，被测要素的最大（最小）实体实效边界等于最大（最小）实体边界；最大（最小）实体实效尺寸等于最大（最小）实体尺寸。

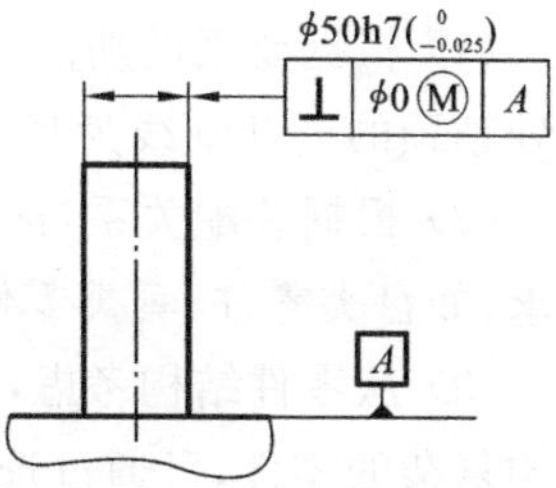

图3.46 零几何公差示例

3.6 几何公差的选用

3.6.1 几何公差项目的选择

1. 零件的几何特征

形状公差项目主要按要素的几何形状特征制定。例如，轴类零件的形状误差应选择圆柱度（或圆度+直线度）；控制平面的形状误差应选择平面度；控制导轨导向面的形状误差应选择直线度；控制圆柱面的形状误差应选择圆度或圆柱度；控制槽的形状误差应选择对称度；控制阶梯轴的形状误差应选择同轴度等。

方向或位置公差项目按要素间的几何方位关系制定。对线（中心线）、面规定方向和位置公差，对点规定位置度公差，对回转零件规定同轴度公差和跳动公差。

2. 零件的使用要求

分析几何误差对零件使用性能的影响。一般，平面的形状误差将影响支撑面安置的平稳和定位可靠性，影响贴合面的密封性和滑动面的磨损；导轨面的形状误差将影响导向精度；圆柱面的形状误差将影响定位配合的连接强度和可靠性，影响转动配合的间隙均匀性和运动平稳性；轮廓表面或中心要素的方向或位置误差将决定机器的装配精度和运动精度，如齿轮箱体上两孔轴线不平行将影响齿轮副的接触精度，降低承载能力。

3. 检测的方便性

在满足功能的情况下，为了检测方便，可将所需的公差项目用控制效果相同或接近的公差项目代替。例如,检测圆柱度不便时,可选用圆度、直线度几个分项,或选用径向跳动公差等;径向圆跳动可综合控制圆度和同轴度误差,且径向圆跳动误差的检测简单易行;可近似地用轴向圆跳动代替端面对轴线的垂直度公差要求。

3.6.2 基准的选择

基准是确定关联要素间方向和位置的依据。

(1) 根据要素的功能及被测要素间的几何关系选择基准,如轴类零件常以安装轴承的两处轴颈的公共轴线为基准。

(2) 根据装配关系,选择零件相互配合、相互接触的表面作为各自的基准,以保证装配要求,如盘类零件、套类零件多选其轴线或端面作为基准。

(3) 从零件结构考虑,选较宽大的平面、较长的轴线作为基准,以保证定位稳定。对于结构复杂的零件,可通过选取三个基准面来确定被测要素在空间的方向和位置。

(4) 从加工检测方面考虑,选择在加工、检测中方便装夹、定位的要素为基准,使之与定位基准、检测基准、装配基准重合,以消除基准不重合而产生的误差。

(5) 根据公差项目的定向、定位要求确定基准的数量。定向公差通常需一个基准,如平行度、垂直度、同轴度公差;定位公差则需一个或多个基准,如位置度公差。

3.6.3 几何公差值的选择

1. 注出几何公差值

按国家标准规定,在几何公差的14个项目中,除线轮廓度和面轮廓度未规定公差值以外,其余12个项目都规定了公差值。一般被划分为12级,即1~12级,1级精度最高,12级精度最低;圆度、圆柱度的最高级为0级,被划分为13级。各项目的各级公差值如附表11~14所示。

对于位置度,国家标准只规定了公差数值数系,而未规定公差等级,如附表15所示。位置度公差值一般与被测要素的类型、连接方式等有关,常用于控制螺钉连接中孔距的位置精度要求。

几何公差值的选择原则:在满足零件功能的前提下,兼顾工艺的经济性和检测条件,尽量选择较大的公差值。

1) 形状公差与方向、位置公差的关系

同一要素上给出的形状公差值应小于方向、位置公差值;方向公差值应小于位置公差值,即$t_{形状}<t_{方向}<t_{位置}$。

2) 几何公差与尺寸公差的关系

同一要素上给出的形状公差、位置公差、尺寸公差的一般原则是:$t_{形状}<t_{位置}<t_{尺寸}$。

3) 几何公差与表面粗糙度的关系

中等尺寸、中等精度的零件:粗糙度$Rz=(0.2\sim0.3)t_{形状}$;高精度、小尺寸的零件:粗糙

度 $Rz=(0.5\sim0.7)t_{形状}$；一般精度时，粗糙度 $Ra=(20\%\sim25\%)t_{形状}$，且 $t_{尺寸}>t_{形状}>Ra$。

4）考虑零件的结构特点

对于刚度较差的零件（如细长轴）和结构特殊的要素（如跨距较大的轴和孔、宽度较大的零件表面等），在满足零件功能的要求下，几何公差可适当降低1～2级选用。此外，孔相对于轴、线对线和线对面相对于面对面的平行度、垂直度公差可适当降低1～2级。

表3.8～3.11列出了各种几何公差等级的应用举例，供类比时参考。表中选择的公差等级可从附表11～14公差表格中查取其几何公差值。

表3.8 直线度、平面度公差等级应用

公差等级	应用举例
1,2	用于精密量具、测量仪器以及精度要求高的精密机械零件，如量块、零级样板、平尺、零级宽平尺、工具显微镜等精密量仪的导轨面等
3	1级宽平尺工作面，1级样板平尺的工作面，测量仪器圆弧导轨的直线度，量仪的测杆等
4	零级平板，测量仪器的V形导轨，高精度平面磨床的V形导轨和滚动导轨等
5	1级平板，2级宽平尺，平面磨床的导轨、工作台，液压龙门刨床导轨面，柴油机进气、排气阀门导杆等
6	普通机床导轨面，柴油机机体结合面等
7	2级平板，机床主轴箱结合面，液压泵盖、减速器壳体结合面等
8	机床传动箱体、挂轮箱体、溜板箱体，柴油机气缸体，连杆分离面，缸盖结合面，汽车发动机缸盖，曲轴箱结合面，液压管件和法兰连接面等
9	自动车床床身底面，摩托车曲轴箱体、汽车变速箱体、手动机械的支撑面等

表3.9 圆度、圆柱度公差等级应用

公差等级	应用举例
0,1	高精度量仪主轴，高精度机床主轴，滚动轴承的滚珠和滚柱等
2	精密量仪主轴、外套，阀套高压油泵柱塞及套，纺锭轴承，高速柴油机进、排气门，精密机床主轴轴颈，针阀圆柱体表面，喷油泵柱塞及柱塞套等
3	高精度外圆磨床轴承，磨床砂轮主轴套筒，喷油嘴针，阀体，高精度轴承内外圈等
4	较精密机床主轴、主轴箱孔，高压阀门，活塞、活塞销，阀体孔，高压液压泵柱塞，较高精度滚动轴承配合轴，铣削动力头箱体孔等
5	一般量仪主轴、测杆外圆柱面，陀螺仪轴颈，一般机床主轴轴颈及轴承孔，柴油机、汽油机的活塞、活塞销，与P6级滚动轴承配合的轴颈等
6	一般机床主轴及前轴承孔，泵、压缩机的活塞，气缸，汽油发动机凸轮轴，纺机锭子，减速传动轴轴颈，高速船用发动机曲轴、拖拉机曲轴主轴颈，与P6级滚动轴承配合的外壳孔，与P0级滚动轴承配合的轴颈等
7	大功率低速柴油机曲轴轴颈、活塞、活塞销、连杆、气缸，高速柴油机箱体轴承孔，千斤顶或压力油缸活塞，机车传动轴，水泵及通用减速器转轴轴颈，与P0级滚动轴承配合的外壳孔等
8	低速发动机、大功率曲柄轴轴颈，压气机连杆盖、体，拖拉机气缸、活塞，炼胶机冷铸轴辊，印刷机传墨辊，内燃机曲轴轴颈，柴油机凸轮轴承孔、凸轮轴，拖拉机、小型船用柴油机气缸套等
9	空压机气缸体，液压传动筒，通用机械杠杆与拉杆用套筒销子，拖拉机活塞环、套筒孔等

表 3.10 平行度、垂直度、倾斜度公差等级应用

公差等级	应用举例
1	高精度机床、测量仪器、量具等主要工作面和基准面等
2,3	精密机床、测量仪器、量具、模具的工作面和基准面，精密机床的导轨，重要箱体主轴孔对基准面的要求，精密机床主轴轴肩端面，滚动轴承座圈端面，普通机床的主要导轨，精密刀具的工作面和基准面等
4,5	普通机床导轨，重要支承面，机床主轴孔对基准的平行度，精密机床重要零件，计量仪器、量具、模具的工作面和基准面，床头箱体重要孔，通用减速器壳体孔，齿轮泵的油孔端面，发动机轴和离合器的凸缘，气缸支承端面，安装精密滚动轴承壳体孔的凸肩等
6,7,8	一般机床的工作面和基准面，压力机和锻锤的工作面，中等精度钻模的工作面，机床一般轴承孔对基准的平行度，变速器箱体孔，主轴花键对定心直径部位轴线的平行度，重型机械轴承盖端面，卷扬机、手动传动装置中的传动轴，一般导轨、主轴箱体孔，刀架，砂轮架，气缸配合面对基准轴线，活塞销孔对活塞中心线的垂直度，滚动轴承内、外圈端面对轴线的垂直度等
9,10	低精度零件，重型机械滚动轴承端盖，柴油机、煤气发动机箱体曲轴孔、曲轴颈、花键轴和轴肩端面，带运输机法兰盘等端面对轴线的垂直度，手动卷扬机及传动装置中的轴承端面，减速器壳体平面等

表 3.11 同轴度、对称度、跳动公差等级应用

公差等级	应用举例
1,2	精密测量仪器的主轴和顶尖。柴油机喷油嘴针阀等
3,4	机床主轴轴颈，砂轮轴轴颈，汽轮机主轴，测量仪器的小齿轮轴，安装高精度齿轮的轴颈等
5	机床轴颈，机床主轴箱孔，套筒，测量仪器的测量杆，轴承座孔，汽轮机主轴，柱塞油泵转子，高精度轴承外圈，一般精度轴承内圈等
6,7	内燃机曲面，凸轮轴轴颈，柴油机机体主轴承孔，水泵轴，油泵柱塞，汽车后桥输出轴，安装一般精度齿轮的轴颈，涡轮盘，测量仪器杠杆轴，电动机转子，普通滚动轴承内圈，印刷机传墨辊的轴颈，键槽等
8,9	内燃机凸轮轴孔，连杆小端铜套，齿轮轴，水泵叶轮，离心泵体，气缸套外径配合面对内径工作面，运输机械滚筒表面，压缩机十字头，安装低精度齿轮用轴颈，棉花精梳机前后滚子，自行车中轴等

2. 未注公差值

为简化图样，对一般机床加工能保证的几何精度，不必在图样上注出几何公差。国家标准 GB/T 1184—1996 中规定了未注公差时必须遵守的公差值。

(1) 对未注直线度、平面度、垂直度、对称度和圆跳动各规定了 H、K、L 三个公差等级，其公差值如附表 16～19 所示。采用规定的未注公差值时，应在标题栏附件或技术要求中注出公差等级代号及标准编号，如“GB/T 1184—H”。

(2) 未注圆度公差值等于标准的直径公差值，但不能大于附表 19 中的径向圆跳动值。

(3) 未注圆柱度公差由圆度、直线度和素线平行度的注出公差或未注公差控制。

(4) 未注平行度公差值等于尺寸公差值或直线度和平面度未注公差值中的较大者。

（5）未注同轴度的公差值可以与附表19中规定的圆跳动的未注公差值相等。

（6）未注线、面轮廓度、倾斜度、位置度和全跳动的公差值均应由各要素的注出或未注线性尺寸公差或角度公差控制。

3.6.4　几何公差标注中容易出现的错误

表3.12列出了几何公差标注中容易出现的错误标注。

表3.12　容易出现的错误标注

项目内容	错　误	正　确	简要说明
组成要素和导出要素	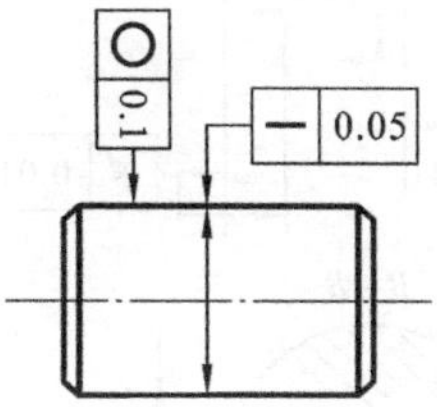 （要求素线直线度）	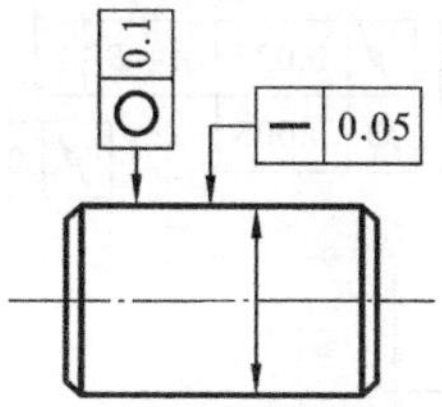	（1）公差框格水平放置时，书写顺序从左至右；公差框格垂直放置时，书写顺序是从下至上 （2）当被测要素（基准要素）为组成要素时，箭头（或基准符合）应明显地与尺寸线错开
组成要素和导出要素	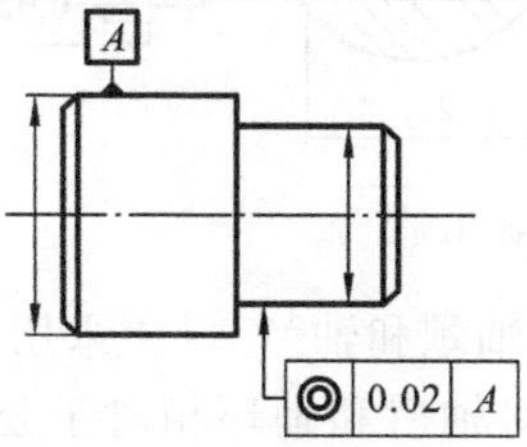 （要求素线直线度）	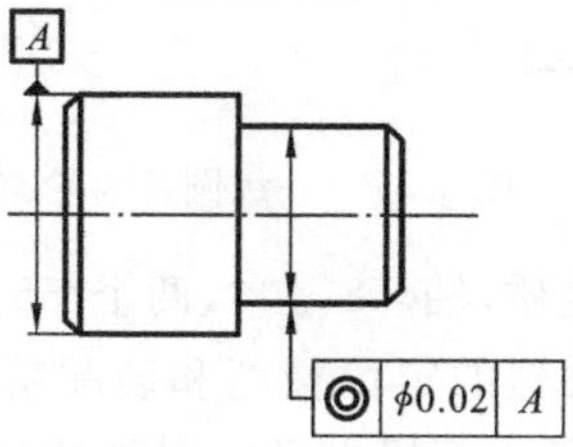	（1）当被测要素（或基准要素）为导出要素时，箭头（或基准符号）应与尺寸线对齐 （2）公差带为圆、圆柱面时，公差值前面加“ϕ”
形状误差要求和位置误差要求	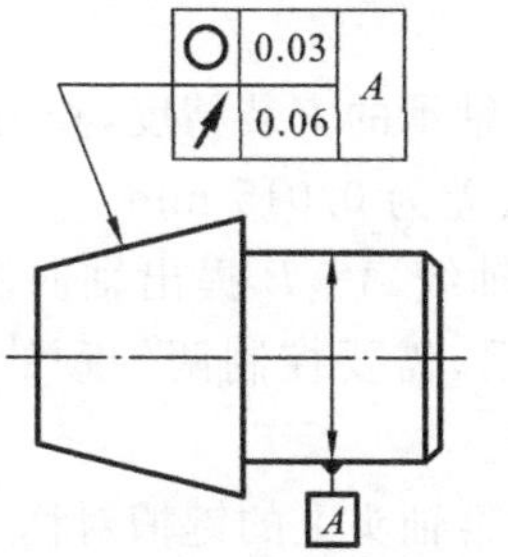 （要求圆锥面的圆度与斜向圆跳动）	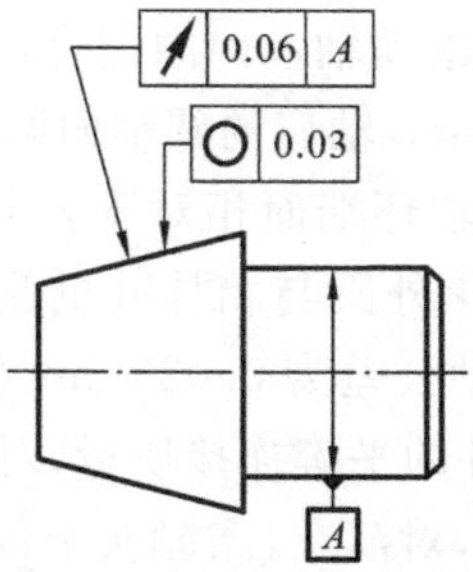	（1）圆度是形状公差，无基准 （2）箭头应指向公差带宽度（或直径）方向。该两项公差带宽度方向不一致，故应分开标注
平面的平面度和平行度	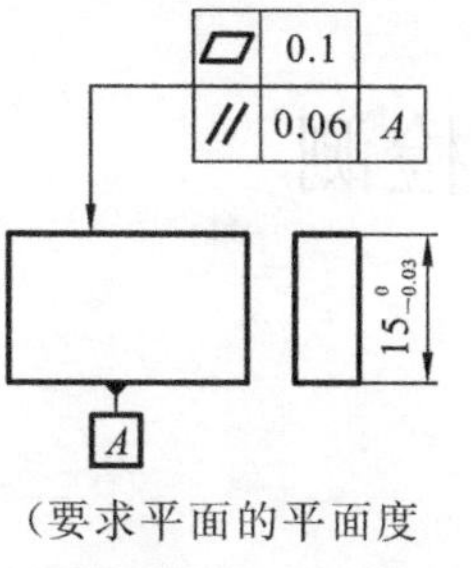 （要求平面的平面度与平行度的精度）	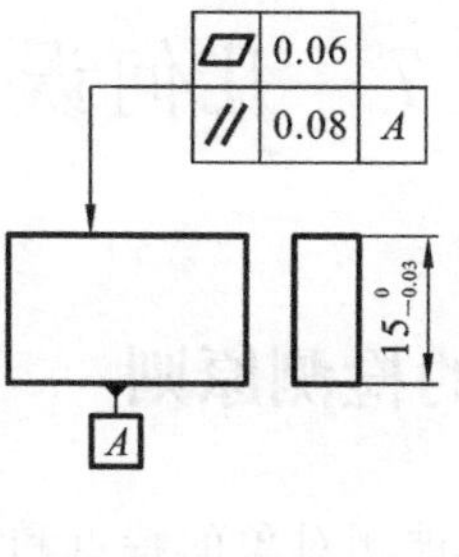	同一要素的各项目公差值应协调，应该是：形状公差＜定向的位置公差＜定位的位置公差；平行度公差＜相应的距离公差

例 3.1 图 3.47 是一级圆柱齿轮减速器的输出轴。轴$\phi58^{+0.030}_{+0.011}$与直齿圆柱齿轮配合，两个$\phi55^{+0.015}_{+0.002}$轴颈分别与两个相同规格的滚动轴承内圈配合，轴$\phi45^{+0.042}_{+0.017}$与联轴器的孔配合。试说明图中的公差要求。

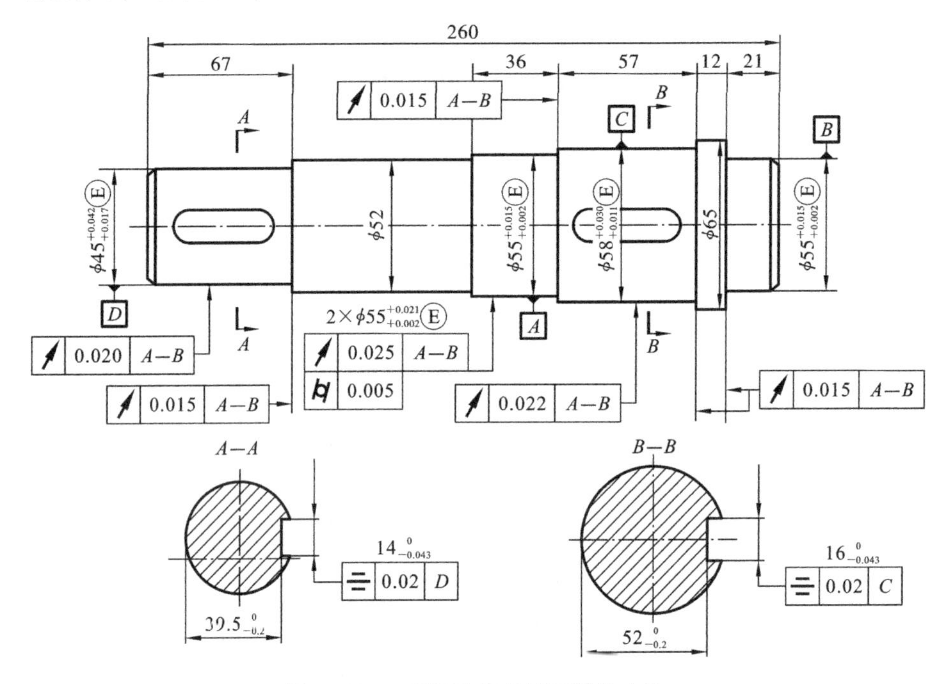

图 3.47　一级圆柱齿轮减速器输出轴

解　(1) 为保证配合性质，轴$\phi58^{+0.030}_{+0.011}$、两个$\phi55^{+0.015}_{+0.002}$轴颈和轴$\phi45^{+0.042}_{+0.017}$采用包容要求；

(2) 为保证齿轮和联轴器的定位精度和装配精度，对轴肩和轴环相对于公共基准轴线 $A-B$ 提出的要求，对两轴径表面提出径向圆跳动公差为 0.022 mm(查取附表 46)和0.020 mm 的要求。

(3) 两个$\phi55^{+0.015}_{+0.002}$轴颈与滚动轴承内圈配合，为保证轴承的安装精度，查附表 35 选取轴颈表面圆柱度公差为 0.005 mm，轴肩的圆轴向圆跳动公差为 0.015 mm。

(4) 为保证旋转精度，对轴环端面相对于公共基准轴线 $A—B$ 提出轴向圆跳动公差为 0.015 mm 的要求，为保证轴承外圈与箱体孔的配合性质，需要控制两轴颈的同轴度误差，因此对两轴颈提出径向圆跳动公差为 0.025 mm 的要求。

(5) 为保证轴与轴上零件的平键连接质量，对$\phi45^{+0.042}_{+0.017}$轴头上的键槽对称中心面提出对称度公差为 0.02 mm 的要求，对$\phi58^{+0.030}_{+0.011}$轴头上的键槽对称中心面提出对称度公差为 0.02 mm 的要求，基准都是所在轴的轴线。

3.7　几何误差的检测

3.7.1　几何误差的检测原则

检测几何误差时，应根据被测对象的特点和检测条件，按照下述原则选择合理的检测方案。

1）与理想要素比较原则

将被测实际要素与理想要素相比较，测量值由直接法或间接法获得。测量时，理想要素用模拟法获得，可以是实物、一束光线、水平面或运动轨迹。多数几何误差的检测应用该原则。

2）测量坐标值原则

用坐标测量装置（如三坐标测量机、工具显微镜）测量被测实际要素的坐标值，并经过数据处理获得几何误差值。该原则在轮廓度和位置度的误差测量中应用最广。

3）测量特征参数原则

测量被测实际要素中具有代表性的特征参数来表示几何误差值。特征参数是能近似反映几何误差的参数。因此，应用测量特征参数原则测得的几何误差与按定义确定的几何误差相比，是一个近似值，存在着测量原理误差。该检测方法简单，常用于生产车间现场。

4）测量跳动原则

在被测实际要素绕基准轴线回转过程中，沿给定方向测量其对某参考线的变动量，变动量是指示器最大与最小读数之差。测量跳动原则采用的方法和设备均较简单，适合车间条件下使用，但只限于回转体零件。

5）控制实效边界原则

该原则适用于采用最大实体要求的场合，即检验被测实际要素是否超过最大实体实效边界，以判断零件合格与否。一般采用位置量规检验，若位置量规能通过被测实际要素，则被测实际要素在最大实体实效边界内，表示该项几何公差要求合格。若不能通过，则表示被测实际要素超越了最大实体实效边界。

3.7.2 形状误差的检测

1. 直线度误差的检测

1）指示表测量法

测量时将工件安装在平行于平板的两顶尖之间（见图 3.48），并用带有两只指示表的表架沿竖直截面的两条素线测量，同时分别记录两指示表在各测点的读数。通过测量若干个轴截面，计算两指示表在各测点读数差的绝对值，并取其中最大值的一半作为该圆轴线的直线度误差。

2）刀口尺法

将刀口尺和被测要素接触，刀口尺作为测量基准，使刀口尺与被测要素之间的最大间隙为最小，此最大间隙为被测要素的直线度误差，如图 3.49 所示。

3）钢丝法

将特别的钢丝作为测量基准，沿被测要素移动显微镜，显微镜中的最大读数为被测要素的直线度误差。

4）水平仪法

将水平仪放在被测表面上，沿被测要素按节距逐段地连续测量，即可求得直线度误差。

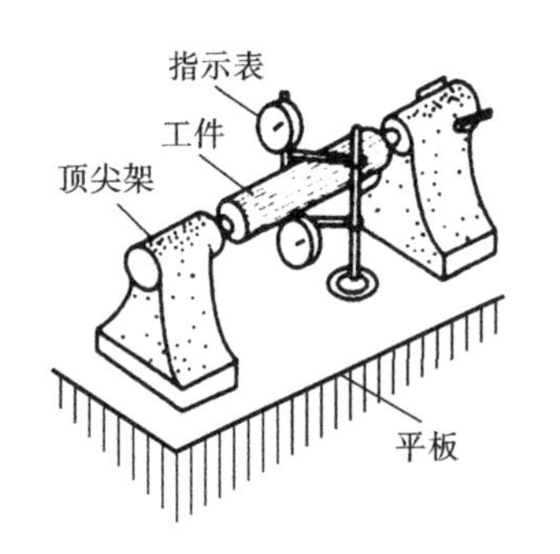

图 3.48　指示表测量直线度误差图

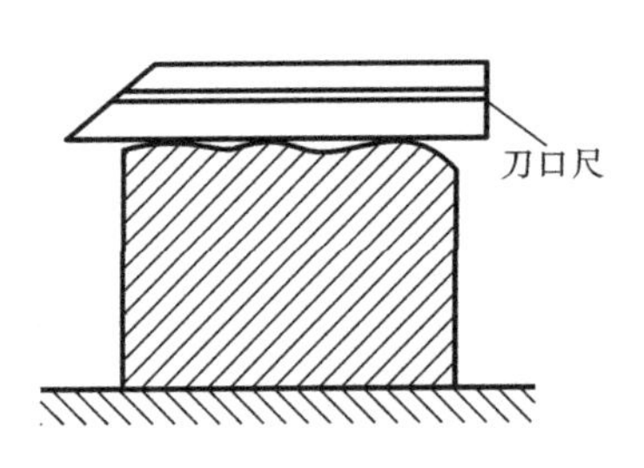

图 3.49　刀口尺测量直线度误差

2. 平面度误差的检测

1）平晶测量法

平晶测量法适合对平面度要求很高的小平面，如量块的测量表面和测量仪器的工作台等。将平晶紧贴在被测表面上，被测表面的平面度误差为封闭的干涉条纹乘以光波波长的一半；对于不封闭的干涉条纹，被测表面的平面度误差为条纹的弯曲度与相邻两条间距之比再乘以光波波长的一半，如图 3.50 所示。

2）指示器测量法

图 3.51 采用对角线方式布点。将被测零件支撑在平板上，平板工作面为测量基准，用指示表分别调整被测表面对角线上 a 与 b 两点，c 与 d 两点，使之等高，记录指示表对各点的测量数据。指示表的最大与最小读数之差即为平面度误差。指示器测量法评定适用于较大平面的平面度误差的测量。

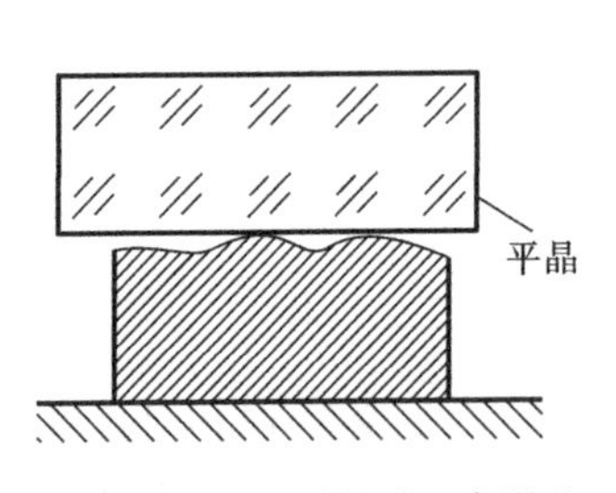

图 3.50　平晶测量平面度误差

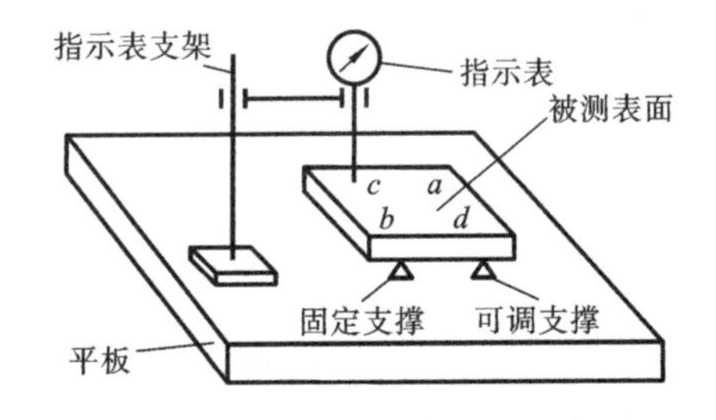

图 3.51　指示器测量法测量平面度误差

3. 圆度误差的检测

检测外圆柱表面的圆度误差时，用千分尺测出同一正截面的最大直径差，测量若干个正截面，取其中最大的误差值的一半为圆度误差。圆柱孔的圆度误差使用内径百分表（或千分表）检测，测量方法与上述方法相同。

4. 圆柱度误差的检测

图 3.52 是使用指示表检测圆柱度误差。将长度大于零件长度的 V 形架放在平板上，被测工件放在 V 形架内，在工件回转一周过程中，测出一个横截面上最大与最小读数值，连续测量若干个横截面，然后取各截面内测得的所有读数中最大与最小读数差值的一半，为该零

件的圆柱度误差。为测量准确，通常使用夹角为 90°和 120°的两 V 形架分别测量。也可使用圆度仪或三坐标测量装置检测圆柱度误差，但使用条件要求高，不适合在生产现场使用。

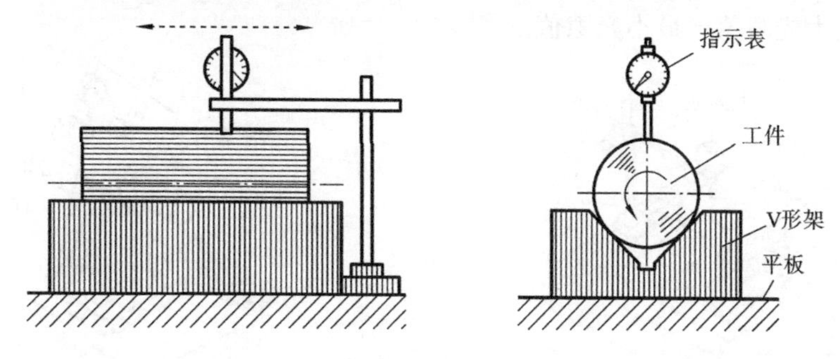

图 3.52　两点法测量圆柱度误差

5. 轮廓度误差的检测

线轮廓度误差可用轮廓样板进行比较测量(见图 3.53)，根据光隙法估读间隙大小，并取最大间隙为该零件的线轮廓度误差。面轮廓度误差可用三坐标测量装置进行测量(见图 3.54)，将被测工件放在仪器工作台上，并进行正确定位，测出实际曲面轮廓上若干点的坐标值，并将测得的坐标值与理想轮廓的坐标值进行比较，取其中最大差值的绝对值的两倍作为该零件的面轮廓度误差。

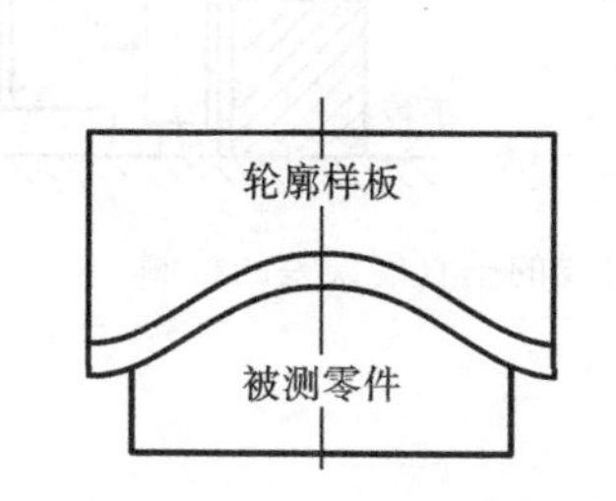

图 3.53　轮廓样板测量线轮廓度图

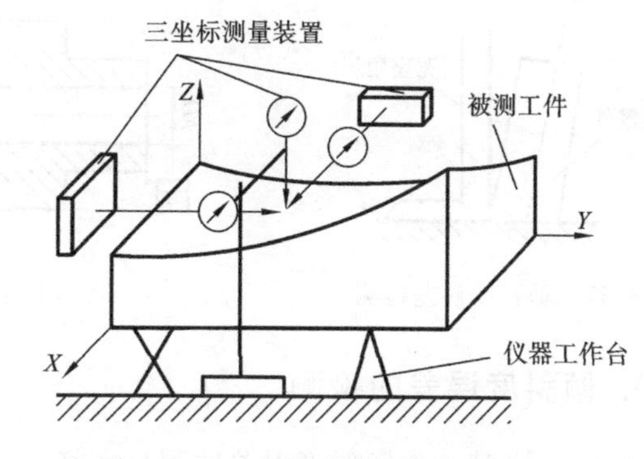

图 3.54　三坐标测量机测量面轮廓度

3.7.3　位置误差的检测

1. 平行度误差的检测

图 3.55 是用指示表测量面对面平行度误差。测量时将工件放置在平板上，用指示表测量被测平面上各点，指示表的最大读数与最小读数之差即为该工件的平行度误差。

图 3.56 是测量某工件孔轴线对底平面的平行度误差。测量时将工件直接放置在平板上，被测孔轴线由心轴模拟。在测量距离为 L_2 的两个位置上测得的读数分别为 M_1 和 M_2，则平行度误差为 $|M_1-M_2|\cdot L_1/L_2$，其中 L_1 为被测孔轴线的长度。

2. 垂直度误差的检测

图 3.57 是使用光隙法检测垂直度误差。将被测零件和宽座角尺放在检验平板上，用塞

尺(厚薄规)检查是否接触良好(以最薄的塞尺不能插入为准)。移动宽座角尺,对着被测表面轻轻靠近,观察光隙部位的光隙大小,目测估出或用厚薄规检查最大和最小光隙值,则垂直度误差=最大光隙值－最小光隙值。

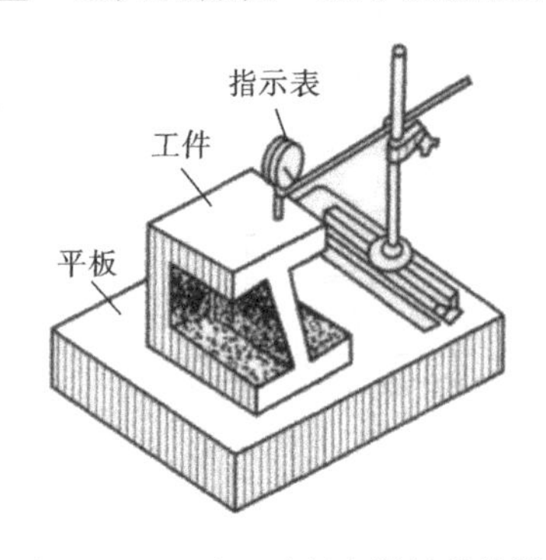

图 3.55　面对面平行度误差的检测

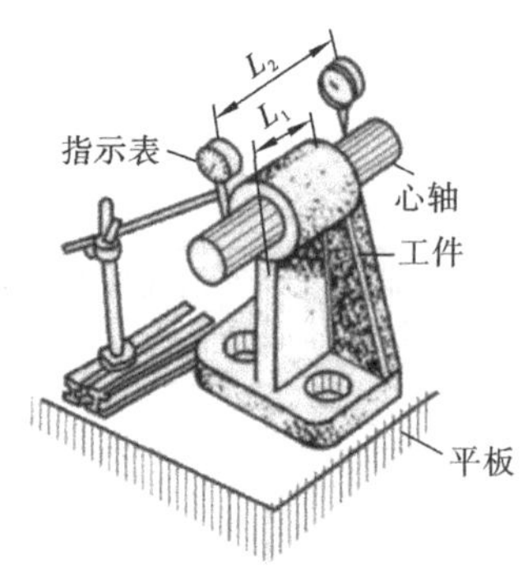

图 3.56　线对面平行度误差的检测

图 3.58 是测量某工件端面对孔轴线的垂直度误差。测量时将工件套在心轴上,心轴固定在 V 形架内,基准孔轴线通过心轴由 V 形架模拟。用指示表测量被测端面上各点,指示表的最大读数与最小读数之差为该端面的垂直度误差。

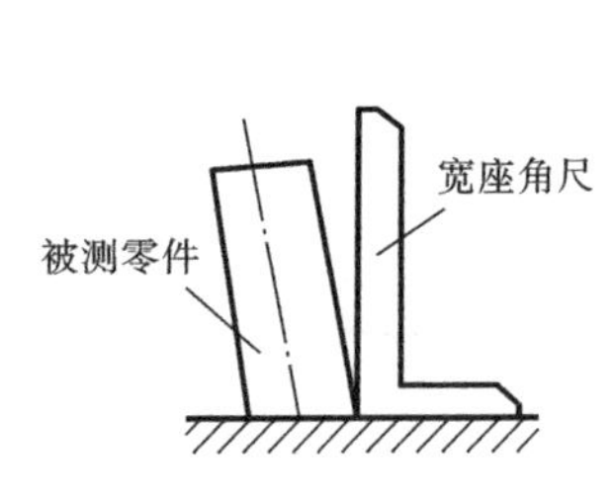

图 3.57　垂直度误差检测

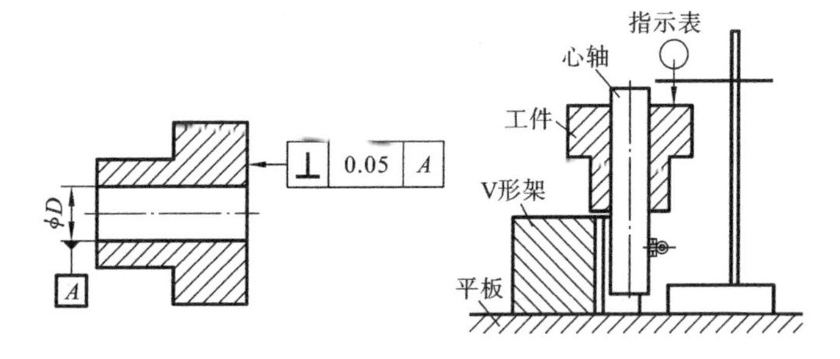

图 3.58　面对线的垂直度误差的检测

3. 倾斜度误差的检测

图 3.59 是某工件倾斜度误差的测量。将工件放置在定角座上,调整被测工件,使整个被测表面的指示表读数为最小值,取该读数差作为倾斜度的误差值。

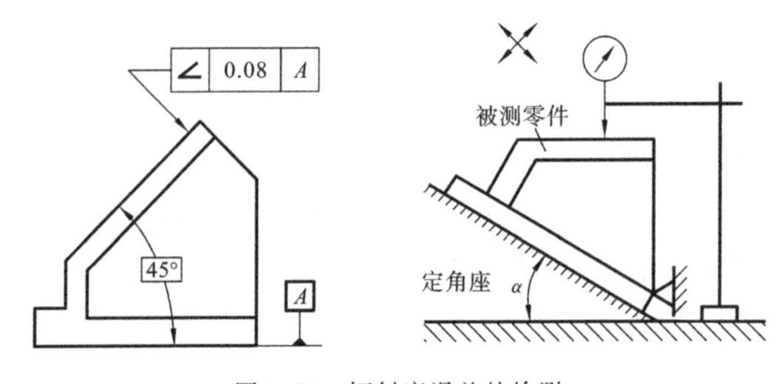

图 3.59　倾斜度误差的检测

4. 同轴度误差的检测

将被测零件放置在两个等高的 V 形架上转动一圈,指示表的变动量为该截面的同轴度误差。按上述方法测量若干个截面，取各截面读数差的最大差值作为该零件的同轴度误差，如图3.60所示。

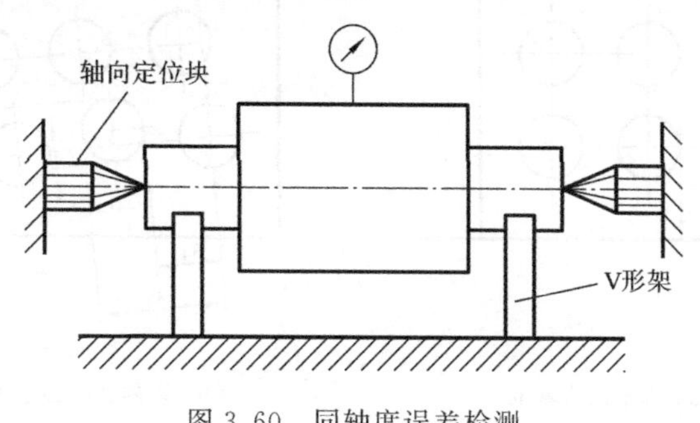

图3.60 同轴度误差检测

5. 对称度误差的检测

图3.61为测量某轴上键槽中心平面对 ϕd 轴线的对称度误差。基准轴线由V形架模拟，键槽中心平面由定位块模拟。测量时通过指示表调整工件，使定位块沿径向与平板平行并读数，然后将工件旋转180°后重复上述过程，取两次读数的差值作为该测量截面的对称度误差。按上述方法测量若干个轴截面，取其中最大的误差值作为该工件的对称度误差。

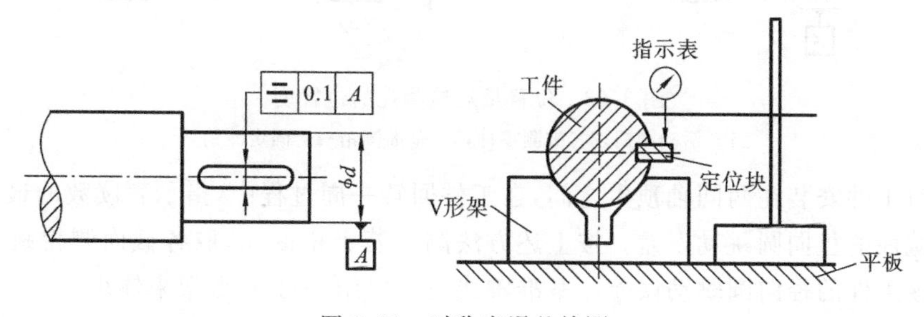

图3.61 对称度误差检测

6. 位置度误差的检测

用测长量仪测量要素的实际位置尺寸，再与理论正确尺寸比较，以最大差值绝对值的两倍作为位置度误差。对于多孔的板件，测量前要调整工件，使其基准平面与仪器的坐标方向一致，再放在坐标测量机上测量孔的坐标，如图3.62(a)所示。若未给定基准时，调整相距最远的两孔实际中心连线与坐标方向一致，再逐个地测量孔边的坐标，定出孔的位置度误差，如图3.62(b)所示。

用位置度量规测量要素的合格性。在图3.63的法兰盘上装螺钉用的4个孔具有以中心孔轴线为基准的位置度要求。测量时将量规的基准测销和固定测销插入工件中，再将活动测销插入其他孔中，如果都能插入工件和量规的相应孔中，即可判断被测工件是合格的。

7. 圆跳动误差的检测

图3.64(a)为测量某台阶轴圆柱面对两端中心孔轴线组成公共轴线的径向圆跳动误

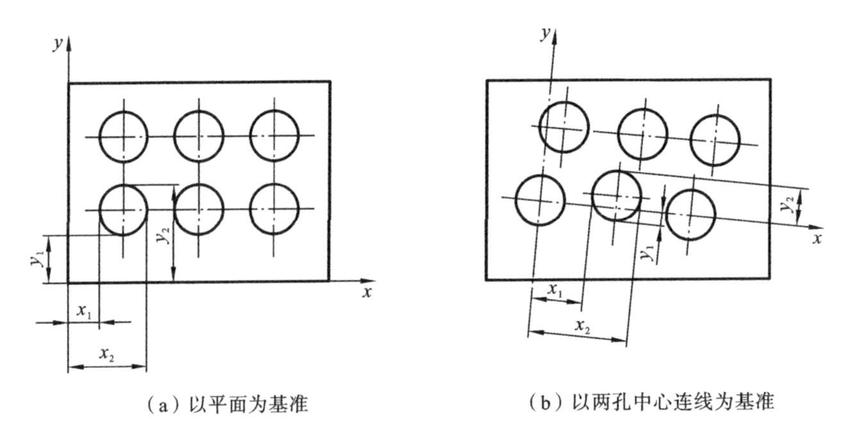

(a) 以平面为基准　　(b) 以两孔中心连线为基准

图 3.62　位置度误差的检测

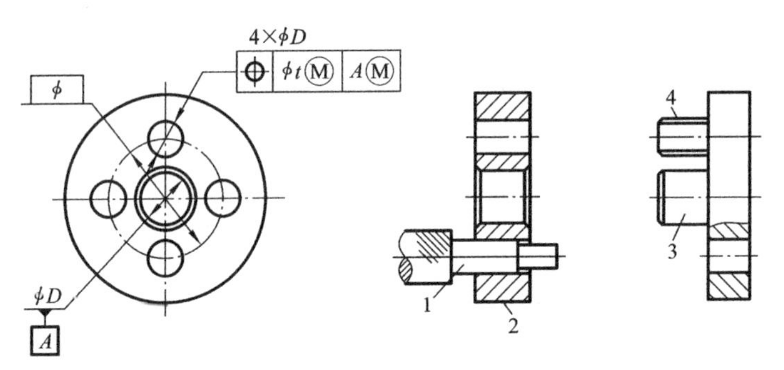

图 3.63　位置量规检测孔的位置度

1—活动测销；2—被测零件；3—基准测销；4—固定测销

差。测量时工件安装在两同轴顶尖之间，在工件回转一周过程中，指示表读数的最大差值即为该测量截面的径向圆跳动误差。按上述方法测量若干正截面，取各截面测得跳动量的最大值作为该工件的径向圆跳动误差。基准轴线也可以用一对 V 形架来体现。

图 3.64(b)为测量某工件端面对外圆基准轴线的端面圆跳动误差。测量时将工件放在 V 形架上，在工件回转一周过程中，指示表读数的最大差值即为该测量截面的端面圆跳动误差。将指示表沿被测端面径向移动，按上述方法测量若干个位置的端面圆跳动误差，取其中的最大值作为该工件的端面圆跳动误差。

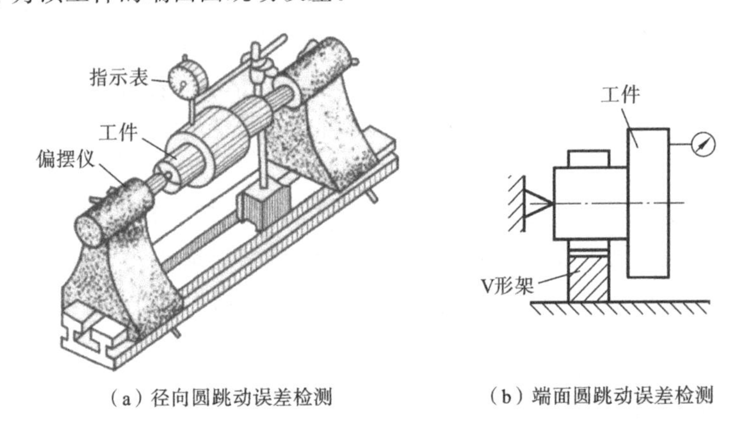

(a) 径向圆跳动误差检测　　(b) 端面圆跳动误差检测

图 3.64　圆跳动误差检测

8. 全跳动误差的检测

圆跳动仅能反映单个测量面内被测要素轮廓形状的误差情况，不能反映整个被测面上的误差，全跳动则是对整个表面的几何误差的综合控制。

测量径向全跳动的装置与测量径向圆跳动的装置类似，但要求在被测工件连续回转的过程中，让指示表同时沿基准轴线方向做直线移动，在整个测量过程中指示表读数的最大差值就是被测要素的径向全跳动误差。

测量端面全跳动的装置与测量端面圆跳动的装置类似，但要求在被测工件连续回转的过程中，让指示表同时沿其径向方向做直线移动，在整个测量过程中指示表读数的最大差值就是被测要素的端面全跳动误差。

习　题

一、填空题

1. 几何公差的研究对象是构成机械零件几何特征的(　　)。

2. 圆度公差带的形状是(　　)，任意方向上的直线度公差带的形状是(　　)。

3. GB/T 1184—1996 对直线度、平面度、垂直度、对称度的未标注几何公差规定了三个公差等级，它们分别用符号 H、K 和(　　)表示。

4. 在零件图上所有要素中的绝大多数要素的尺寸公差与几何公差的关系遵守(　　)。此时，该要素的尺寸公差只控制其(　　)的变动范围，不控制其(　　)。

5. 在直线度公差中，给定平面内的公差带形状为(　　)，给定方向的公差带形状为(　　)，任意方向的公差带形状为(　　)。

6. 最大实体要求应用于被测要素并附加采用可逆要求时，在被测要素几何公差框格中的公差值后面标注双重符号(　　)，要求被测要素的实际轮廓不得超过(　　)边界，尺寸公差与几何公差的关系为(　　)。

7. 包容要求给定的边界是(　　)边界，它用来限制被测要素的(　　)不得超越该边界。孔与轴采用包容要求时可以用孔或轴(　　)公差来控制(　　)误差。

8. 最大实体要求应用于被测要素时，被测要素应遵守的边界为(　　)边界。

9. 在被测轴线有直线度公差要求，又有它对基准轴线的平行度公差要求时，则该被测轴线的直线度公差值应(　　)其平行度的公差值。符号“⊕”所表示的几何公差项目的名称是(　　)。

10. 同轴度的公差带是指直径为公差值且轴线与基准轴线重合的(　　)所限定的区域。若同轴度公差值为 ϕ0.010 mm，则实际轴线对基准轴线允许的最大偏移量为(　　)mm。

二、单项选择题

1. 几何公差框格 | ⊕ | ϕ0.3 | C | B | A | 表示所采用的三基面体系中第三基面体系中第三基准面与第一、二基准平面的关系为(　　)。

A. $C\perp A$ 且 $C\perp B$　　B. $A\perp C$ 且 $A\perp B$　　C. $A\perp B$　　D. $A\perp C$

2. 如果某轴一横截面实际轮廓由 ϕ30.05 mm 和 ϕ30.03 mm 的两个同心圆包容而形成最小包容区域，则该轮廓的圆度误差值为(　　)。

A. 0.02 mm　　B. 0.01 mm　　C. 0.04 mm　　D. 0.015 mm

3. 在图样上标注几何公差要求，当几何公差值的数字前面加注ϕ时，则被测要素公差带形状为（　　）。

A. 两同心圆　　B. 两同轴圆柱面

C. 圆形、圆柱形和球形　　D. 圆形或圆柱形

4. 按GB/T 16671—2018的规定，最大实体要求应用于被测要素及其对应的基准要素时，若该基准要素的导出要素没有标注几何公差，或者注有几何公差，但几何公差值后面没有标注符号Ⓜ时，则该基准要素应遵守的边界为（　　）。

A. 最大实体边界　　B. 最大实体实效边界

C. 最小实体实效边界　　D. 没有边界

5. 下列四个几何公差特征项目中公差带形状与径向全跳动公差带形状相同的那个公差项目是（　　）。

A. 圆度　　B. 圆柱度　　C. 同轴度　　D. 位置度

6. 测量轴向圆跳动时，指示表测杆轴线相对于工件基准轴线的位置应（　　）。

A. 垂直　　B. 平行

C. 倾斜某一角度相交　　D. 无关

7. 设测得某实际被测中心平面到基准中心平面的最大偏移量为4 μm，最小偏移量为2 μm，则该实际被测中心平面相对于该基准中心平面的对称度误差值为（　　）。

A. 2 μm　　B. 4 μm　　C. 6 μm　　D. 8 μm

8. 用水平仪测量直线度误差所采用的检测原则是（　　）。

A. 测量坐标值原则　　B. 测量特征参数原则

C. 与理想要素相比较原则　　D. 测量跳动原则

9. 用千分表测得某导轨六个等分点相对于测量基准的示值分别是0、+1 μm、+2 μm、+1 μm、−1 μm、0，则以两端点连线作为评定基准而评定的该导轨直线度误差值为（　　）。

A. 1.5 μm　　B. 2 μm　　C. 2.5 μm　　D. 3 μm

10. 几何公差带的形状决定于（　　）。

A. 几何公差特征项目

B. 几何公差的标注形式

C. 被测要素的理想形状

D. 被测要素的理想形状、几何公差特征项目和标注形式

11. 按同一图样加工一批孔，各个实际孔的体外作用尺寸（　　）。

A. 相同　　B. 不一定相同

C. 大于最大实体尺寸　　D. 不大于最大实体尺寸

三、标注题和改错题

1. 将下列技术要求标注在题图3.1上：

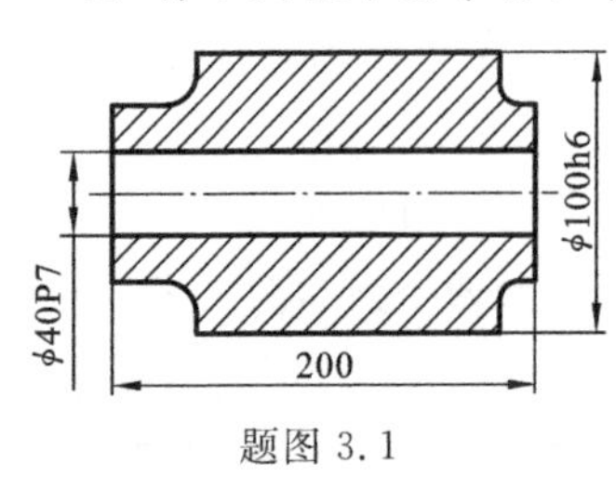

题图3.1

(1) ϕ100h6圆柱表面的圆度公差为0.005 mm；

(2) ϕ100h6轴线对ϕ40P7孔轴线的同轴度公差为ϕ0.015 mm；

(3) ϕ40P7孔的圆柱度公差为0.005 mm；

(4) 左端的凸台平面对ϕ40P7孔轴线的垂直度公差为0.01 mm；

(5) 右凸台端面对左凸台端面的平行度公差为 0.02 mm。

2. 试将下列技术要求标注在题图 3.2 上：

(1) ϕd 圆柱面的尺寸为 $\phi 30_{-0.025}^{\ 0}$ mm，采用包容要求，ϕD 圆柱面的尺寸为 $\phi 50_{-0.039}^{\ 0}$ mm，采用独立原则；

(2) 键槽侧面对 ϕD 轴线的对称度公差为 0.02 mm；

(3) ϕD 圆柱面对 ϕd 轴线的径向圆跳动量不超过 0.03 mm，轴肩端平面对 ϕd 轴线的端面圆跳动不超过 0.05 mm。

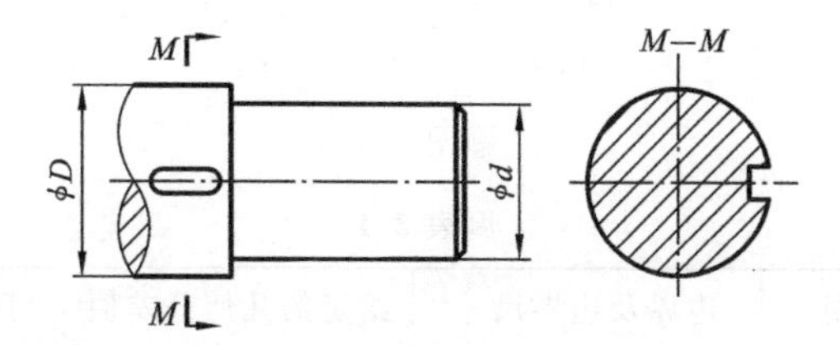

题图 3.2

3. 改正图中各项几何公差标注上的错误(不得改变几何公差项目)。

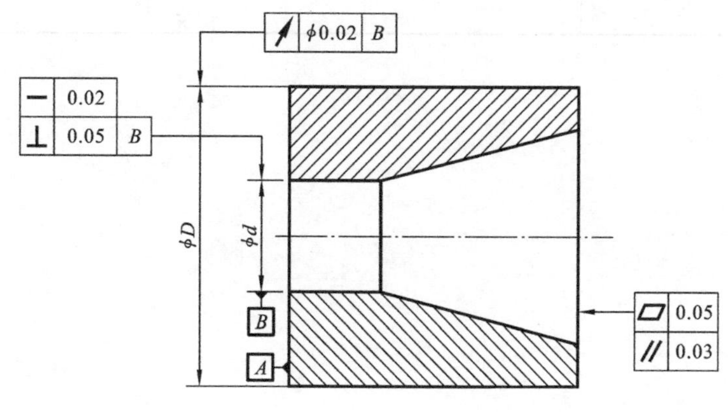

题图 3.3

4. 改正题图 3.4 中各项几何公差标注上的错误(不得改变几何公差项目)。

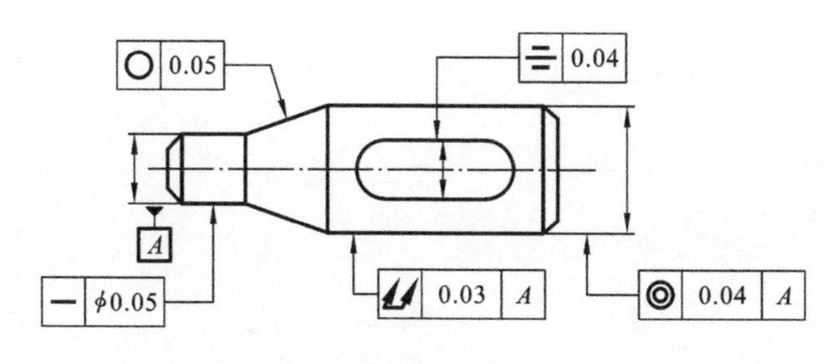

题图 3.4

四、简答题

1. 试述圆度公差带与径向圆跳动公差带的异同。

2. 按 GB/T 16671—2018 的规定，试举例说明最大实体要求应用于被测要素和同时附加采用可逆要求在图样上的标注方法，并说明两者在性质上的差异之处。

五、计算题

试将题图 3.5 按题表 3.1 所列要求填入表中。

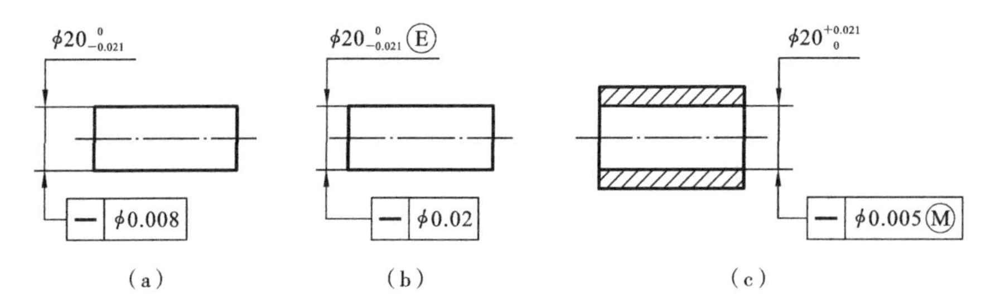

题图 3.5

题表 3.1

图例	采用公差原则	边界及边界尺寸	给定的几何公差值	可能允许的最大几何误差值
(a)				
(b)				
(c)				

第 4 章　表面粗糙度及其评定

为了正确地测量和评定零件表面粗糙度以及在零件图上正确地标注表面粗糙度的技术要求，以保证零件的互换性，我国发布了 GB/T 3505—2009《产品几何技术规范(GPS)　表面结构　轮廓法　术语、定义及表面结构参数》、GB/T 10610—2009《产品几何技术规范(GPS)　表面结构　轮廓法　评定表面结构的规则和方法》、GB/T 1031—2009《产品几何技术规范(GPS)　表面结构　轮廓法　粗糙度参数及其数值》和 GB/T 131—2006《产品几何技术规范(GPS)　技术产品文件中表面结构的表示法》等国家标准。

4.1　概　　述

4.1.1　基本概念

零件在被加工时，由于刀具和被加工表面间的相对运动轨迹(刀痕)、刀具和零件表面之间的摩擦、切削分离时的塑性变形等原因，造成零件表面凹凸不平，即形成波距小于 1 mm 的微观几何形状误差，称为表面粗糙度。波距在 1～10 mm 的属于表面波纹度；波距大于 10 mm 的属于形状误差，如图 4.1 所示。

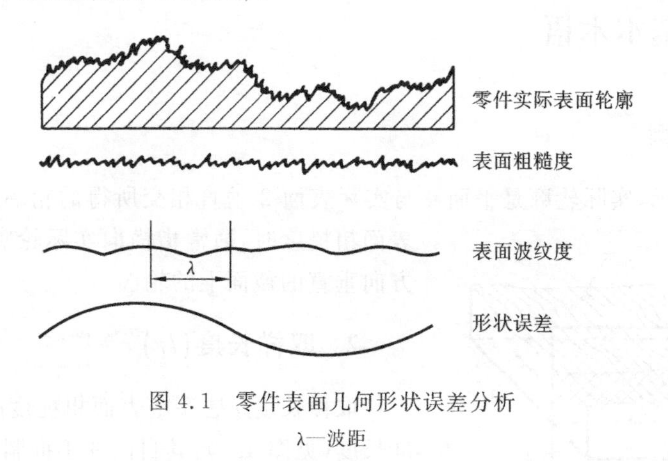

图 4.1　零件表面几何形状误差分析

λ—波距

4.1.2　表面粗糙度对零件性能的影响

表面粗糙度值的大小，对机械零件的使用性能有很大的影响，主要表现在以下几方面。

1. 影响零件的耐磨性

两个相接触的零件表面越粗糙，则只能在零件表面轮廓的峰顶处接触，当表面间产生相对运动时，易使零件接触表面磨损加快。

2. 影响配合性质

对于间隙配合，相对运动的零件表面越粗糙越易磨损，导致间隙量增大；对于过盈配合，零件表面轮廓峰顶在装配时易被挤平，实际有效过盈量减小，致使连接强度降低；对于过渡配合，零件在使用和拆装过程中发生磨损，使配合变得松动，降低了定位和导向的精度。

3. 影响零件的抗疲劳强度

零件表面越粗糙，凹痕越深，对应力集中越敏感。在交变载荷作用下，易使零件的抗疲劳强度降低，导致零件表面产生裂纹而损坏。

4. 影响零件的抗腐蚀性

零件表面越粗糙，积聚在零件表面上的腐蚀性气体或液体越多，将会通过表面的微观凹谷向零件表面层渗透，使腐蚀加剧。

此外，表面粗糙度还对零件结合的密封性、零件外观、零件表面导电性等有影响。因此，在设计零件几何精度时必须提出合理的表面粗糙度要求。

4.2 表面粗糙度的评定

4.2.1 基本术语

1. 实际轮廓

如图4.2所示，实际轮廓是平面4与实际表面2垂直相交所得的轮廓。在评定或测量表面粗糙度时，通常指横向实际轮廓，即与加工纹理方向垂直的截面上的轮廓。

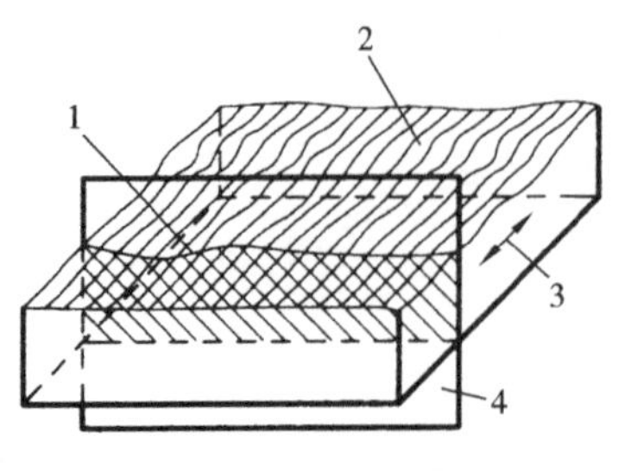

图4.2 实际轮廓

1—横向实际轮廓；2—实际表面；3—加工纹理方向；4—平面

2. 取样长度(lr)

取样长度lr是评定表面粗糙度时所取的一段基准长度(见图4.3)，其目的在于抑制或减弱波纹度对粗糙度测量结果的影响。取样长度lr一般应至少包含5个轮廓峰和5个轮廓谷。对于较粗糙的零件表面，应选取较大的取样长度lr，其标准化值见附表20。

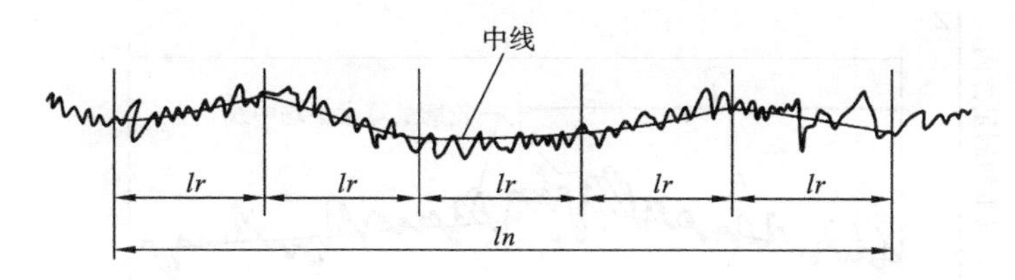

图4.3 取样长度lr和评定长度ln

3. 评定长度(ln)

由于零件表面粗糙度不均匀，为合理反映其特征，在测量和评定时所规定的一段最小长度称为评定长度ln，如图4.3所示。标准评定长度为连续的5个取样长度，即$ln=5\,lr$，其值见附表20。如果被测表面均匀性较好，可选$ln<5\,lr$；如果被测表面均匀性较差，则选$ln>5\,lr$。

4. 长波和短波轮廓滤波器的截止波长

滤波器是能将表面轮廓分离成长波成分和短波成分的器件，所能抑制的波长称为截止波长。从短波截止波长λs至长波截止波长λc这两个极限值之间的波长范围称为传输带。长波滤波器的截止波长λc等于取样长度lr，即$\lambda c=lr$(其值由附表20中查取)，用于抑制或排除掉波纹度。

5. 轮廓中线

获得零件的实际表面轮廓后，为了定量地评定零件表面粗糙度，需要确定一条具有几何轮廓形状并划分被评定轮廓的基准线，即轮廓中线。通常有两种轮廓中线。

1）轮廓最小二乘中线

轮廓最小二乘中线是在一个取样长度lr内，实际被测轮廓线上的各点至该线的距离平方和为最小，如图4.4所示，即$\int_0^{lr} Z_i^2\,\mathrm{d}x=\min$。

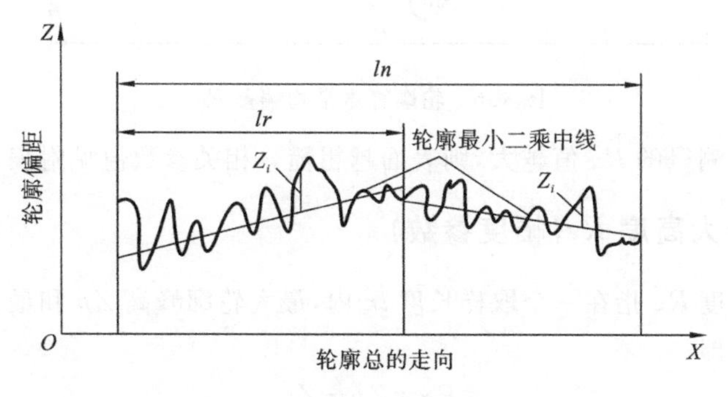

图4.4 轮廓的最小二乘中线

2）轮廓算术平均中线

轮廓算术平均中线是在一个取样长度lr内，将实际轮廓划分为上、下两部分，且使上、下两部分面积相等的直线。如图4.5所示，轮廓算术平均中线分实际轮廓上下两部分相等，即$F_1+F_2+\cdots+F_n=F'_1+F'_2+\cdots+F'_n$。

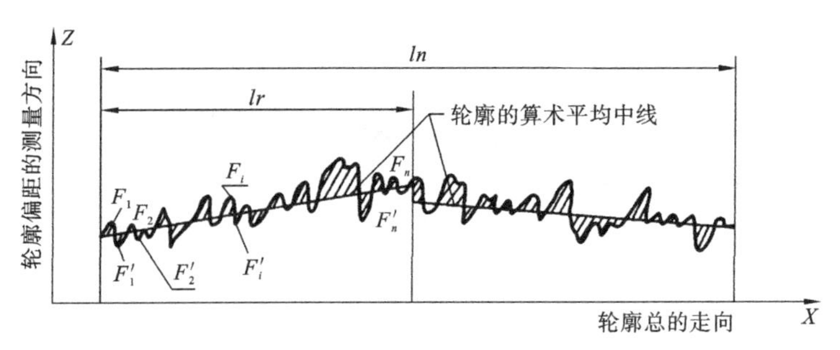

图 4.5　轮廓算术平均中线

4.2.2　评定参数

为满足对零件表面不同的功能要求，国家标准 GB/T 3505—2009 从表面微观几何形状高度、间距和形状等三个方面规定了四项评定参数，其中幅度参数是主参数。

1. 轮廓的算术平均偏差 Ra（幅度参数）

轮廓的算术平均偏差 Ra 指在一个取样长度 lr 内，被测实际轮廓上各点至轮廓中线距离 $Z(x)$ 绝对值的平均值（见图 4.6），即

$$Ra = \frac{1}{lr}\int_0^{lr} |Z(x)|\,\mathrm{d}x \tag{4.1}$$

或近似为

$$Ra = \frac{1}{n}\sum_{i=1}^{n} |Z_i| \tag{4.2}$$

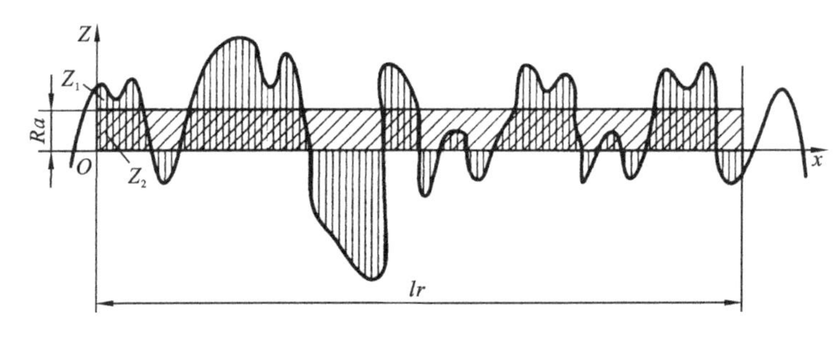

图 4.6　轮廓算术平均偏差 Ra

对加工后表面测得的 Ra 值越大，则表面越粗糙。相关参数值见附表 21。

2. 轮廓的最大高度 Rz（幅度参数）

轮廓的最大高度 Rz 指在一个取样长度 lr 内，最大轮廓峰高 Zp 和最大轮廓谷深 Zv 之和，如图 4.7 所示，即

$$Rz = Zp + Zv \tag{4.3}$$

对加工后表面测得的 Rz 值越大，则表面越粗糙。相关参数值见附表 22。

在零件图上，对零件某一表面的表面粗糙度要求，按需要选择 Ra 或 Rz 标注。

3. 轮廓单元的平均宽度 Rsm（间距参数）

在图 4.8 中，一个轮廓峰与相邻轮廓谷的组合称为轮廓单元，而中线与各个轮廓单元相

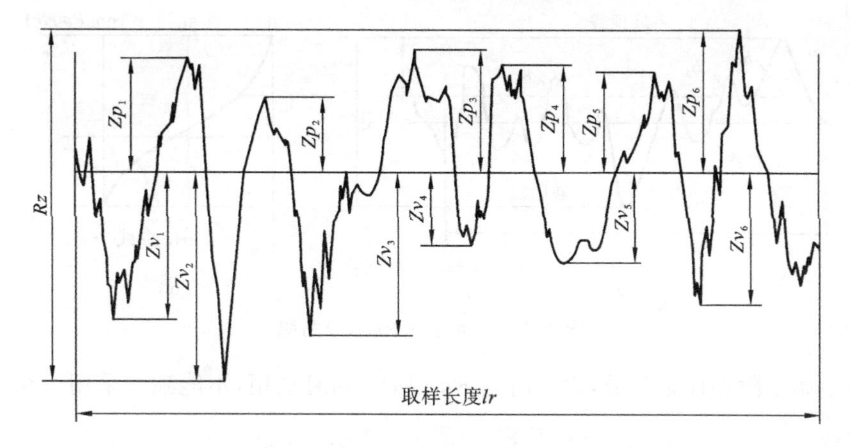

图 4.7　轮廓的最大高度 Rz

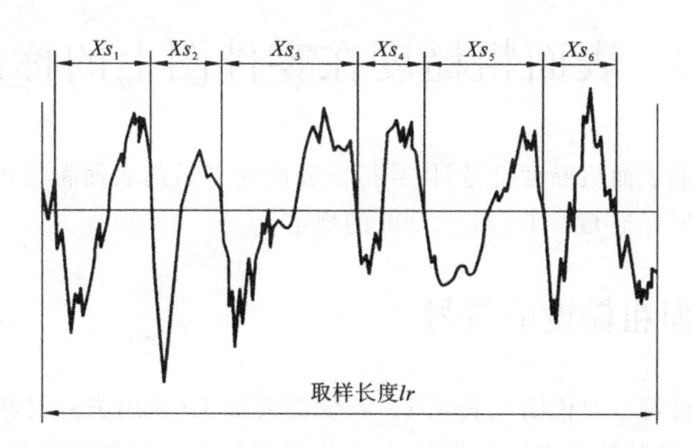

图 4.8　轮廓单元的宽度

交线段的长度叫轮廓单元宽度 Xs_i。

轮廓单元的平均宽度 Rsm 指在一个取样长度 lr 内所有轮廓单元宽度 Xs_i 的平均值，即

$$Rsm = \frac{1}{m}\sum_{i=1}^{m} Xs_i \tag{4.4}$$

Rsm 属于附加评定参数，设计时与 Ra 或 Rz 同时选用，不能独立采用。相关参数值见附表 20。

4. 轮廓的支承长度率(混合参数)

轮廓的支承长度率 $Rmr(c)$ 指在给定的水平截面高度 c 上，轮廓的实体材料长度 $Ml(c)$ 与评定长度 ln 的比率(见图 4.9)，即

$$Rmr(c) = \frac{Ml(c)}{ln} \tag{4.5}$$

轮廓的实体材料长度 $Ml(c)$ 指在评定长度 ln 内，一条平行于中线的直线从峰顶线向下移一水平截距 c 时，与轮廓相截所得的各段截线长度 b_i 之和(见图 4.9(a))，即

$$Ml(c) = b_1 + b_2 + \cdots + b_i + \cdots + b_n = \sum_{i=1}^{n} b_i \tag{4.6}$$

$Rmr(c)$ 随着水平截距 c 而变化，如图 4.9(b)所示。水平截距 c 可用微米(μm)或 Rz 的百分比表示。当 c 一定时，$Rmr(c)$ 值越大，则支承能力和耐磨性越好。

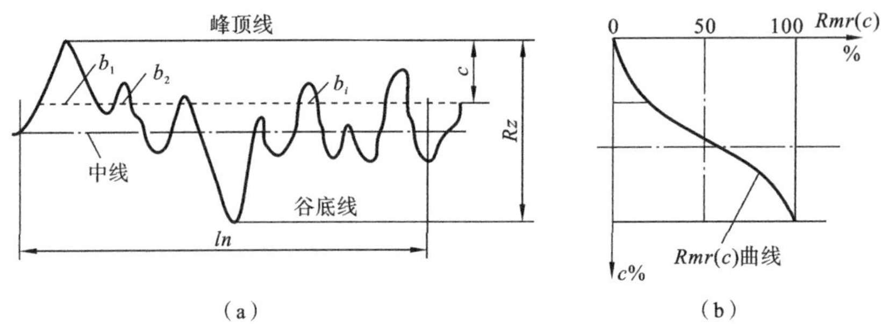

图 4.9　支承比率 $Rmr(c)$ 曲线

$Rmr(c)$ 属于附加评定参数，设计时与 Ra 或 Rz 同时选用，不能独立采用。相关参数值见附表 23。

4.3　表面粗糙度在零件图上的标注

零件图上标注的表面粗糙度符号、代号指该表面完工后的表面粗糙度数值。表面粗糙度的标注应符合国家标准 GB/T 131—2006 的规定。

4.3.1　表面粗糙度的符号

零件表面粗糙度符号及说明见表 4.1。若仅需要加工（采用去除材料或不去除材料方法）但对表面粗糙度的其他规定没有要求时，允许只标注表面粗糙度符号，其中表面粗糙度的基本符号由两条不等长的实线组成，如图 4.10 所示。

表 4.1　表面粗糙度符号

符　　号	意义及说明
√	基本符号。表示表面可用任何方法获得。当不加注粗糙度参数值或有关说明时，仅适用于简化代号标注
	基本符号加一短画，表示表面是用去除材料的方法获得。例如车、铣、钻、磨、电加工等
	基本符号加一小圆，表示表面是用不去除材料的方法获得。例如铸、锻、冲压变形、热轧、粉末冶金等 或用于表示保持原供应状况的表面（包括保持上道工序的状况）
	在上述三个符号的长边上均可加一横线，用于标注有关参数和说明
	在上述三个符号上均可加一小圆，表示所有表面具有相同的表面粗糙度要求

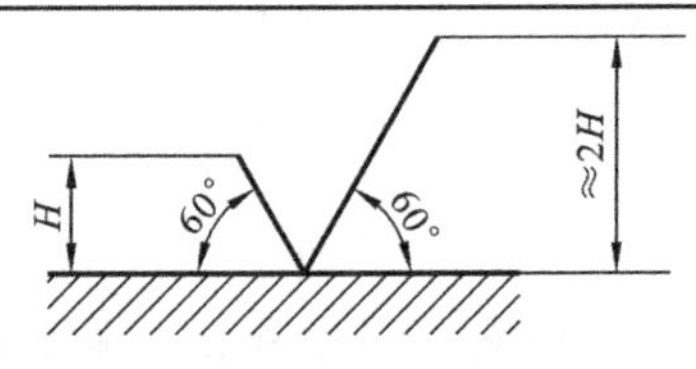

图 4.10　表面粗糙度的基本符号

4.3.2　表面粗糙度代号及其标注法

1. 表面粗糙度代号

在表面粗糙度符号周围的规定位置标注参数值及其他各项相关要求，就组成了表面粗糙度代号，如图 4.11 所示。

在图 4.11 中，各符号代表的含义如下：

(1) a：表面粗糙度参数代号（Ra 或 Rz）、极限值（单位：μm）和传输带（或取样长度），即：上、下限值符号，传输带数值/幅度参数符号，评定长度值，极限值判断规则（空格），幅度参数极限值。

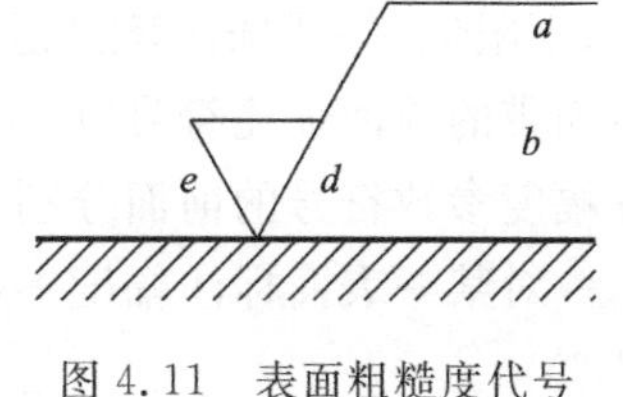

图 4.11　表面粗糙度代号

(2) a 和 b：两个或多个表面粗糙度要求（Rsm 单位：mm）。

(3) c：加工方法、涂层、表面处理或其他说明。

(4) d：表面纹理和方向，见表 4.2。

(5) e：加工余量（单位：mm）。

表 4.2　加工纹理符号及说明

符号	示意图	符号	示意图
=	纹理方向 纹理平行于标注代号的投影面	×	纹理方向 纹理呈两相交的方向
⊥	纹理方向 纹理垂直于标注代号的投影面	C	纹理近似为以表面的中心为圆心的同心圆
P	纹理无方向或呈突起的细粒状	R	纹理近似为通过表面中心的辐线

2. 表面粗糙度极限值的标注

GB/T 131—2006 规定，在完整图形符号上标注幅度参数极限值时，其给定数值可表示为以下两种情况。

1）标注一个数值且默认为上限值

在完整的图形符号上，幅度参数的符号和极限值应一起标注。当只单向标注一个数值时，默认它是幅度参数的上限值，如图 4.12 所示。

2）同时标注上、下限值

在完整图形符号上同时标注幅度参数上、下限值时，应分成两行标注幅度参数符号和上、下限值。上限值标注在上方，并在传输带的前面加注符号“U”；下限值标注在下方，并在传输带的前面加注符号“L”。当传输带采用默认的标准化值而省略标注时，则在上方和下方幅度参数符号的前面分别加注符号“U”和“L”，如图 4.13 所示。

对某一表面标注幅度参数的上、下限值时，在不引起歧义的情况下，可以不加写“U”、“L”。

Ra 1.6
Rz 3.2

（a）去除材料　（b）不去除材料

图 4.12　幅度参数值默认为上限值的标注

U Ra 3.2
L Ra 1.6
U Rz 0.8
L Ra 0.2

图 4.13　表面粗糙度幅度参数上、下限值的标注

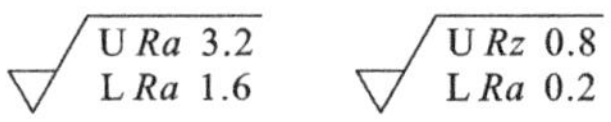

3. 极限值判断规则的标注

按照 GB/T 10610—2009 规定，根据表面粗糙度轮廓参数代号上给定的极限值，对实际表面进行检测后判断其合格性时，可以采用下列两种判断规则。

1）16％规则

在图 4.12 和图 4.13 中，幅度参数符号后面直接加数值的方式，表示检测零件时，其合格性的判断采用 16％规则。

16％规则指在同一评定长度范围内幅度参数所有的实测值中，当大于其上限值的个数不超过总数的 16％，而小于其下限值的个数不超过总数的 16％时，则认为被测零件合格。

2）最大规则

在图 4.14 和图 4.15 中，幅度参数符号的后面增加标注“max”标记，表示：检测零件时，其合格性的判断采用最大规则。

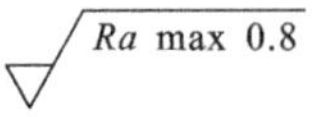

Ra max 0.8

图4.14　最大规则上限值的标注示例

U Ra max 3.2
L Ra 0.8

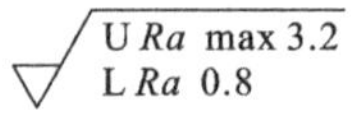

图 4.15　最大规则上限值和默认 16％规则下限值的标注示例

最大规则指在整个被测表面上，当幅度参数所有的实测值皆不大于规定值时，则认为被测零件合格。

4. 传输带和取样长度、评定长度的标注

1）传输带的标注

如果表面粗糙度的完整图形符号上没有标注传输带（如图 4.12 至图 4.15），则表示采用默认传输带，即默认短波滤波器和长波滤波器的截止波长（λs 和 λc）皆为标准值。

当需要指定传输带时，传输带标注在幅度参数符号的前面，并用斜线“/”隔开，如图4.16所示。传输带用短波和长波滤波器的截止波长(mm)进行标注，短波滤波器 λs 在前，长波滤波器 λc 在后($\lambda c = lr$)，它们之间用“-”隔开。图 4.16 中标注含义是：采用去除材料的加工方法；默认 $ln=5\times lr$；幅度参数值默认为上限值，默认 16%规则。

(a) 短、长波滤波器都标注　(b) 只标注短波滤波器　(c) 只标注长波滤波器

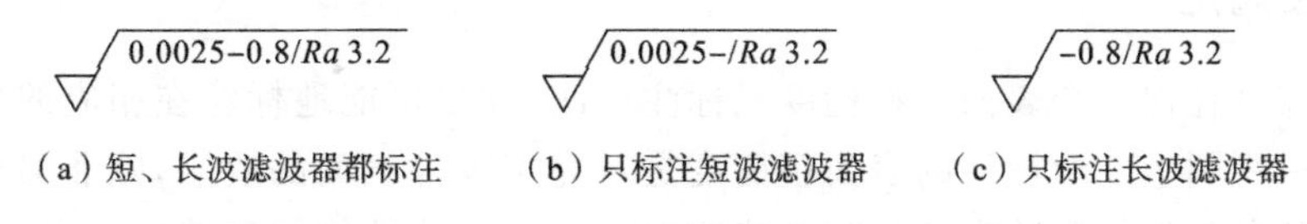

图 4.16　传输带的标注示例

在图 4.16(a)的标注中，传输带 $\lambda s=0.0025$ mm，$\lambda c=lr=0.8$ mm。某些情况下，对传输带只标注两个滤波器中的一个，另一个滤波器则采用默认的截止波长标准值。只标注一个滤波器，应保留“-”来区分是短波滤波器还是长波滤波器，如图 4.16(b)的标注中，传输带 $\lambda s=0.0025$ mm，λc 默认为标准值；图 4.16(c)的标注中，传输带 λs 默认为标准值，$\lambda c=0.8$ mm。

2) 取样长度 lr、评定长度 ln 的标注

若采用标准评定长度 ln，即 $ln=5lr$，则省略标注，如图 4.16 所示。当需要指定评定长度时(即 $ln\neq 5lr$)时，应在幅度参数符号的后面注写取样长度的个数。在图 4.17(a)的标注中，$ln=3lr$，λs 默认为标准化值，$\lambda c=lr=1$ mm，默认 16%规则。在图 4.17(b)的标注中，$ln=6lr$，传输带为 0.008～1 mm，采用最大规则。

(a) 要求 $ln=3lr$　(b) 要求 $ln=6lr$

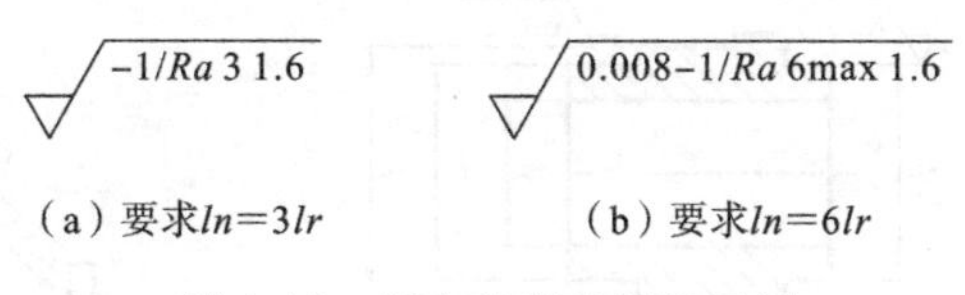

图 4.17　评定长度的标注示例

5. 附加评定参数和加工方法的标注

图 4.18 是表面粗糙度各项指标在图形符号上的标注示例：采用磨削方法获得表面幅度参数 Ra 上限值为 1.6 μm(采用最大规则)，下限值为 0.2 μm(默认 16%规则)，传输带采用 $\lambda s=0.008$ mm，$\lambda c=lr=1$ mm，$ln=6lr$，附加间距参数 Rsm0.05(mm)，加工纹理垂直于视图所在投影面。

6. 加工余量的标注

在零件图上标注的表面粗糙度的技术要求都是针对完工表面的要求，因此不需要标注加工余量。对于有多个加工工序的表面可以标注加工余量，图 4.19 中表示车削工序直径方向的加工余量为 0.4 mm。

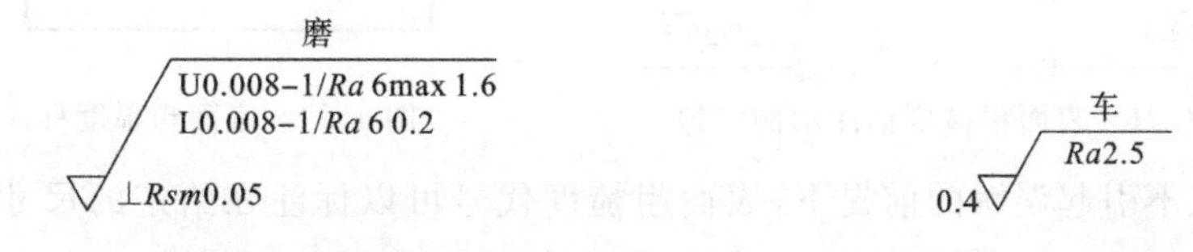

图 4.18　表面粗糙度各项技术要求标注示例

图 4.19　加工余量的标注

4.3.3 表面粗糙度在零件图上的标注方法

1. 一般规定

通常对零件任何一个表面的粗糙度只标注一次，并尽可能地标注在相应的尺寸及其极限偏差的同一视图上。所标注的表面粗糙度是对完工零件表面的要求，除非另有说明。粗糙度代号上的各种符号和数字的注写及读取方向应与尺寸的注写和读取方向一致，且粗糙度代号的尖端必须从材料外指向并接触零件表面。

为使图例简单，下述各图例中的粗糙度代号上都只标注了幅度参数符号及上限值，其余的采用默认标准值。

2. 常规标注方法

(1) 表面粗糙度代号可以标注在可见轮廓线或其延长线、尺寸界线上，可以用带箭头的指引线或用带黑端点(位于可见表面上)的指引线引出标注。

图 4.20 是粗糙度代号标注在轮廓线、尺寸界线和带箭头的指引线上。图 4.21 是粗糙度代号标注在轮廓线、轮廓线的延长线和带箭头的指引线上。图 4.22 是粗糙度代号标注在带黑端点的指引线上。

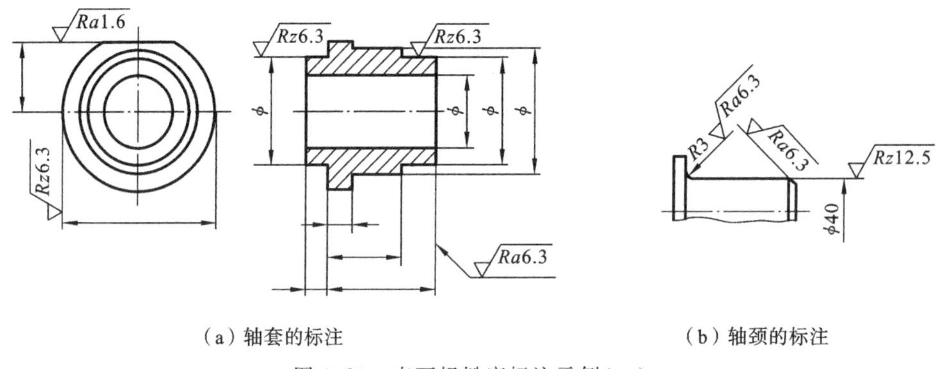

(a) 轴套的标注　　(b) 轴颈的标注

图 4.20　表面粗糙度标注示例(一)

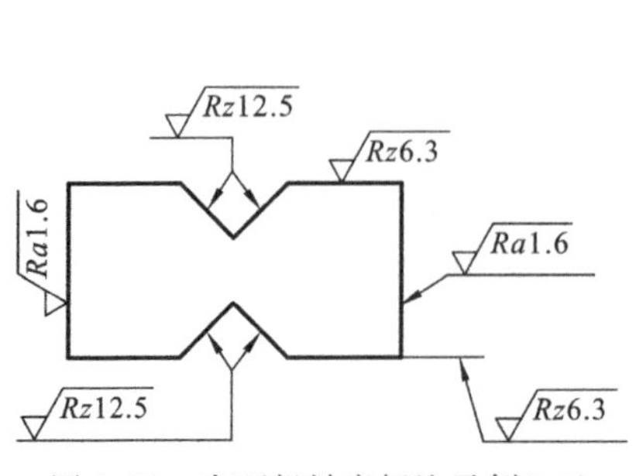

图 4.21　表面粗糙度标注示例(二)

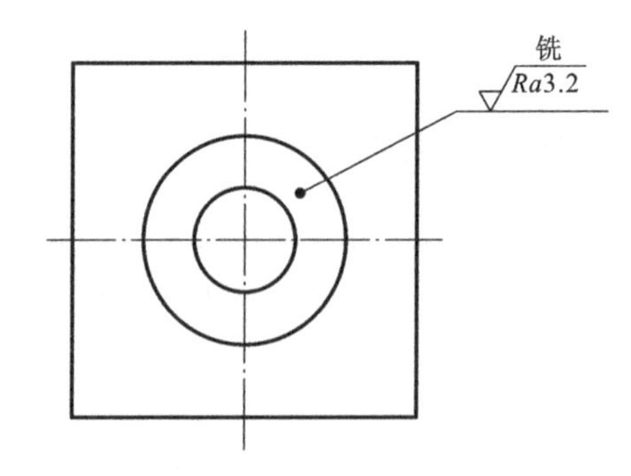

图 4.22　表面粗糙度标注示例(三)

(2) 在不引起误解的前提下，表面粗糙度代号可以标注在给定的尺寸线上，如图 4.23 所示。

(3) 表面粗糙度代号可以标注在几何公差框格的上方，如图 4.24 所示。

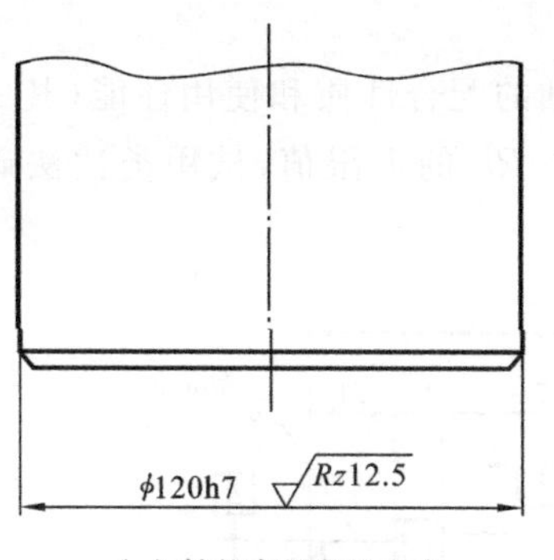

(a) 轴的直径定形尺寸

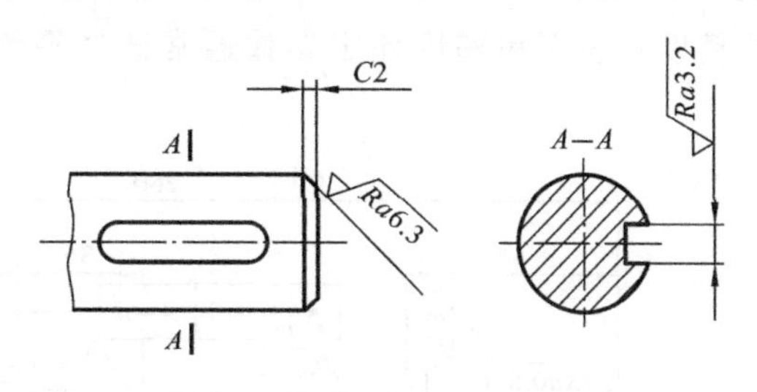

(b) 键槽的宽度定形尺寸

图 4.23　表面粗糙度标注示例(四)

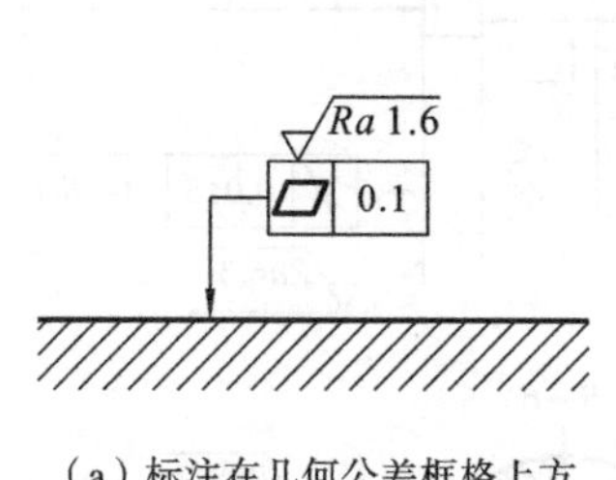

(a) 标注在几何公差框格上方

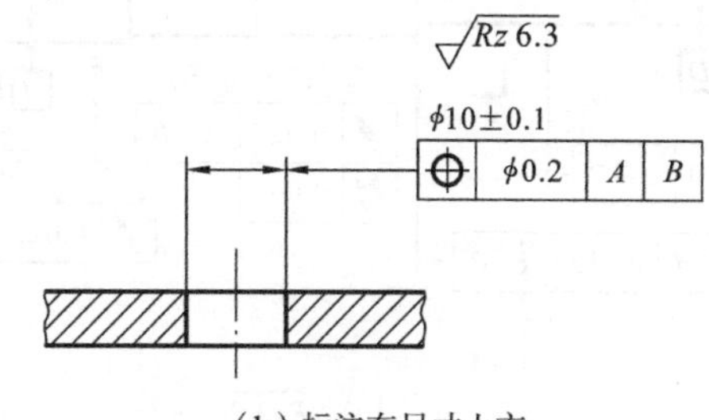

(b) 标注在尺寸上方

图 4.24　表面粗糙度标注示例(五)

3. 简化标注的规定方法

(1) 当零件的某些表面(或多数表面)具有相同的表面粗糙度要求时,对这些表面的技术要求统一标注在零件图的标题栏附近,可以省略对这些表面分别标注。除标注相关表面粗糙度代号外,还在其右侧画一个圆括号,并在括号内给出表 4.1 中的基本符号,如图 4.25 中右下角标注,表示除两个已标注粗糙度代号的表面以外的其余表面的粗糙度要求。

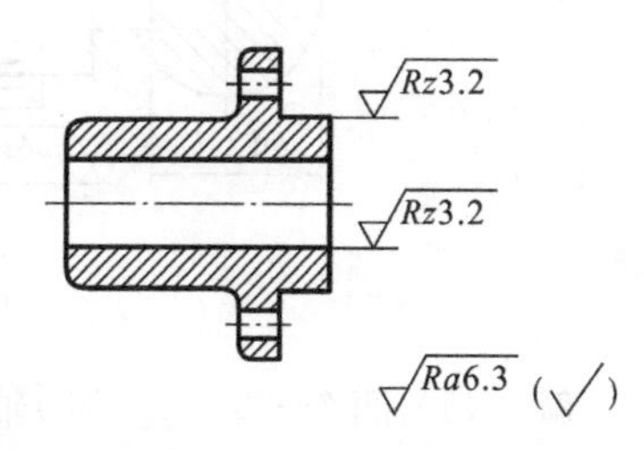

图 4.25　简化标注(一)

(2) 当零件的几个表面具有相同表面粗糙度要求或粗糙度代号直接标注在零件某表面上受空间限制时,可以用基本符号或只带一个字母的符号标注在这些表面上,而在图形或标题栏附近,以等式的形式标注相应的表面粗糙度代号,如图 4.26 所示。

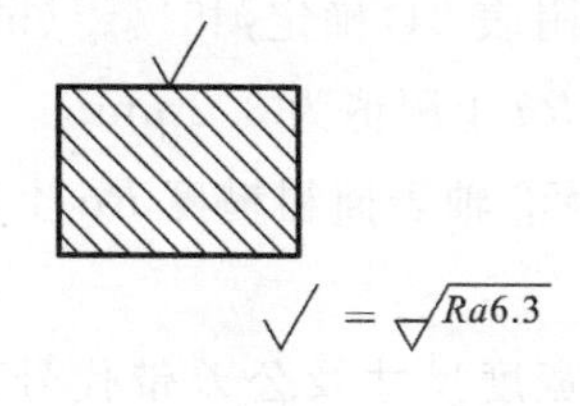

(a) 用基本符号标注

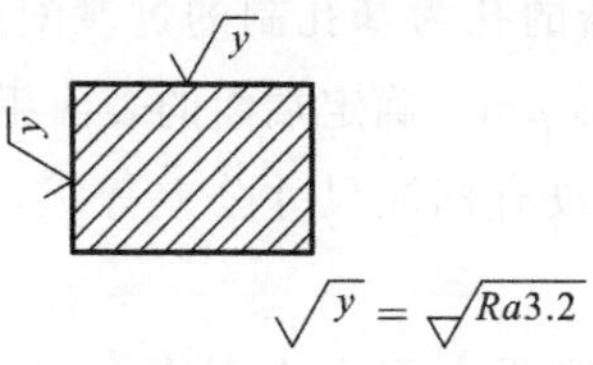

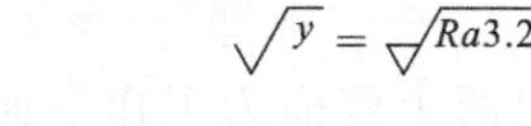

(b) 用带一个字母的符号标注

图 4.26　简化标注(二)

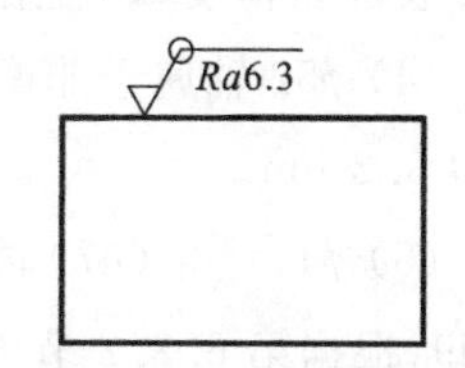

图 4.27　简化标注(三)

(3) 在零件图某个视图上,当构成封闭轮廓的各个表面具有相同的表面粗糙度要求时,可采用图 4.27 的形式标注,表示对视图上封闭轮廓周边的上、下、左、右四个表面的共同要求，不包括前表面和后表面。

例 4.1 如图 4.28 所示，为保证齿轮减速器输出轴的配合性质和使用性能（其中齿轮为 8 级精度），表面粗糙度评定参数通常选择平均偏差 Ra 的上限值，试用类比法确定该参数。

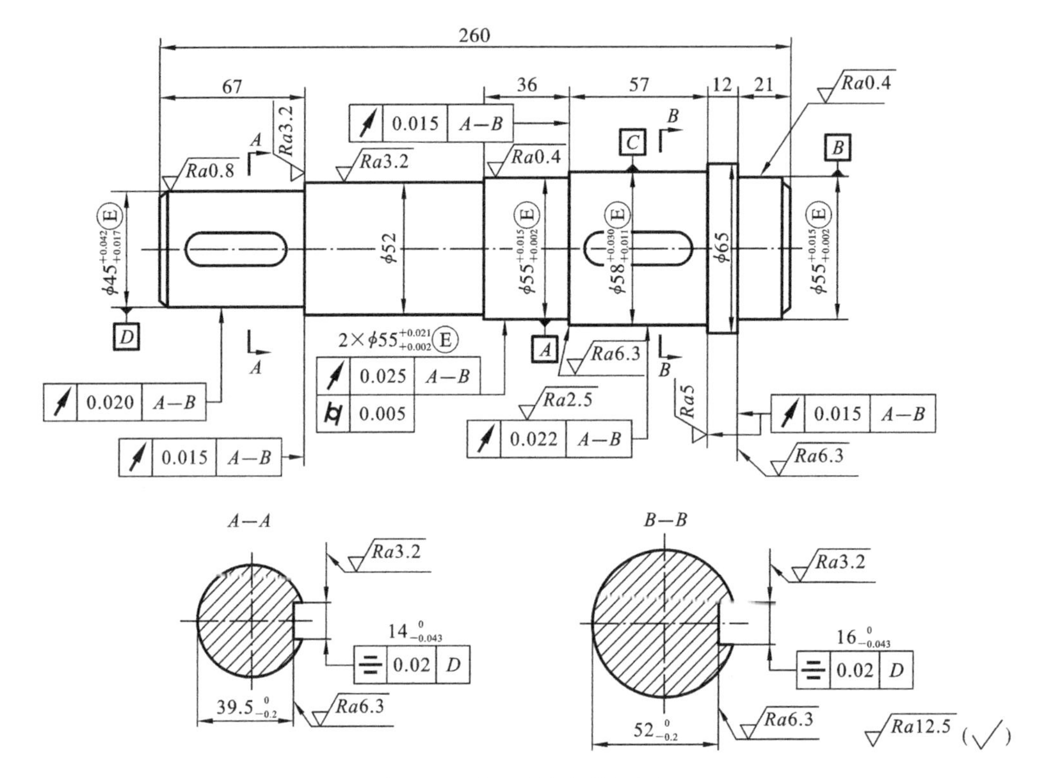

图 4.28 减速器输出轴零件图

解 (1) 两个$\phi55^{+0.015}_{+0.002}$(k5)轴颈分别与两个相同规格的滚动轴承形成基孔制过盈配合，查阅附表 36，采用磨的加工工艺，轴颈的表面粗糙度 Ra 上限值对应 0.4 μm，端面的表面粗糙度 Ra 上限值为 6.3 μm。

(2) $\phi58^{+0.030}_{+0.011}$(m6)轴与齿轮孔为基孔制的过渡配合，查附表 47（齿轮为 8 级精度），确定$\phi58^{+0.030}_{+0.011}$(m6)轴颈表面粗糙度 Ra 上限值为 2.5 μm，确定端面的表面粗糙度 Ra 上限值为 5 μm。

(3) $\phi45^{+0.042}_{+0.017}$(n7)轴与联轴器的孔为基孔制的过渡配合，查附表 24，确定$\phi45^{+0.042}_{+0.017}$(n7)轴颈表面粗糙度 Ra 上限值为 0.8 μm。确定端面的表面粗糙度 Ra 上限值为 3.2 μm。

(4) $\phi52$ 轴属于非配合尺寸，没有标注尺寸公差等级，确定 $\phi52$ 轴表面粗糙度 Ra 上限值为 3.2 μm。

(5) $\phi45^{+0.042}_{+0.017}$(n7)轴上键槽的两个侧面为工作表面，键槽宽度尺寸及公差带代号为 14N9，根据第 6.2.2 节内容确定工作表面的表面粗糙度 Ra 上限值为 3.2 μm，底面的表面粗糙度 Ra 上限值为 6.3 μm。

$\phi58^{+0.030}_{+0.011}$(m6)轴上键槽的表面粗糙度 Ra 值确定法同上。

(5) 其余表面为非工作表面和非配合表面，均取表面粗糙度 Ra 的上限值为 12.5 μm。

4.4　表面粗糙度的选用

4.4.1　评定参数的选用

1. 幅度参数的选用

选用原则：首先在幅度参数 Ra 和 Rz 中选取，当幅度参数不能满足表面的功能要求时，才选取附加评定参数作为附加项目。

(1) 通常采用电动轮廓仪测量零件表面的 Ra 值，其测量范围为 0.02～8 μm，所以在常用值范围内(Ra 为 0.025～6.3 μm)，优先选用 Ra。

(2) Rz 是反映最大高度的参数，通常用光学仪器——双管显微镜或干涉显微镜测量，其测量范围为 0.1～60 μm。Rz 只反映了峰顶和谷底的几个点，具有局限性，不如 Ra 反映的表面信息全面。

(3) 当表面要求有耐磨性时，宜采用 Ra。

(4) 当表面有较深痕迹时，易产生疲劳裂纹而导致损坏，宜采用 Rz。

(5) 在仪表、轴承行业中，某些零件很小，难以取得一个规定的取样长度，宜采用 Rz。

2. 附加评定参数的选用

设计时，附加评定参数 Rsm、$Rmr(c)$ 与 Ra 或 Rz 同时选用，不能独立采用。只有少数零件的重要表面且有特殊使用要求时才附加选用。

(1) Rsm 主要在对表面有涂漆性能，冲压成形时抗裂纹、抗振、抗腐蚀、减小流体流动摩擦阻力等要求时选用。例如，汽车外形薄钢板，需控制高度参数 Ra(0.9～1.3 μm)外，还需进一步控制轮廓单元的平均宽度 Rsm(0.13～0.23 mm)。

(2) $Rmr(c)$ 主要在耐磨性、接触刚度要求较高等场合附加选用。

4.4.2　表面粗糙度参数值的选用

选用原则：在满足功能要求的前提下，尽量选用较大的表面粗糙度参数值，以便于加工，降低生产成本，获得较好的经济效益。

通常采用类比法选用表面粗糙度参数值，在选用时需考虑以下几点：

(1) 同一零件中，工作表面的粗糙度比非工作表面要求高，$Rmr(c)$ 值应取较大值，其余评定参数值应取小值。

(2) 对于摩擦表面，速度越高，单位面积压力越大，则表面粗糙度值应越小。

(3) 受交变应力时，在零件圆角、沟槽处的表面粗糙度参数值应取小值。

(4) 要求配合性质稳定可靠时，表面粗糙度参数值应取小值。例如，小间隙配合的配合表面或受重载荷作用的过盈配合表面应选取较小的表面粗糙度值。

(5) 在同一零件配合表面处，其尺寸、几何公差值越小，则表面粗糙度的 Ra 或 Rz 值也应越小；当尺寸公差等级相同时，轴比孔的表面粗糙度数值要小些。

(6) 要求防腐蚀、密封性能好或外表美观的表面粗糙度值应取小值。

附表 24 列出了各类配合要求的孔、轴表面粗糙度参数的推荐值。

表 4.3 列出了表面粗糙度的表面特征、加工方法和应用举例。

表 4.3　表面粗糙度的表面特征、经济加工方法和应用举例

表面特征		*Ra*/μm	加工方法	应用举例
粗糙表面	微见刀痕	≤20	粗车、粗刨、粗铣、钻、毛锉、锯断	粗加工过的半成品表面，非配合表面，如轴端面、倒角、钻孔、齿轮及皮带轮侧面、键槽底面、垫圈接触面等
半光表面	微见加工痕迹	≤10	车、刨、铣、镗、钻、粗铰	轴上不安装轴承或齿轮处的非配合表面，紧固件的自由装配表面，轴或孔的退刀槽等
		≤5	车、刨、铣、镗、磨、拉、粗刮、滚压	半精加工表面，箱体、支架、盖面、套筒等和其他零件结合而无配合要求的表面，需要发蓝的表面等
	看不清加工痕迹	≤2.5	车、刨、铣、镗、磨、拉、刮、滚压、铣齿	接近于精加工表面，箱体上安装轴承的镗孔表面，齿轮的工作面
光表面	可辨加工痕迹方向	≤1.25	车、镗、磨、拉、刮、精铰、磨齿、滚压	圆柱(锥)销，与滚动轴承配合的表面，普通车床导轨面，内、外花键定心表面等
	微辨加工痕迹方向	≤0.63	精铰、精镗、磨、刮、滚压	要求配合性质稳定的表面，工作时受交变应力的重要零件，较高精度车床的导轨面
	不辨加工痕迹方向	≤0.32	精磨、珩磨、研磨、超精加工	精密机床主轴锥孔、顶尖圆锥面，发动机曲轴、凸轮轴工作表面，高精度齿轮工作面
极光表面	暗光泽面	≤0.16	精磨、研磨、普通抛光	精密机床主轴颈表面，一般量规工作面，气缸套内表面，活塞销表面等
	亮光泽面	≤0.08	超精磨、精抛光、镜面磨削	精密机床主轴颈表面，滚动轴承的滚动体工作面，高压油泵中柱塞与柱塞套配合面等
	镜状光泽面	≤0.04		
	镜面	≤0.01	镜面磨削、超精研	高精度量仪、量块的工作面，光学仪器中的金属镜面

表 4.4 列出了各种加工方法可能达到的表面粗糙度数值，供参考。

表 4.4　各种加工方法可能达到的表面粗糙度数值

加工方法	表面粗糙度 *Ra*/μm													
	0.012	0.025	0.05	0.10	0.20	0.40	0.80	1.60	3.20	6.30	12.5	25	50	100
砂模铸造										——	——	——	——	——
压力铸造						——	——	——	——	——				
模锻								——	——	——	——	——	——	——
挤压						——	——	——	——	——	——			

续表

加工方法		表面粗糙度 $Ra/\mu m$													
		0.012	0.025	0.05	0.10	0.20	0.40	0.80	1.60	3.20	6.30	12.5	25	50	100
刨削	粗										—	—	—		
	半精								—	—	—				
	精						—	—	—						
插削									—	—	—	—	—		
钻孔								—	—	—	—	—	—		
金刚镗孔				—	—	—	—								
镗孔	粗										—	—	—	—	
	半精							—	—	—	—				
	精						—	—	—						
端面铣	粗									—	—	—			
	半精						—	—	—	—	—				
	精					—	—	—	—						
车外圆	粗										—	—	—		
	半精								—	—	—	—			
	精					—	—	—	—						

4.5　表面粗糙度的测量

目前,常用测量表面粗糙度的方法主要有比较法、光切法、针描法、显微干涉法、激光反射法等。

1. 比较法

比较法是将被测表面与已知 Ra 值的表面粗糙度比较样块(见图 4.29)进行触觉和视觉比较的方法。所选用的样块和被测零件的加工方法必须相同,并且样块的材料、形状、表面色泽等应尽可能与被测零件一致。判断准则:根据被测表面加工痕迹的深浅来决定其表面粗糙度是否符合零件图上规定的技术要求。若被测表面加工痕迹的深度相当于或小于样块加工痕迹的深度,则表示该被测表面粗糙度幅度参数 Ra 的数值不大于样块所标记的 Ra 值。此方法简单易行,但测量精度不高。

触觉比较是指用手指感触来判别,适宜于检测 Ra 值为 1.25～10 μm 的外表面。

视觉比较是指靠目测或用放大镜、比较显微镜观察,适宜于检测 Ra 值为 0.16～100 μm 的外表面。

2. 光切法

光切法是利用光切原理测量表面粗糙度的方法,属于非接触测量。采用光切原理制成的表面粗糙度测量仪称为光切显微镜(或双管显微镜),它适宜于测量 Rz 值为 2.0～63 μm

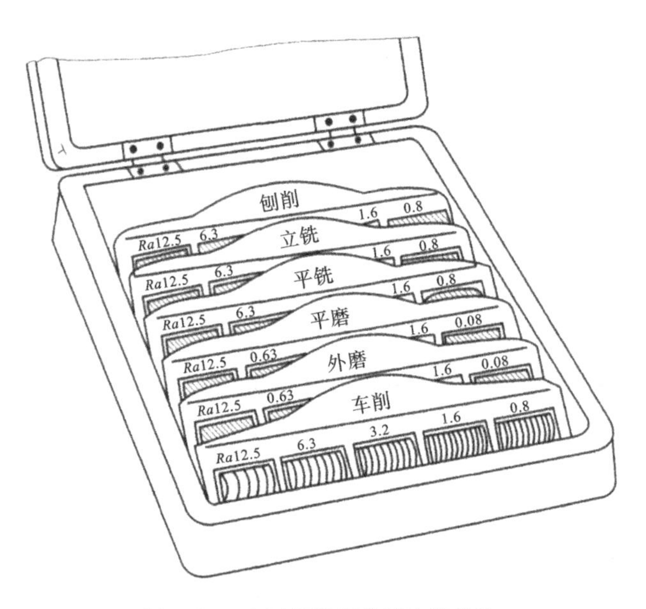

图 4.29　表面粗糙度轮廓比较样块

(相当于 Ra 值为 0.32～10 μm)的平面和外圆柱面。

图 4.30(a)中被测表面为阶梯面，其阶梯高度为 h，当光源发出的光线经狭缝后形成与被测表面以夹角为 45°的方向 A 的光带与被测表面相截，被测表面的轮廓影像沿 B 向反射后由显微镜中观察得到图 4.30(b)。图 4.30(c)显示其光路系统，即光源 1 通过聚光镜 2、狭缝 3 和物镜 5，以 45°方向投射到工件表面 4 上，形成一窄细光带，光带与工件表面的交线，也就是工件在 45°截面上的轮廓形状，此轮廓曲线的波峰在 S_1 点反射，波谷在 S_2 点反射，通过物镜 5，分别成像在分划板 6 上的 S''_1 和 S''_2 点，其峰、谷影像高度差为 h''。通过仪器的测微装置读出此值后，可按定义测出 Rz 值。

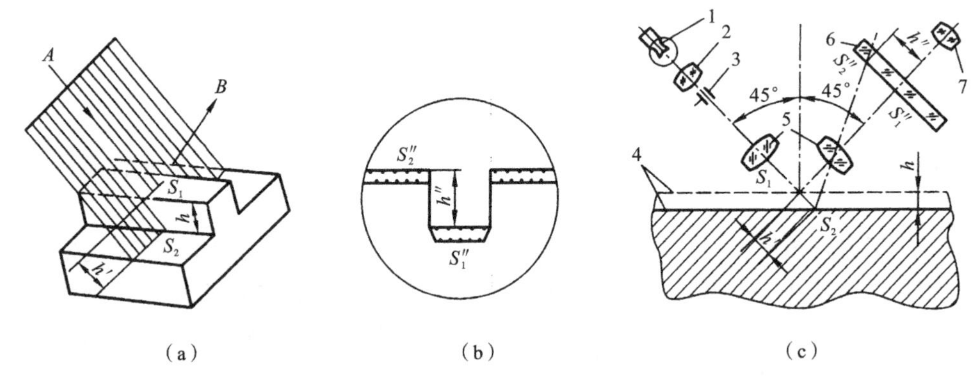

图 4.30　光切测量原理示意图

1—光源；2—聚光镜；3—狭缝；4—工件表面；5—物镜；6—分划板；7—目镜

3. 针描法

针描法是利用仪器的触针划过被测表面，把表面粗糙度轮廓放大描绘出来，经过计算处理装置直接给出 Ra 值。采用上述原理制成的表面粗糙度测量仪称为触针式轮廓仪，适宜于测量 Ra 值为 0.04～5.0 μm 的内、外表面和球面。

在图4.31中，驱动箱以恒速拖动传感器沿工件被测表面实际轮廓方向移动，传感器测杆上的金刚石触针与被测表面轮廓接触，触针把该轮廓上的微小峰、谷转换为垂直位移，位移经传感器转换为电信号，然后经检波、放大路线分送两路，其中一路送至记录器，记录出实际表面粗糙度；另一路经滤波器消除（或减弱）波纹度的影响，然后由指示表显示出 Ra 值。

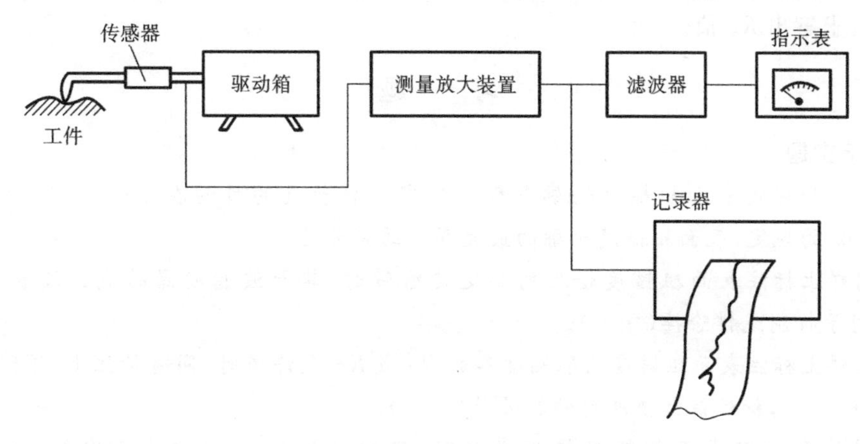

图4.31　触针式轮廓仪的基本结构

4. 显微干涉法

显微干涉法是利用光波干涉原理和显微系统测量精密加工表面粗糙度的方法，属于非接触测量。采用上述原理制成的表面粗糙度测量仪称为干涉显微镜，适宜测量 Rz 值为 0.063～1.0 μm（相当于 Ra 值为 0.01～0.16 μm）的平面、外圆柱面和球面。

图4.32为干涉显微镜的测量原理：由光源1发出一束光线，经测量仪反射镜2、分光镜3分成两束光线，其中一束光线投射到工件被测表面，再经原光路返回；另一束光线投射到测量仪的标准镜4，再经原光路返回；这两束返回的光线相遇叠加，产生干涉而形成干涉条纹，在光程每相差半个光波波长处就产生一条干涉条纹。由于被测表面轮廓存在微小峰、

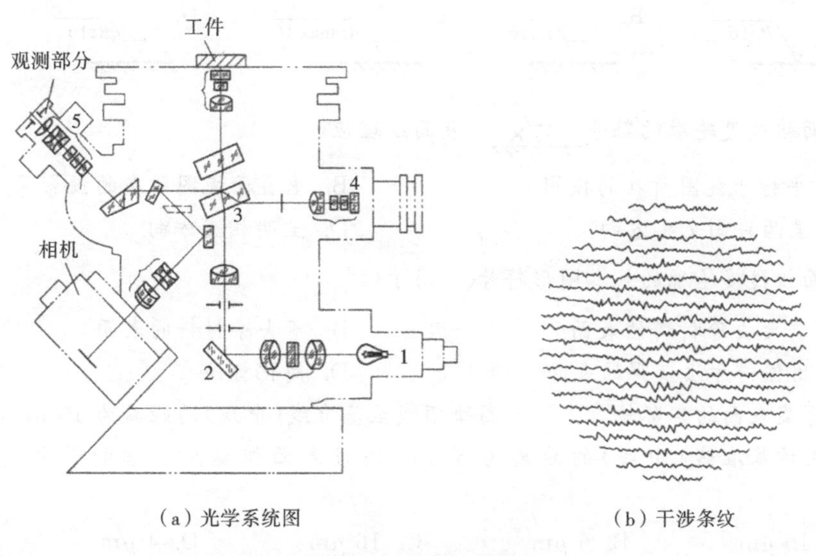

（a）光学系统图　　（b）干涉条纹

图4.32　干涉显微镜

1—光源；2—反射镜；3—分光镜；4—标准镜；5—目镜

谷，而峰、谷处的光程差不相同，因此造成干涉条纹的弯曲（见图 4.32(b)），可通过测量仪目镜 5 观察到这些干涉条纹（为被测表面轮廓度轮廓的形状）。干涉条纹弯曲程度的大小反映了被测部位微小峰、谷之间的高度。

在一个取样长度范围内，测出同一条干涉条纹中最高的一个峰尖至最低的一个谷底之间的距离，求解出 Rz 值。

习　　题

一、填空题

1. 测量和评定表面粗糙度轮廓参数时规定取样长度的目的在于（　　）。按 GB/T 3505—2009 的规定，表面粗糙度轮廓的最大高度的符号为（　　）。

2. 图样上标注表面粗糙度轮廓的制定传输带时，其长波滤波器的截止波长 λc 等于（　　），用于抑制或排除掉（　　）。

3. 图样上标注表面粗糙度轮廓幅度参数 Ra 或 Rz 允许值时，同时标注上、下限值所用的符号是（　　），标注最大值所用的符号是（　　）。

4. 测量和评定表面粗糙度轮廓参数时，可以选取（　　）作为基准线。按 GB/T 10610—2009 的规定，标准评定长度为连续的（　　）个标准取样长度。

5. 测量表面粗糙度轮廓时，应把测量限制在一段足够短的长度上，这段长度称为（　　）。

6. GB/T 3505—2009 规定的表面粗糙度轮廓参数中，常用的两个幅度参数的名称是（　　），常用的间距参数的名称是（　　）。

7. 测量 Ra 的常用仪器是（　　），测量 Rz 的常用仪器是（　　）。

二、单项选择题

1. 在车床上加工零件，要求该零件某表面粗糙度轮廓的最大高度的上限值为 16 μm，应采用的表面粗糙度轮廓代号是（　　）。

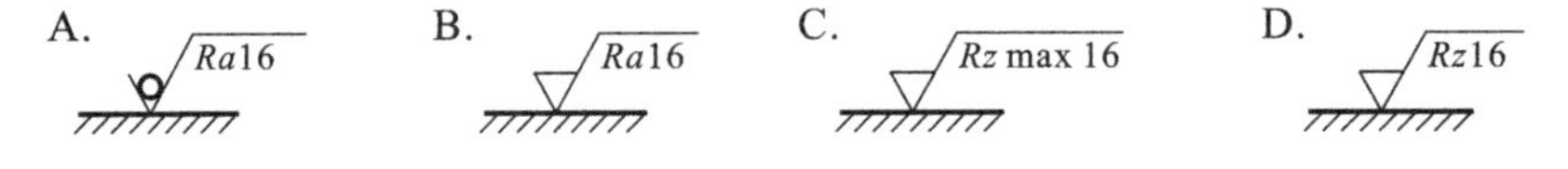

2. 表面粗糙度轮廓的符号 表面纹理应（　　）。

A. 平行于视图所在的投影面　　B. 垂直于视图所在的投影面

C. 呈两斜向交叉方向　　D. 呈两相交方向

3. 表面粗糙度轮廓的基本图形符号√用于（　　）。

A. 需要去除材料的表面　　B. 不去除材料的表面

C. 用任何方法获得的表面　　D. 简化标注

4. 测得某表面的实际轮廓上的最高峰顶线至基准线（中线）的距离为 10 μm，最低谷底线至该基准线（中线）的距离为 6 μm，则该表面粗糙度轮廓的最大高度 Rz 值为（　　）。

A. 10 μm　　B. 6 μm　　C. 16 μm　　D. 4 μm

5. 用针描法可以测量的表面粗糙度参数是（　　）。

A. Ra　　B. Rz　　C. $Rmr(c)$　　D. Rsm

6. 同一表面的表面粗糙度轮廓幅度参数 Ra 值和 Rz 值的关系为(　　)。

A. $Ra<Rz$　　B. $Ra=Rz$　　C. $Ra>Rz$　　D. 无从比较

三、标注题

1. 试将下列表面粗糙度要求标注在题图 4.1 上。

(1) 用去除材料的方法获得表面 a 和 b,要求表面粗糙度参数 Ra 的上限值为 1.6 μm;

(2) 用任何方法加工 ϕd_1 和 ϕd_2 的圆柱面,要求表面粗糙度参数的上限值为 6.3 μm,下限值为 3.2 μm;

(3) 其余用去除材料的方法获得各表面,要求 Ra 的最大值均为 12.5 μm。

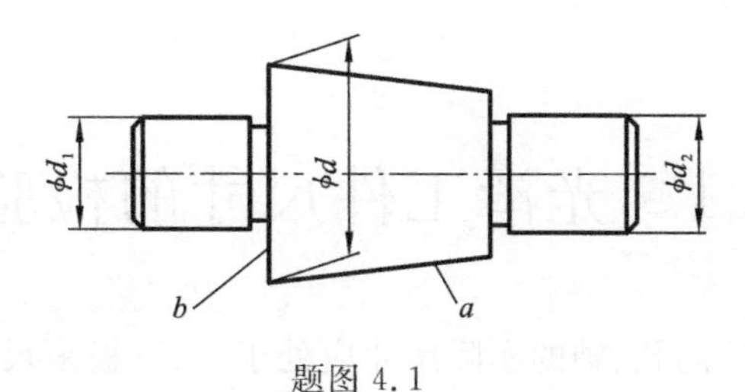

题图 4.1

2. 试将下列表面粗糙度要求标注在题图 4.2 的零件图上。

(1) ϕD_1 孔的表面粗糙度参数 Ra 值不大于 3.2 μm;

(2) ϕD_2 孔的表面粗糙度参数 Ra 值应在 3.2 μm～6.3 μm 之间;

(3) 凸缘右端面采用铣削加工,表面粗糙度参数 Rz 值不大于 12.5 μm;

(4) ϕd_1 和 ϕd_2 圆柱面表面粗糙度参数 Rz 值不大于 6.3 μm;

(5) 其余表面粗糙度参数 Ra 值不大于 12.5 μm。

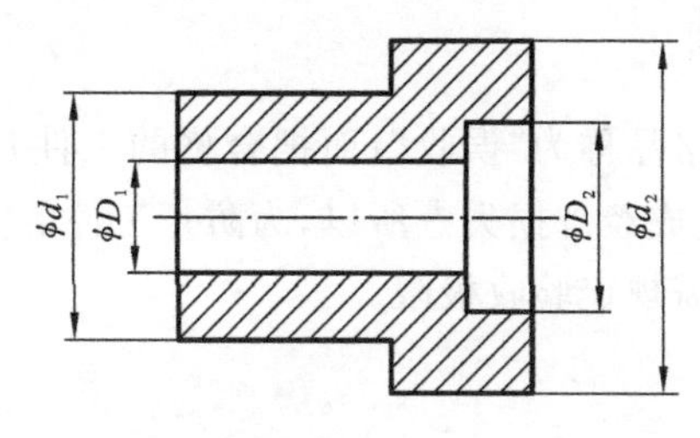

题图 4.2

四、简答题

1. 在图样上标注表面粗糙度轮廓的传输带数值时,其长波滤波器截止波长 λc 与取样长度 lr 的关系是什么? 规定 λc 的目的是什么?

2. 对某表面只标注一个表面粗糙度轮廓幅度参数数值(默认为上限值),如何判断实测值是否合格?

第5章　光滑工件尺寸的检验和光滑极限量规的设计

5.1　光滑工件尺寸的检验

按零件图要求，加工后的孔、轴的实际尺寸应处于上、下极限尺寸之间(包含上、下极限尺寸处)，则此工件合格。由于存在测量误差，测得的实际尺寸并非工件尺寸的真值，特别在上、下极限尺寸附近时，加上形状误差的影响极易造成错误判断。因此，国家标准《产品几何技术规范(GPS)　光滑工件尺寸的检验》(GB/T 3177—2009)对此做出了相应规定。

5.1.1　光滑工件验收极限

1. 光滑工件验收原则

把不合格的工件判为合格品称为“误收”；而把合格的工件判为废品称为“误废”。误收会影响产品的质量；误废会造成经济损失。所以，为防止工件的实际尺寸受测量误差的影响而超出上、下极限尺寸范围，需规定验收极限。

2. 验收极限

验收极限是判断被检验工件尺寸合格与否的尺寸界限。国家标准中规定了两种验收极限的确定方式。

1) 采用内缩方式确定验收极限

验收极限是从工件的上极限尺寸和下极限尺寸分别向工件公差带内移动一个安全裕度 A(见图 5.1)，则孔、轴工件的验收极限尺寸为

上验收极限＝上极限尺寸－A；

下验收极限＝下极限尺寸＋A。

GB/T 3177—2009 规定，安全裕度 A 值按工件尺寸公差 IT 的 1/10 确定，其数值见附表 25。

2) 采用不内缩方式确定验收极限

验收极限是以图样上规定的上极限尺寸、下极限尺寸分别作为上、下验收极限，即安全裕度 $A=0$。

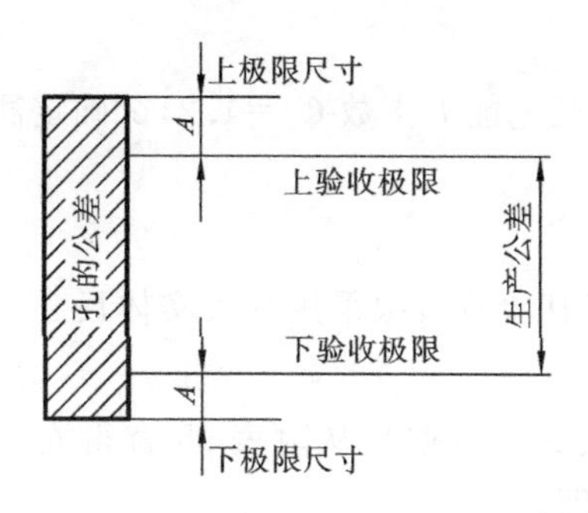

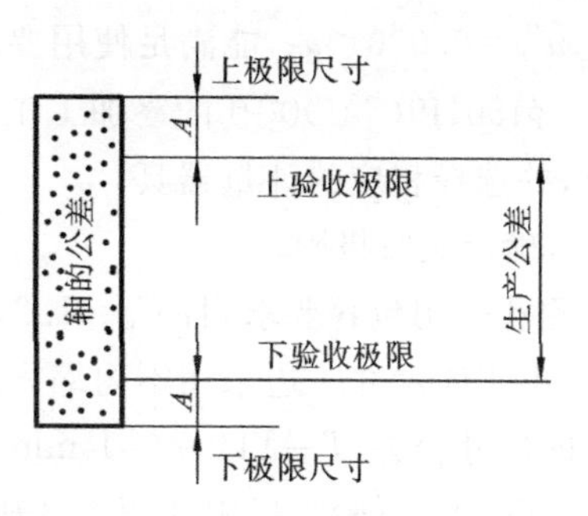

图 5.1　孔、轴验收极限尺寸

3. 验收极限方式的选择

选择上述哪种验收极限方式，应综合考虑被测工件的不同精度要求、标准公差等级的高低、加工后尺寸的分布特性和工艺能力等因素。具体原则如下：

① 对于遵循包容要求的尺寸和标准公差等级高的尺寸，其验收极限按双向内缩方式确定。

② 当工艺能力指数 $C_p \geqslant 1$ 时，验收极限按不内缩方式确定；但对于采用包容要求的孔、轴，其最大实体尺寸一边的验收极限按单向内缩方式确定。

工艺能力指数 C_p 是指工件尺寸公差 T 与加工工序工艺能力 $c\sigma$ 的比值。其中，c 为常数，σ 为工序样本的标准偏差。如果工序尺寸遵循正态分布，则该工序的工艺能力为 6σ，此时 $C_p = \dfrac{T}{6\sigma}$。

③ 对于偏态分布的尺寸，其验收极限只对尺寸偏向的一边按单向内缩方式确定。

④ 对于非配合尺寸和未注公差尺寸，其验收极限按不内缩方式确定。

确定工件尺寸的验收极限后，还需正确选择计量器具进行测量。

5.1.2　选择计量器具

首先，考虑被测工件的外形、位置和尺寸大小，使所选计量器具满足工件要求；其次，根据计量器具不确定度允许值 u_1 选择计量器具（从附表 25 选用 u_1 时，优先选用Ⅰ档，其次选用Ⅱ档和Ⅲ档）；然后，根据附表 26～28 中普通计量器具的测量不确定度 u'_1 的数值（要求 $u'_1 \leqslant u_1$）选择具体的计量器具。

例 5.1　试确定测量 $\phi 85\mathrm{f}7(^{-0.036}_{-0.071})$Ⓔ轴时的验收极限，并选择相应的计量器具。

解　(1) 确定验收极限。

因为，$\phi 85\mathrm{f}7$ 轴采用包容要求，所以验收极限按双向内缩方式确定。

根据该轴的尺寸公差 $T = \mathrm{IT}7 = 0.035$ mm（附表 1 中查取），从附表 25 中查得安全裕度 $A = 0.0035$ mm，所以 $\phi 85\mathrm{f}7$ 轴的上、下验收极限如图 5.2 所示。即：

上验收极限＝上极限尺寸－A＝(85－0.036) mm－0.0035 mm＝84.9605 mm

下验收极限＝下极限尺寸＋A＝(85－0.071) mm＋0.0035 mm＝84.9325 mm

(2) 按Ⅰ档选择计量器具。

查附表 25 知 $u_1 = 0.0032$ mm；查附表 27 选用标尺分度值为 0.005 mm 的比较仪，其测

量不确定度 $u'_1=0.003<u_1$，能满足使用要求。

例 5.2 $\phi150\text{H}9(^{+0.1}_{\ 0})$Ⓔ孔的终加工工序的工艺能力指数 $C_p=1.2$，试确定测量该孔时的验收极限，并选择相应的计量器具。

解 (1) 确定验收极限。

因为被测孔采用包容要求，且 $C_p=1.2$，所以其验收极限采用最大实体尺寸一边采用内缩方式，而最小实体尺寸一边采用不内缩方式。

根据孔的尺寸公差 $T=\text{IT}9=0.1$ mm(附表 1 中查取)，从附表 25 查得安全裕度 $A=0.01$ mm。所以，上、下验收极限如图 5.3 所示，即：

$$上验收极限=上极限尺寸=(150+0.1)\ \text{mm}+0\ \text{mm}=150.1\ \text{mm}$$

$$下验收极限=下极限尺寸+A=(150+0)\ \text{mm}+0.01\ \text{mm}=150.01\ \text{mm}$$

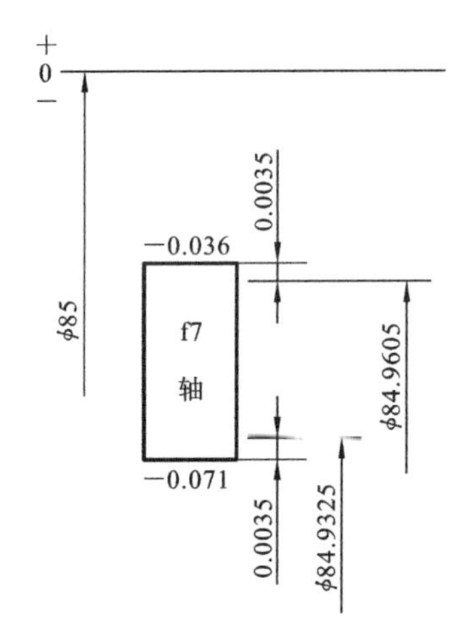

图 5.2 ϕ85f7 轴的验收极限

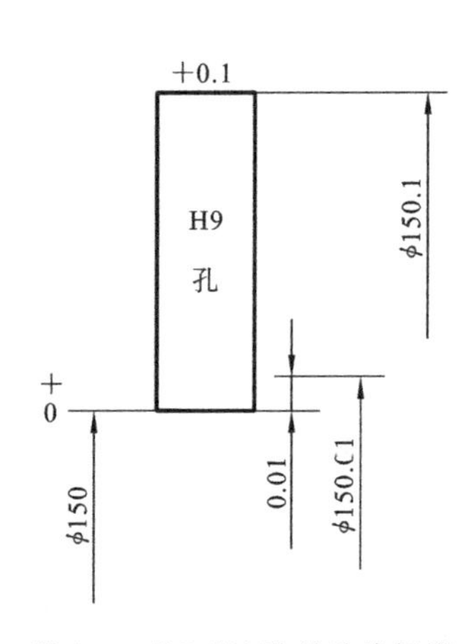

图 5.3 ϕ150H9 孔的验收极限

(2) 选择计量器具。

查附表 25 知 $u_1=0.009$ mm；查附表 26 选用分度值为 0.01 mm 的内径千分尺，其测量不确定度 $u'_1=0.008<u_1$，能满足使用要求。

5.2 光滑极限量规的设计

在大批量生产时，为提高产品质量和检验效率，通常使用光滑极限量规检验光滑工件尺寸。

5.2.1 光滑极限量规功用

光滑极限量规是检验光滑工件尺寸的一种没有刻线的专用测量器具。它不能测得工件实际尺寸的大小，只能确定被测工件的尺寸是否在它的极限尺寸范围内，从而对工件做出合格性判断。

光滑极限量规的公称尺寸就是工件的公称尺寸，通常把检验孔径的光滑极限量规称为塞规，如图 5.4(a)所示；把检验轴径的光滑极限量规称为环规(或卡规)，如图 5.4(b)所示。

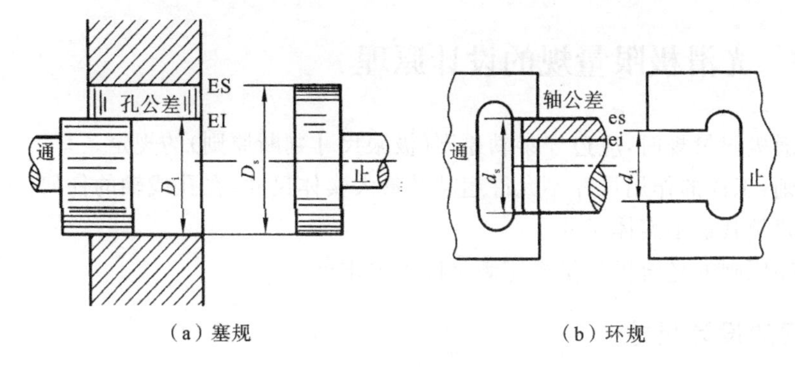

（a）塞规　　（b）环规

图 5.4　光滑极限量规

塞规分为通规和止规。通规以被检测孔的最大实体尺寸（即孔的下极限尺寸）制造；止规以被检测孔的最小实体尺寸（即孔的上极限尺寸）制造。检验工件时，塞规的通规应通过被检验孔，表示被检验孔的体外作用尺寸大于下极限尺寸；止规应不能通过被检验孔，表示被检验孔实际尺寸小于上极限尺寸。当通规通过被检验孔而止规不能通过时，说明被检验孔的实际尺寸在规定的极限尺寸范围内，被检验孔是合格的。

环规分为通规和止规。通规以被检验轴的最大实体尺寸（即轴的上极限尺寸）制造；止规以被检验轴的最小实体尺寸（即轴的下极限尺寸）制造。检验工件时，环规的通规应通过被检验轴，表示被检验轴的体外作用尺寸小于上极限尺寸；止规应不能通过被检验轴，表示被检验轴实际尺寸大于下极限尺寸。当通规通过被检验轴而止规不能通过时，说明被检验轴的实际尺寸在规定的极限尺寸范围内，被检验轴是合格的。

用量规检测工件时，其合格标志是：通规能通过，止规不能通过。因此，通规和止规必须成对使用，才能判断被检测孔或轴是否合格。

5.2.2　量规的种类

量规按其用途不同可分为工作量规、验收量规和校对量规。

1. 工作量规

工作量规是工人在加工工件时用来检验工件的量规。一般工人使用新制的或磨损较少的量规。通规用“T”表示，止规用“Z”表示。

2. 验收量规

验收量规是检验人员或用户代表验收工件时所使用的量规。验收量规一般采用与工人使用相同类型且已磨损较多，但未超过磨损极限的旧工作量规，不另行制造。这样，生产工人自检合格的产品，检验部门验收时也一定合格。

3. 校对量规

校对量规是用来检验工作量规或验收量规的量规。孔用量规用指示式计量器具测量，很方便，不需要校对量规。所以，只有轴用量规才使用校对量规。

5.2.3 光滑极限量规的设计原理

设计光滑极限量规时，应遵守泰勒原则（极限尺寸判断原则）的规定。

泰勒原则：工件的作用尺寸不允许超越其最大实体尺寸；在孔或轴的任何位置上的实际尺寸不允许超越其最小实体尺寸。

符合泰勒原则的光滑极限量规应满足以下要求。

1. 量规的设计尺寸

通规的公称尺寸应等于工件的最大实体尺寸；止规的公称尺寸应等于工件的最小实体尺寸。

2. 量规的形状要求

在图 5.5 中，孔的实际轮廓已超出尺寸公差带，应为不合格品。用全形通规检验时，通规不能通过；而用点状止规检验时，沿 x 轴方向不能通过，但沿 y 轴方向能通过。于是，该孔被正确地判断为废品。反之，如果用两点状通规检验，则可能沿 y 轴方向通过；而用全形止规检验时，则不能通过。这样的话，由于量规的测量面形状不符合泰勒原则，结果导致把该孔误判为合格。

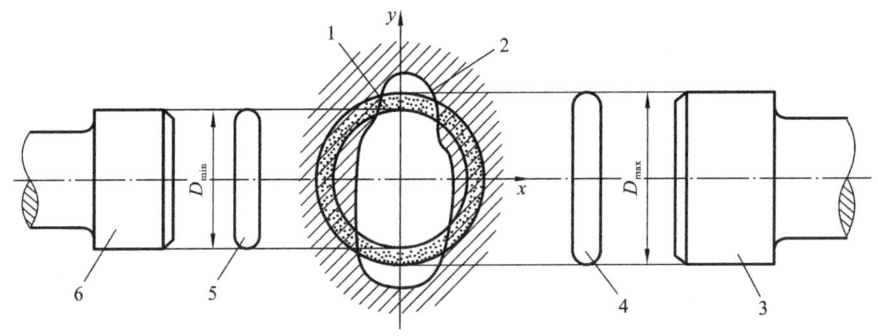

图 5.5 量规形式对检验结果的影响

1—孔公差带；2—工件实际轮廓；3—全形塞规的止规；

4—不全形塞规的止规；5—不全形塞规的通规；6—全形塞规的通规

所以，用符合泰勒原则的量规检验工件时，若全形通规通过而点状止规不能通过，则表示工件合格；否则为不合格。即：

① 通规用来控制工件的体外作用尺寸，它的测量面应具有与孔或轴形状相对应的完整表面（即全形量规），且其测量长度应等于被测工件的配合长度。

② 止规用来控制工件的实际尺寸，它的测量面应为点状的（即点状量规），且测量长度尽可能短些，止规表面与工件是点接触。

实际应用中，由于量规制造和使用方面的原因，要求量规形状完全符合泰勒原则有一定的困难。因此，国家标准规定，在被检验工件的形状误差不影响配合性质的条件下，允许使用偏离泰勒原则的量规。例如，尺寸大于 100 mm 的孔，为避免量规过于笨重，通规很少制成全形轮廓。同样，为提高检验效率，检验大尺寸轴的通规也很少制成全形环规。另外，全形环规不能检验已装夹在顶尖上的被加工零件以及曲轴零件等。当采用不符合泰勒原则的量规检验工件时，应在工件的多方位上做多次检验，并从工艺上采取措施来限制工件的形状误差。

5.2.4　光滑极限量规公差带

量规作为一种精密的检验工具，使用中的通规经常通过工件，会逐渐磨损。为使通规具有一定的使用寿命，留出适当的磨损储备量，即将通规公差带从最大实体尺寸向工件公差带内缩一段距离。而止规不通过工件，不需要留磨损储备量，即将止规公差带放在工件公差带内紧靠最小实体尺寸处。校对量规也不需要留磨损储备量。

1. 工作量规的公差带

国家标准 GB/T 1957—2006 规定量规的公差带不能超越工件的公差带。工作量规的公差带如图 5.6 所示，其中 T_1 是量规制造公差；Z_1 是位置要素（即通规制造公差带中心到工件最大实体尺寸之间的距离）；T_1、Z_1 的大小取决于工件公差的大小，见附表 29。为了不发生误收，工作量规的公差带全部位于工件公差带之内。工作量规"通规"的制造公差带对称于 Z 值且在工件的公差带之内，其磨损极限与工件的最大实体尺寸重合。工作量规"止规"的制造公差带从工件的最小实体尺寸起，向工件的公差带内分布。

2. 校对量规的公差带

校对量规的公差带如图 5.6 所示。

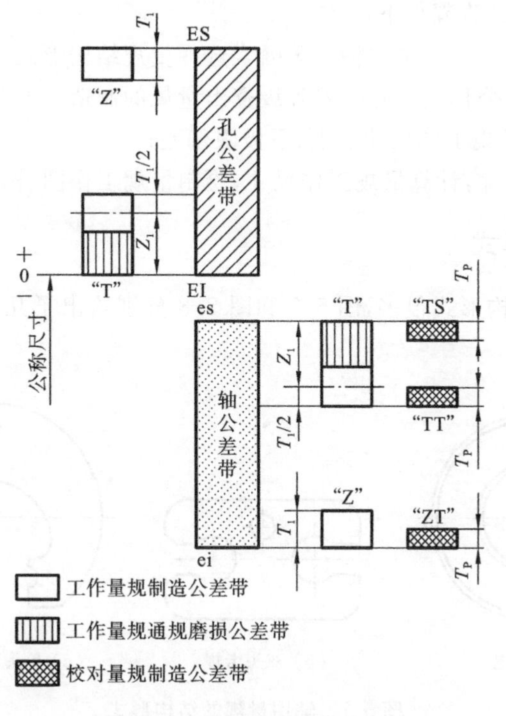

图 5.6　量规的公差带分布

1）校通-通（TT）

TT用在轴用通规制造时，其作用是防止通规尺寸小于其下极限尺寸，所以其公差带是从通规的下偏差起，向轴用通规公差带内分布。检验时，该校对塞规应通过轴用通规，否则判断该轴用通规不合格。

2）校止-通（ZT）

ZT用在轴用止规制造时，其作用是防止止规尺寸小于其下极限尺寸，故其公差带是从止规的下偏差起，向轴用止规公差带内分布。检验时，该校对塞规应通过轴用止规，否则判断该轴用止规不合格。

3）校通-损（TS）

TS用于检验轴用通规在使用时的磨损情况，其作用是防止轴用通规在使用中超过磨损极限尺寸，故其公差带是从轴用通规的磨损极限起，向轴用通规公差带内分布。检验时，该校对塞规应不通过轴用通规，否则判断所校对的轴用通规已达到磨损极限，不应继续使用。

校对量规的尺寸公差是被校对轴用工作量规制造公差的50%，其几何公差应控制在校对量规的尺寸公差范围内。由于校对量规精度高，制造困难，因此在实际生产中通常用量块或计量器代替校对量规。

5.2.5　工作量规的设计

工作量规的设计是根据工件图样的要求，设计出能够把工件尺寸控制在允许的公差范围内的适用量规。其设计步骤如下：

① 根据被检工件的尺寸及结构特点等因素选择量规结构形式；

② 根据被检工件的公称尺寸和公差等级查出量规的制造公差 T_1 和位置要素 Z_1 值，画量规公差带图，并计算量规工作尺寸的上、下极限偏差；

③ 确定量规结构尺寸，计算量规工作尺寸，绘制量规工作图、标注尺寸及技术要求。

1. 量规的结构形式

光滑极限量规的结构形式很多，图5.7和图5.8分别给出了几种常用的轴用和孔用量规的结构形式。

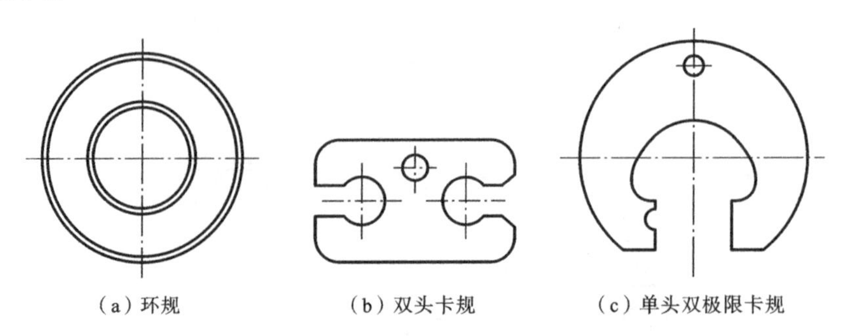
(a) 环规　(b) 双头卡规　(c) 单头双极限卡规

图5.7　轴用量规的结构形式

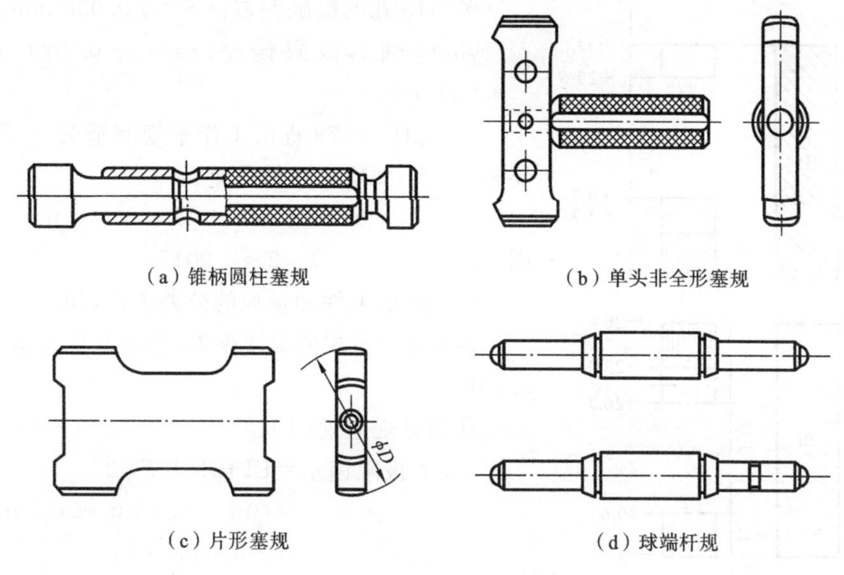

（a）锥柄圆柱塞规　（b）单头非全形塞规

（c）片形塞规　（d）球端杆规

图 5.8　孔用量规的结构形式

2. 量规的技术要求

1）量规材料

量规测量面的材料用渗碳钢、碳素工具钢、合金工具钢和硬质合金等材料制造，也可在测量面上镀铬或氮化处理。

量规测量面的硬度一般为 58～65 HRC，并应经过稳定性处理。

2）几何公差

国家标准规定了检验 IT6～IT16 级工件的量规公差。量规的几何公差一般为量规尺寸公差的 50%。考虑制造和测量的困难，当量规的尺寸公差小于 0.002 mm 时，其几何公差仍取 0.001 mm。

3）表面粗糙度

量规测量面不应有锈迹、毛刺、黑斑、划痕等明显影响外观和使用质量的缺陷。量规测量面的表面粗糙度参数 Ra 值见附表 30。

3. 量规工作尺寸的计算

量规工作尺寸的计算步骤如下：

① 查出被检工件的极限偏差；

② 查出工作量规的制造公差 T_1 和位置要素 Z_1，确定量规的几何公差；

③ 画出工件和量规的公差带图；

④ 计算量规的极限偏差；

⑤ 计算量规的极限尺寸以及磨损极限尺寸。

例 5.3　设计检验 $\phi 30\ \dfrac{H8}{f8}$Ⓔ孔、轴用工作量规。

解　(1) 查附表 1～3，知：

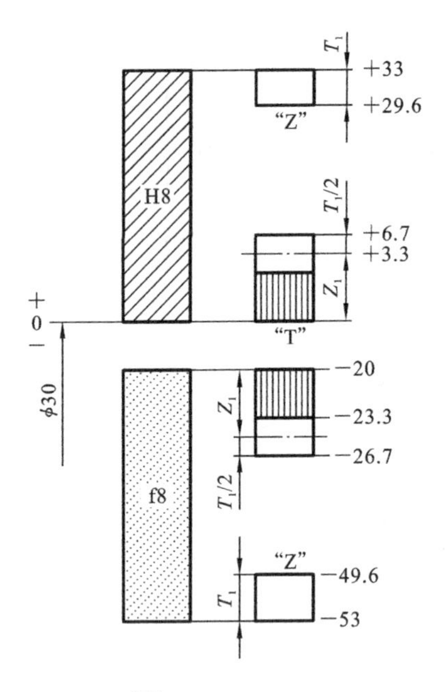

图 5.9　$\phi30\ \frac{H8}{f8}$孔、轴用工作量规公差带图

ϕ30H8 孔的极限偏差：ES＝＋0.033 mm，EI＝0；

ϕ30f8 轴的极限偏差：es＝－0.020 mm，ei＝－0.053 mm。

(2) 由附表 29 查出工作量规制造公差 T_1 和位置要素 Z_1 值，并确定几何公差。

$$T_1=0.0034\ \text{mm},\quad Z_1=0.005\ \text{mm},$$

则

$$T_1/2=0.0017\ \text{mm}$$

(3) 画出工件和量规的公差带图，如图 5.9 所示。

(4) 计算量规的极限偏差，并将其偏差值标注在图 5.9 中。

孔用量规通规(T)：

$$\begin{aligned}上极限偏差&=EI+Z_1+T_1/2\\&=(0+0.005+0.0017)\ \text{mm}\\&=+0.0067\ \text{mm}\end{aligned}$$

$$\begin{aligned}下极限偏差&=EI+Z_1-T_1/2\\&=(0+0.005-0.0017)\ \text{mm}\\&=+0.0033\ \text{mm}\end{aligned}$$

$$磨损极限偏差=EI=0$$

孔用量规止规(Z)：

$$上极限偏差=ES=+0.033\ \text{mm}$$

$$下极限偏差=ES-T_1=(+0.033-0.0034)\ \text{mm}=+0.0296\ \text{mm}$$

轴用量规通规(T)：

$$上极限偏差=es-Z_1+T_1/2=(-0.020-0.005+0.0017)\ \text{mm}=-0.0233\ \text{mm}$$

$$下极限偏差=es-Z_1-T_1/2=(-0.020-0.005-0.0017)\ \text{mm}=-0.0267\ \text{mm}$$

$$磨损极限偏差=es=-0.020\ \text{mm}$$

轴用量规止规(Z)：

$$上极限偏差=ei+T_1=(-0.053+0.0034)\ \text{mm}=-0.0496\ \text{mm}$$

$$下极限偏差=ei=-0.053\ \text{mm}$$

(5) 计算量规的极限尺寸和磨损极限尺寸。

孔用量规通规：上极限尺寸＝(30＋0.0067) mm＝30.0067 mm

下极限尺寸＝(30＋0.0033) mm＝30.0033 mm

磨损极限尺寸＝30 mm

所以，塞规的通规尺寸为 $\phi30^{+0.0067}_{+0.0033}$ mm，按工艺尺寸标注为 $\phi30.0067^{\ 0}_{-0.0034}$ mm。

孔用量规止规：上极限尺寸＝(30＋0.033) mm＝30.033 mm

下极限尺寸＝(30＋0.0296) mm＝30.0296 mm

所以，塞规的止规尺寸为 $\phi30^{+0.0330}_{+0.0296}$ mm，按工艺尺寸标注为 $\phi30.033^{\ 0}_{-0.0034}$ mm。

轴用量规通规：上极限尺寸＝(30－0.0233) mm＝29.9767 mm

下极限尺寸＝(30－0.0267) mm＝29.9733 mm

磨损极限尺寸＝29.98 mm

所以，卡规的通规尺寸为 $\phi30^{-0.0233}_{-0.0267}$ mm，按工艺尺寸标注为 $\phi29.9733^{+0.0034}_{\ 0}$ mm。

轴用量规止规：　上极限尺寸＝(30－0.0496) mm＝29.9504 mm

下极限尺寸＝(30－0.053) mm＝29.947 mm

所以，卡规的止规尺寸为 $\phi 30_{-0.0530}^{-0.0496}$ mm，按工艺尺寸标注为 $\phi 29.947_{0}^{+0.0034}$ mm。

在使用过程中，量规的通规不断磨损，如塞规通规尺寸可以小于 30.0033 mm，但当其尺寸接近磨损极限尺寸 30 mm 时，就不能再用作工作量规，而只能转为验收量规使用；当通规尺寸磨损到 30 mm 时，通规应报废。

(6) 按量规的常用形式绘制量规图样并标注工作尺寸。

把量规的设计结果通过图样表示出来，为量规的加工制造提供技术依据。本题的孔用量规选用锥柄双头塞规，如图 5.10 所示；轴用量规选用单头双极限卡规，如图 5.11 所示。

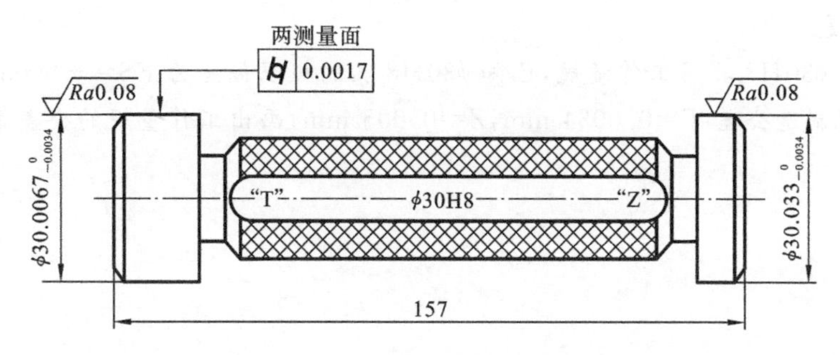

图 5.10　检验 ϕ30H8 孔的工作量规工作图

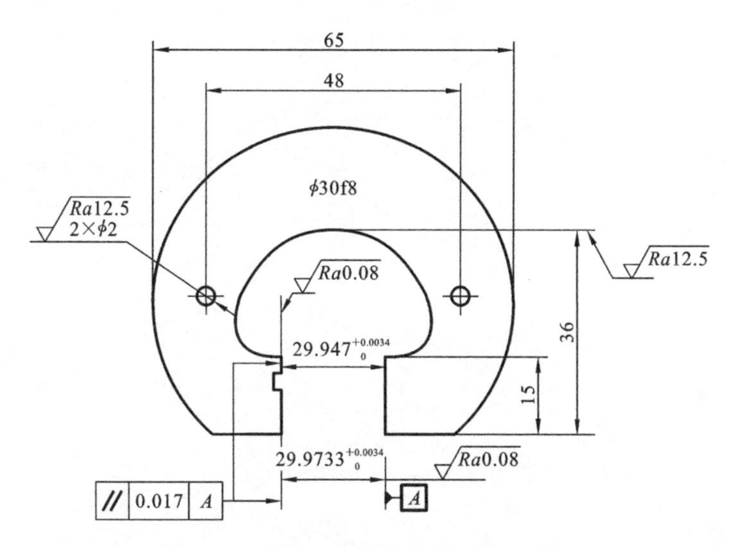

图 5.11　检验 ϕ30f8 轴的工作量规工作图

习　　题

一、填空题

1. 光滑极限量规的通规用来控制工件(　　)尺寸不得超过其(　　)，而止规则用来控制工件(　　)尺寸不得超过其(　　)。

2. 用普通计量器具测量 $\phi 30_{-0.092}^{-0.040}$ mm 轴，若安全裕度为 0.0052 mm，则该轴的上验收极限为(　　)mm，下验收极限为(　　)mm。

二、单项选择题

1. 用光滑极限量规检验遵守包容要求的轴时，检验结果能确定该轴（　　）。

A. 实际尺寸的大小　　B. 形状误差值

C. 实际尺寸的大小和形状误差值　　D. 合格与否

2. 光滑极限量规设计应符合（　　）。

A. 独立原则　　B. 泰勒原则

C. 与理想要素比较原则　　D. 偏差入体原则

三、简答题

检验零件的被测要素时何时使用计量器具检验？何时使用量规检验？

四、计算题

设计检验 ϕ30H8 孔用工作量规，已知 ϕ30H8 孔的极限偏差为 ES=+0.033 mm，EI=0 mm，工作量规制造公差 T=0.0034 mm，Z=0.005 mm，画出工作量规的公差带图。

第 6 章　常用典型件的互换性

6.1　滚动轴承的互换性

6.1.1　概述

滚动轴承是由专业化的滚动轴承制造厂生产的标准部件，在机器中起着支承作用，可减小运动副的摩擦、磨损，提高机械效率。滚动轴承一般由内圈、外圈、滚动体和保持架组成，如图 6.1 所示。

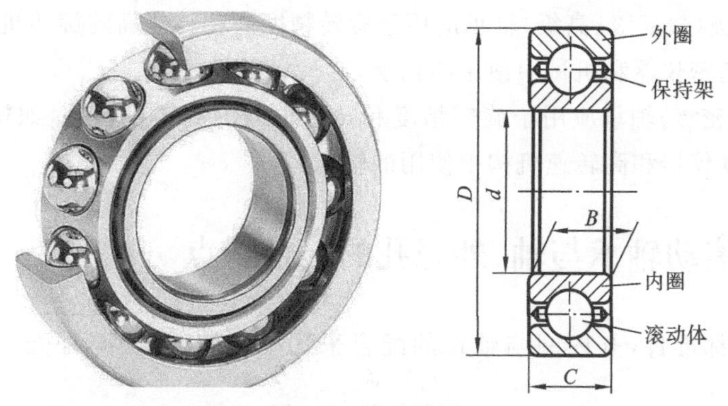

图 6.1　滚动轴承

通常，滚动轴承内圈装在传动轴的轴颈上，随轴一起旋转，以传递扭矩；外圈装在外壳孔中，起支承作用。但有些场合则是轴承外圈与外壳孔一起旋转，内圈与轴固定起支承作用。滚动体是承受载荷并使轴承转动所受的摩擦变成滚动摩擦的元件。保持架是一种隔离元件，将轴承内一组滚动体均匀分隔开，保证正常滚动，承受载荷良好。因此，内圈内径 d 和外圈外径 D 是滚动轴承与结合件配合的公称尺寸。

采用滚动轴承时，除确定滚动轴承的型号外，还需选择滚动轴承的精度等级、滚动轴承与轴和外壳孔的配合、轴和外壳孔的几何公差及表面粗糙度参数。

6.1.2　滚动轴承的精度等级及其应用

1. 滚动轴承的精度等级

国家标准《滚动轴承　通用技术规则》(GB/T 307.3—2017)规定：滚动轴承按其公称尺

寸精度和旋转精度分为普通级、6(或6X)、5、4和2五个精度等级,其中普通级精度最低,2级精度最高。6X级轴承与6级轴承的内径公差、外径公差和径向跳动公差均分别相同,仅前者装配宽度要求较为严格。

向心轴承(圆锥滚子轴承除外)分为2、4、5、6、普通级五级;

圆锥滚子轴承分为2、4、5、6X、普通级五级;

推力轴承分为4、5、6、普通级四级。

滚动轴承的公称尺寸精度是指轴承内径(d)、轴承外径(D)、轴承内圈宽度(B)、轴承外圈宽度(C)和圆锥滚柱轴承装配高(T)等尺寸的制造精度。

滚动轴承的旋转精度是:成套轴承内、外圈的径向跳动;成套轴承内、外圈端面对滚道的轴向圆跳动;内圈基准端面对内孔轴线的轴向圆跳动;外径表面母线对基准端面倾斜度的变动量等。

2. 滚动轴承各级精度的应用

(1) 普通级轴承应用在中等负荷、中等转速和旋转精度要求不高的一般机构中,如普通机床、汽车、拖拉机的变速机构和普通电动机、水泵、压缩机中旋转机构的轴承。

(2) 6(或6X)级(中等精度级)轴承应用于旋转精度和转速较高的旋转机构中,如普通机床的主轴轴承、精密机床传动轴中使用的轴承。

(3) 5级、4级(较高级、高级)轴承应用于旋转精度高和转速高的旋转机构中,如精密机床的主轴轴承、精密仪器和机械中使用的轴承。

(4) 2级(精密级)轴承应用于旋转精度和转速很高的旋转机构中,如精密坐标镗床的主轴轴承、高精度仪器和高转速机构中使用的轴承。

6.1.3 滚动轴承与轴、外壳孔的配合特点

滚动轴承是标准件,其内圈与轴颈的配合采用基孔制;外圈与外壳孔的配合采用基轴制。

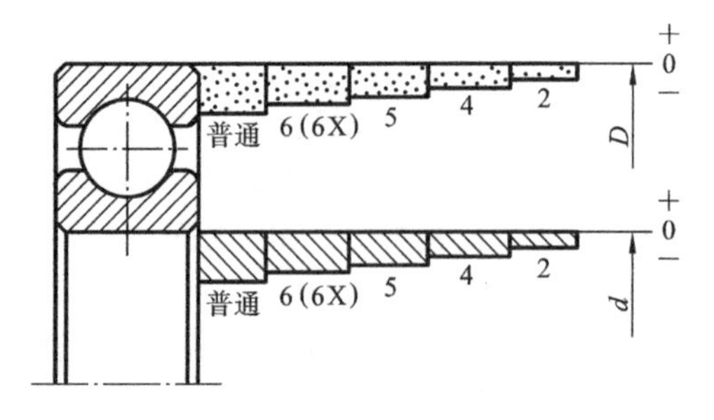

图6.2 滚动轴承内、外径公差带

GB/T 307.1—2017规定:滚动轴承内圈基准孔公差带位于以公称内径d为零线的下方,且上偏差为零(见图6.2)。这种特殊的基准孔公差带不同于GB/T1800.2中基准孔H的公差带,因为在多数情况下,轴承内圈随传动轴一起转动,且不允许轴、孔之间有相对运动,所以两者的配合应具有一定过盈量。但由于轴承内圈是薄壁零件,又需经常维修拆换,所以其过盈量不宜过大。而一般基准孔,其公差带布置在零线上侧,若选用过盈配合,则其过盈量太大;如果改用过渡配合,又可能出现间隙,使内圈与轴在工作时发生相对滑动,导致结合面磨损。因此,在采用相同轴公差带的前提下,其构成的配合比一般基孔制的相应配合要紧些。当其与k6、m6、n6等轴构成配合时,将获得比一般基孔制过渡配合规定的过盈量稍大的过盈配合;当与g6、h6等轴构成配合

时，不是间隙配合，而是过渡配合，如图 6.3 所示。

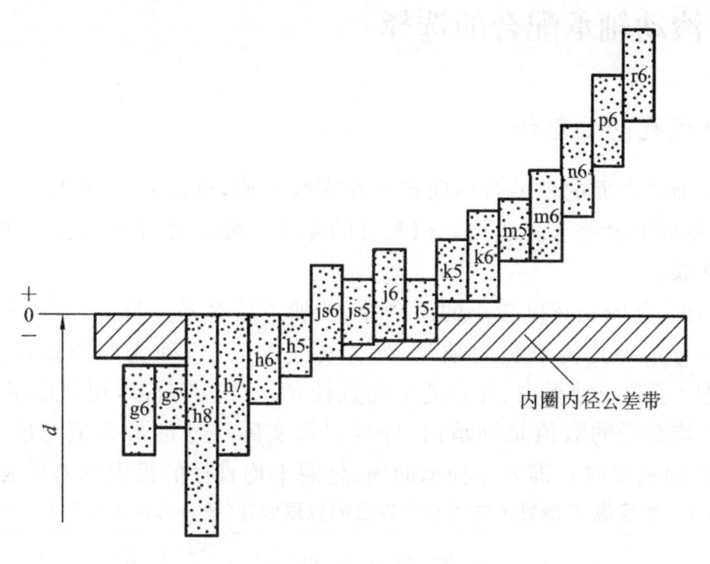

图 6.3　与滚动轴承配合的轴颈的常用公差带

GB/T 307.1—2017 规定，滚动轴承外圈基准轴公差带位于以公称外径 D 为零线的下方，且上偏差为零(见图 6.2)。在轴承外圈与外壳孔的基轴制配合中，外壳孔的各种公差带与一般圆柱结合基轴制配合中的孔公差带相同，但其公差带的大小不同，所以其公差带也是特殊的，其配合基本上保持 GB/T 1801 中同名配合的配合性质，如图 6.4 所示。这是因为外圈安装在外壳孔中，通常不旋转，考虑到工作时温度升高会使轴热胀，因此需使外圈与外壳孔的配合稍松一点，使一端轴承可以轴向游动，不至于使轴热胀变弯而被卡住影响正常运转。

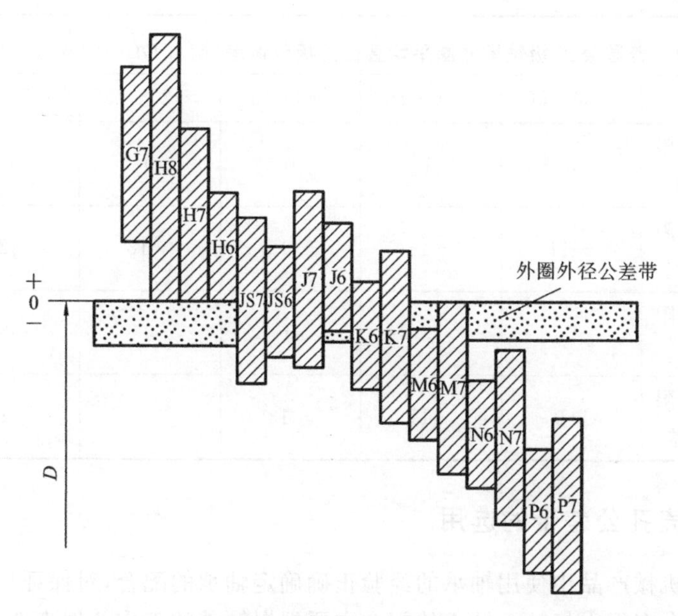

图 6.4　与滚动轴承配合的外壳孔的常用公差带

6.1.4 滚动轴承配合的选择

1. 轴和外壳孔的公差带

滚动轴承基准结合面的公差带单向布置在零线下侧，既满足旋转机构不同配合性质的需要，又可以按照标准公差来制造与之相配合的零件。轴和外壳孔的公差带是从极限与配合系列标准中选取。

滚动轴承的内、外圈是宽度较小的薄壁件，被加工后容易变形（如变成椭圆形）。但是，当滚动轴承与具有正确几何形状的轴颈、外壳孔装配后，这种变形容易得到矫正。GB/T 307.1—2017 规定了向心轴承内、外径的平均直径 d_{mp}、D_{mp} 的公差，用以确定内、外圈结合直径的公差带。平均直径的数值是轴承内、外径局部实际尺寸的最大值与最小值的平均值。普通级、6 级向心轴承和向心推力球轴承的内、外圈平均直径的极限偏差见表 6.1 和表 6.2。

表 6.1 普通级、6 级轴承内圈平均直径的极限偏差（摘自 GB/T 307.1—2017）单位：μm

d/mm			>10～18	>18～30	>30～50	>50～80	>80～120	>120～180
Δd_{mp}	普通级	上极限偏差	0	0	0	0	0	0
		下极限偏差	−8	−10	−12	−15	−20	−25
	6 级	上极限偏差	0	0	0	0	0	0
		下极限偏差	−7	−8	−10	−12	−15	−18

表 6.2 普通级、6 级轴承外圈平均直径的极限偏差（摘自 GB/T 307.1—2017）单位：μm

D/mm			>30～50	>50～80	>80～120	>120～150	>150～180	>180～250
ΔD_{mp}	普通级	上极限偏差	0	0	0	0	0	0
		下极限偏差	−11	−13	−15	−18	−25	−30
	6 级	上极限偏差	0	0	0	0	0	0
		下极限偏差	−9	−11	−13	−15	−18	−20

2. 轴和外壳孔公差带的选用

根据在各种机械产品中使用轴承的经验正确确定轴承的配合，对保证机器正常运转、提高轴承的使用寿命有很大好处。轴承的配合主要根据轴承的工作条件来选择。

1）轴承套圈与载荷方向的关系

作用在轴承上的合成径向载荷是由定向载荷和旋转载荷合成的。它的作用方向与轴承套圈(内圈或外圈)存在着以下三种关系。

(1) 套圈相对于载荷方向静止。

作用在轴承上的合成径向载荷与套圈相对静止,即载荷方向始终不变地作用在套圈滚道的局部区域上,该套圈所承受的这种载荷,称为局部载荷,如图 6.5(a)中固定的外圈和图 6.5(b)中固定的内圈所承受的载荷。

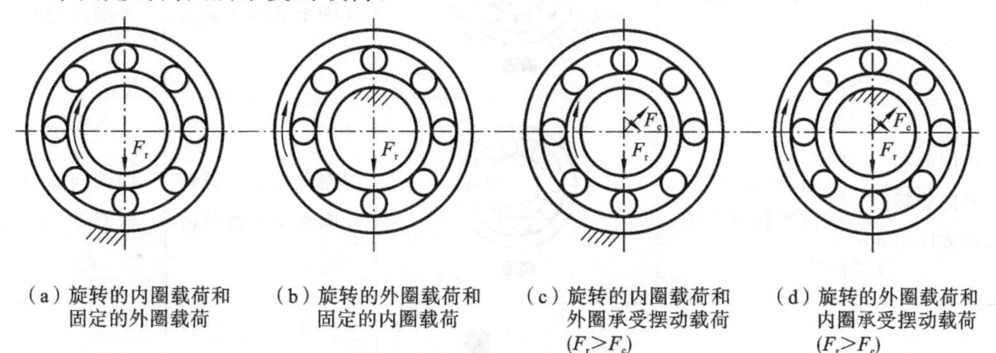

(a) 旋转的内圈载荷和固定的外圈载荷　(b) 旋转的外圈载荷和固定的内圈载荷　(c) 旋转的内圈载荷和外圈承受摆动载荷($F_r>F_c$)　(d) 旋转的外圈载荷和内圈承受摆动载荷($F_r>F_c$)

图 6.5　轴承套圈与载荷方向的关系

(2) 套圈相对于载荷方向旋转。

作用在轴承上的合成径向载荷与套圈相对旋转,即合成载荷方向依次作用在套圈滚道的整个圆周上,该套圈所承受的这种载荷,称为循环载荷,如图 6.5(a)中旋转的内圈和图 6.5(b)中旋转的外圈所承受的载荷。

(3) 套圈相对于载荷方向摆动。

作用在轴承上的合成径向载荷与所承受的套圈在一定区域内相对摆动,即合成径向载荷向量按一定规律变化,往复作用在套圈滚道的局部圆周上,该套圈所承受的这种载荷,称为摆动载荷。图 6.5(c)和图 6.5(d)中,轴承套圈受到一个大小和方向均固定的径向载荷 F_r 和一个旋转的径向载荷 F_c,两者合成的载荷大小将由小到大,再由大到小,周期性地变化。

由图 6.6 知,当 $F_r>F_c$ 时,F_r 和 F_c 的合成载荷在弧 AB 区域内摆动。那么,不旋转的套圈相对于合成载荷方向 F 摆动,而旋转的套圈相对于合成载荷方向 F 旋转。当 $F_r<F_c$ 时,F_r 和 F_c 的合成载荷则沿整个圆周变动,不旋转的套圈就相对于合成载荷的方向 F 旋转,而旋转的套圈则相对于合成载荷 F 的方向静止,此时承受局部载荷。

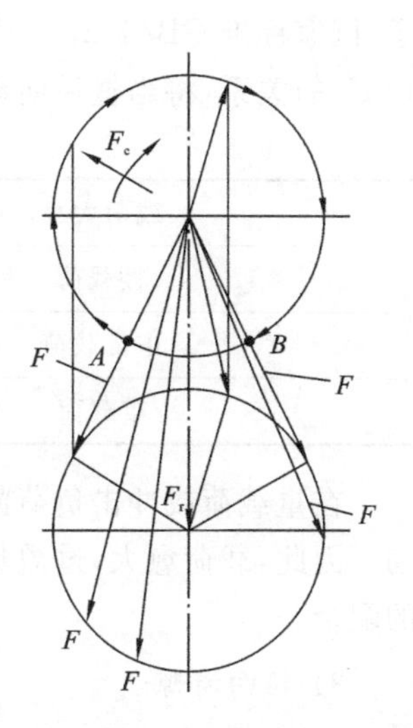

图 6.6　摆动载荷

由以上分析可知,轴承套圈相对于载荷的旋转状态不同,该套圈与轴颈或外壳孔配合的松紧程度不同,可参考表 6.3。为保证套圈滚道的磨损均匀,当套圈承受静止载荷时,该套圈与轴颈或外壳孔的配合应稍松些,以便在摩擦力矩的带动下,能够非常缓慢地相对滑动,从而避免套圈滚道局部磨损;当套圈承受循环载荷时,套圈与轴颈或外壳孔的配合应稍紧一些,避免它们之间产生相对滑动,从而实现套圈滚道均匀磨损;当套圈承受摆动载荷时,其配合要求与承受循环载荷时相同或略松一些,以提高轴承的使用寿命。

表 6.3　套圈运转及承载情况

套圈运转情况	典型示例	示意图	套圈承载情况	推荐的配合
内圈旋转 外圈静止 载荷方向恒定	皮带驱动轴		内圈承受旋转载荷 外圈承受静止载荷	内圈过盈配合 外圈间隙配合
内圈静止 外圈旋转 载荷方向恒定	传送带托辊 汽车轮毂轴承		内圈承受静止载荷 外圈承受旋转载荷	内圈间隙配合 外圈过盈配合
内圈旋转 外圈静止 载荷随内圈旋转	离心机、振动筛、振动机械		内圈承受静止载荷 外圈承受旋转载荷	内圈间隙配合 外圈过盈配合
内圈静止 外圈旋转 载荷随外圈旋转	回转式破碎机		内圈承受旋转载荷 外圈承受静止载荷	内圈过盈配合 外圈间隙配合

2）载荷大小

滚动轴承套圈与轴颈或外壳孔的配合，与轴承套圈承受载荷的大小有关。对于向心轴承，国家标准 GB/T 275—2015 根据当量径向动载荷 P_r 与轴承产品样本中规定的额定动载荷 C_r 的关系，将当量径向动载荷 P_r 分为轻载荷、正常载荷和重载荷三种类型，见表 6.4。

表 6.4　向心轴承载荷大小

载荷大小	P_r/C_r
轻载荷	≤0.06
正常载荷	>0.06～0.12
重载荷	>0.12

在重载荷或冲击负荷的作用下，轴承套圈易产生变形，使配合面受力不均，引起配合松动。因此，载荷愈大，过盈量应选得愈大，且承受变化的载荷应比承受平稳的载荷选用较紧的配合。

3）径向游隙

《滚动轴承　游隙　第 1 部分：向心轴承的径向游隙》(GB/T 4604.1—2012)规定，向心轴承的径向游隙分为五组，即：2 组、N 组、3 组、4 组、5 组。游隙大小依次由小到大，其中 N 组为标准游隙，应优先选用。

游隙过小，若轴承与轴颈、外壳孔的配合为过盈配合，则使轴承中滚动体与套圈产生较大的接触应力，并增加轴承工作时的摩擦发热，导致降低轴承寿命。游隙过大，则使转轴产生较大的径向跳动和轴向跳动，致使轴承工作时产生较大的振动和噪声。因此，游隙的大小应适度。

具有 N 组游隙的轴承，在常温状态的一般条件下工作时，与轴颈、外壳孔配合的过盈应适中。对于游隙比 N 组游隙大的轴承，配合的过盈应增大。对于游隙比 N 组游隙小的轴承，配合的过盈应减小。

4）其他因素

（1）温度的影响。

轴承工作时因摩擦发热或其他热源的影响，套圈的温度会高于配件的温度，内圈的热膨胀使之与轴颈的配合变松，而外圈的热膨胀则使之与轴承座的配合变紧。因此，当轴承工作温度高于 100 ℃时，应对所选的配合进行适当的修正，以保证轴承的正常运转。

（2）轴颈与外壳孔的结构和材料的影响。

剖分式外壳、整体式外壳与轴承外圈配合的松紧程度应有所不同，前者的配合应稍松，轴承的外圈不宜采用过盈配合，避免箱盖和箱座装配时夹扁轴承外圈；薄壁外壳或空心轴与轴承套圈的配合应比厚壁轴承座或实心轴与轴承套圈的配合紧一些，以保证有足够的连接强度。

（3）轴承组件的轴向游动。

在运转过程中，轴颈受热容易伸长，因此轴承组件的一端应有一定的轴向移动空隙，即该端轴承套圈与相配件的配合应较松，选择间隙或过渡配合以保证轴向游动。

（4）旋转精度及旋转速度的影响。

当轴承的旋转精度要求较高时，一般不采用间隙配合，而选用较高精度等级的轴承以及较高等级的轴、孔公差；对载荷较大且旋转精度要求较高的轴承，为消除弹性变形和振动的影响，旋转套圈避免采用间隙配合，但也不宜过紧；对载荷较小且用于精密机床的高精度轴承，为避免相配件形状误差对旋转精度的影响，无论旋转套圈还是非旋转套圈，与轴或孔的配合要有较小的间隙。当轴承的旋转速度过高，且又在冲击动载荷下工作时，轴承与轴颈及外壳孔的配合最好都选用过盈配合。在其他条件相同的情况下，轴承转速越高，配合应越紧。

（5）轴承的安装与拆卸的影响。

为方便轴承的安装与拆卸，宜采用间隙配合，特别是对重型机械采用的大型轴承。当需要采用过盈配合时，可采用分离型轴承或内锥带锥孔的紧定套或退卸套的轴承。

综上所述，选择滚动轴承与轴颈和外壳孔配合，需考虑的因素较多，在实际设计中常用类比法选择轴承的配合，参考附表 31～34。普通级公差轴承与轴和孔配合的常用公差带分别如图 6.7 和图 6.8 所示。

为保证轴承的工作质量及使用寿命，除选定轴和外壳孔的公差带之外，还应规定相应的几何公差及表面粗糙度值，国家标准推荐的几何公差及表面粗糙度值见附表 35 和附表 36。

为保证轴承与轴颈、外壳孔的配合性质，轴颈和外壳孔应分别采用包容要求和最大实体要求的零几何公差。对于轴颈，在采用包容要求的同时，为保证同一根轴上两个轴颈的同轴度精度，还应规定这两个轴颈的轴线分别对它们公共轴线的同轴度公差。对于外壳孔上支承同一根轴的两个孔，按关联要素采用最大实体要求的零几何公差，并规定这两个孔的轴线

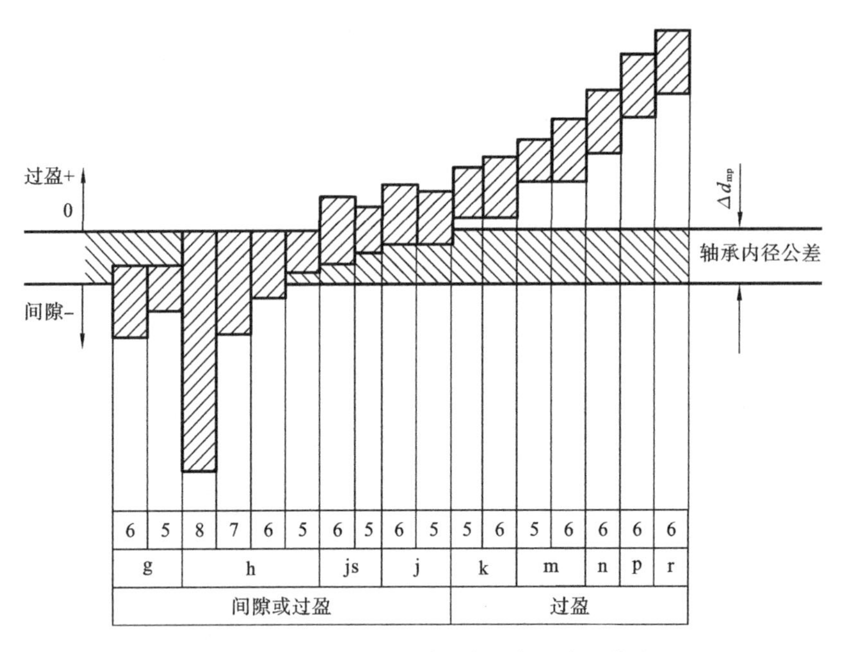

图 6.7　普通级公差轴承与轴配合的常用公差带关系图

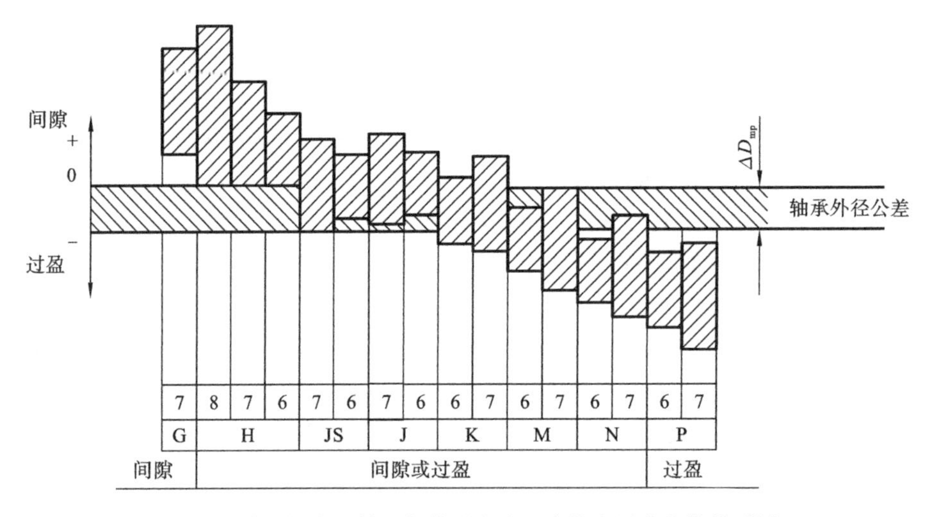

图 6.8　普通级公差轴承与轴承座孔配合的常用公差带关系图

分别对它们的公共轴线的同轴度公差，来保证指定的配合性质和同轴度精度。

如果轴颈或外壳孔存在较大的形状误差，轴承与它们安装后，套圈会产生变形，所以需要对轴颈和外壳孔规定严格的圆柱度公差。轴肩和外壳孔肩的端面是安装轴承的轴向定位面，若存在较大的垂直度误差，轴承安装后会产生歪斜，所以需要规定轴肩和外壳孔肩端面对基准轴线的端面圆跳动公差。

例 6.1　有一圆柱齿轮减速器，小齿轮轴要求较高的旋转精度，装有 6308 轴承，其基本额定动载荷为 32000 N，承受的径向载荷为 3000 N。试确定轴颈和外壳孔的公差带代号、几何公差和表面粗糙度。

解　(1) 计算 $P_r/C_r=3000/32000=0.094$，根据表 6.4 可知，载荷类型属于正常载荷。

(2) 根据减速器工作状况可知，轴承内圈承受循环负荷，外圈承受局部载荷，因此内圈与轴颈的配合应较紧,外圈与外壳孔的配合应较松。查附表 31 选取轴颈公差带为 k5(轴承内径为 40 mm),查附表 32 选取轴承座孔公差带为 J7,因为旋转精度要求较高,可提高一个公差等级,所以轴承座孔公差带取 J6。

(3) 查附表 35,选取轴颈的圆柱度公差为 0.004 mm,轴向圆跳动度为 0.012 mm;外壳孔的圆柱度公差为 0.007 mm,轴向圆跳动度为 0.020 mm。

(4) 查附表 36,其中轴颈的表面粗糙度 Ra 上限值为 0.4 μm,轴肩为 6.3 μm;外壳孔为 0.8 μm,外壳孔肩为 6.3 μm。

其标注示例如图 6.9 所示。

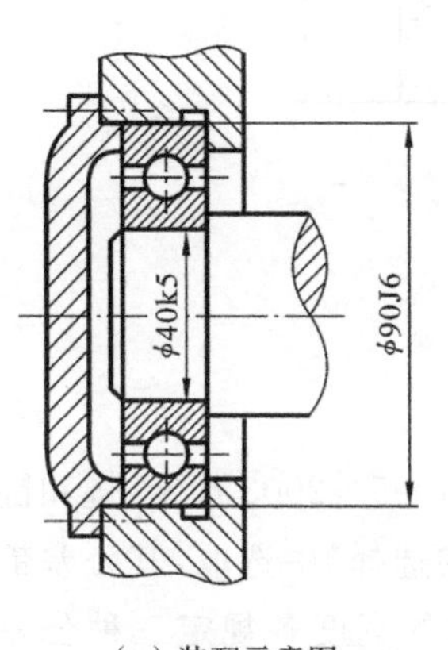

(a) 装配示意图

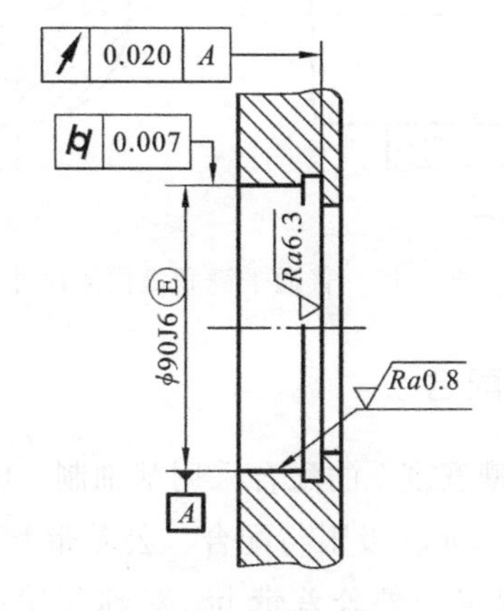

(b) 轴承座零件示意图

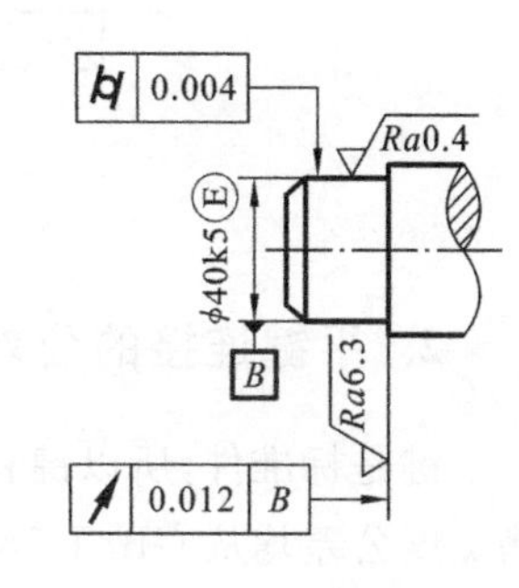

(c) 轴零件示意图

图 6.9　与轴承配合的标注示意图

6.2　键与花键连接的互换性

键和花键是机械产品中常见的一种标准零件,主要用于轴和轴上传动件(如齿轮、带轮、联轴器等)之间实现周向固定以传递转矩的可拆连接。当轴与传动件间有周向相对运动时,键连接和花键连接还起导向作用,如变速箱中变速齿轮花键孔与花键轴的连接。

键通常指单键,可分为平键、半圆键、切向键和楔形键等几种类型,其中平键又分为普通平键和导向平键两种。平键连接制造简单,装拆方便,因此应用广泛。

花键中的矩形花键连接在机床和一般机械中应用较广。相对于矩形花键连接,渐开线花键连接的强度较高,承载能力较强,且具有精度高、键面接触良好、能自动定心、加工方便等优点,在汽车、拖拉机制造业中已被广泛采用。

6.2.1　键连接的互换性

1. 普通平键和键槽的尺寸

普通平键连接由键、轴键槽和轮毂键槽(孔键槽)三部分组成(见图 6.10),通过键的侧面和轴键槽及轮毂槽的侧面接触来传递转矩,而键的顶部表面与轮毂键槽的底部表面之间留有一定的间隙。在普通平键连接中，键和键槽、轮毂键槽的宽度 b 是配合尺寸，应规定较严格的公差；而键的高度 h 和长度以及轴键槽的深度 t_1 和长度、轮毂槽的深度 t_2 是非配合尺寸，应给予较松的公差。

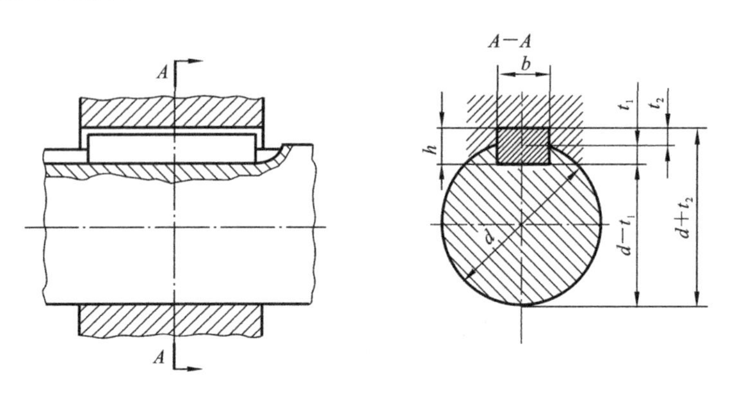

图 6.10　普通平键和键槽的尺寸

2. 平键连接的公差与配合

键是标准件，所以键和键槽宽度 b 的配合采用基轴制。GB/T 1095—2003 规定：键和键槽宽度公差均从 GB/T 1801—2009《极限与配合　公差带和配合的选择》中选取，其公差带如图 6.11 所示，对键的宽度规定一种公差带 h8，对轴和轮毂键槽的宽度各规定三种公差带，以满足不同用途的需要。GB/T 1095—2003《平键　键槽的剖面尺寸》对键和键宽规定了三种基本连接，配合性质及其应用见表 6.5。键宽 b、键高 h（公差带按 h11）、平键长度 L（公差带按 h14）和轴键槽长度 L（公差带按 H14）的公差值按其基本尺寸从 GB/T 1800.3 中查取，键槽宽 b 及其他非配合尺寸公差规定见附表 37。

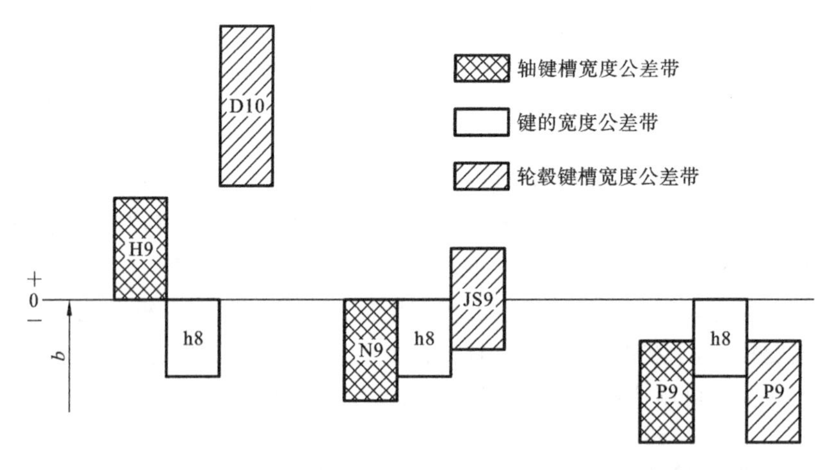

图 6.11　普通平键宽度和键槽宽度 b 的公差带示意图

为限制几何误差的影响，使键与键槽装配容易和工作面受力均匀等，国家标准对轴槽和轮毂槽对轴线的对称度公差作了规定。根据键槽宽 b，一般按附表 14 中对称度 7～9 级选取。其表面粗糙度值：键槽侧面取 Ra 为 1.6～3.2 μm；其他非配合面取 Ra 为 6.3 μm。普通平键键槽尺寸标注示例如图 6.12 所示。

表 6.5　普通平键连接的配合及其应用

配合种类	宽度 b 的公差带			应　　用
	键	轴键槽	轮毂键槽	
松连接	h8	H9	D10	用于导向平键、轮毂在轴上移动
正常连接		N9	JS9	键在轴键槽中和轮毂槽中均固定，用于载荷不大的场合
紧密连接		P9	P9	键在轴键槽中和轮毂键槽中均牢固地固定，用于载荷较大、有冲击和双向转矩的场合

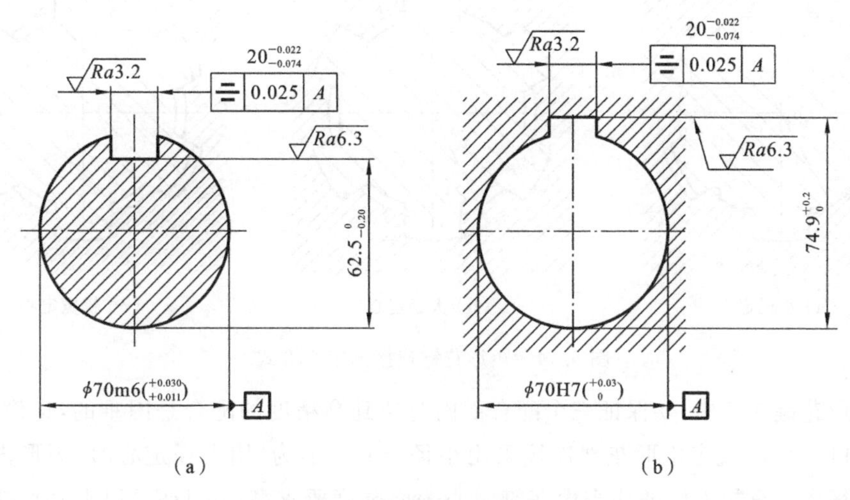

图 6.12　普通平键槽尺寸标准示例

6.2.2　花键连接件的互换性

1. 概述

与键连接相比，花键连接具有定心精度高、导向性好、承载能力强的优点，因而在机械中获得广泛应用。

花键连接分为固定连接和滑动连接两种。花键连接的使用要求：保证连接强度及传递转矩可靠；定心精度高；滑动连接要求导向精度及移动灵活性；固定连接要求可装配性。按齿形的不同，花键分为矩形花键、渐开线花键和三角花键，其中矩形花键应用最广泛。

2. 矩形花键的主要尺寸

GB/T 1184—1996 规定矩形花键的主要尺寸有小径 d、大径 D、键宽和键槽宽 B，如图 6.13 所示。键数 N 规定为偶数，有 6、8、10 三种，以便于加工和检测。按承载能力，矩形花键的公称尺寸分为轻系列和中系列两种规格，同一小径的轻系列和中系列的键数相同，键宽（键槽宽）也相同，仅大径不相同，见附表 38。

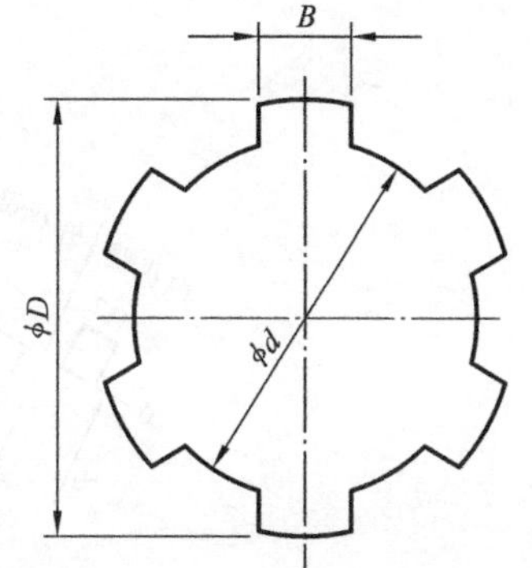

图 6.13　矩形花键的主要尺寸

3. 矩形花键的定心方式

矩形花键连接由内花键和外花键构成，靠内、外花键的大径 D、小径 d 和键槽宽、键宽 B 同时参与配合，来保证内、外花键的同轴度（定心精度）、连接强度和传递扭矩的可靠性；对要求轴向滑动的连接，还应保证导向精度。因此，矩形花键分为三种定心方式：小径 d 定心、大径 D 定心、键宽 B 定心，如图 6.14 所示。

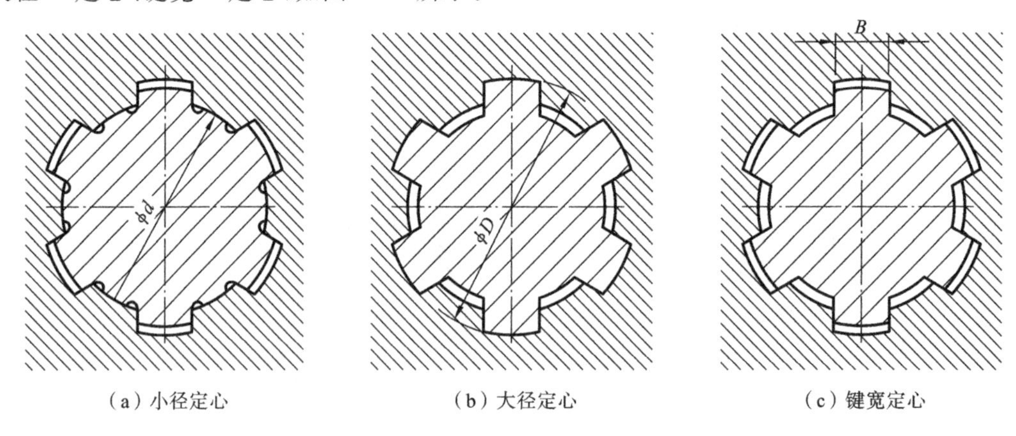

（a）小径定心　（b）大径定心　（c）键宽定心

图 6.14　矩形花键连接的定心方式

在矩形花键连接中，要保证三个配合面同时达到高精度的配合是困难的，也没有必要。GB/T 1144—2001 规定矩形花键连接采用小径定心。因为，用大径定心时，矩形内花键定心表面的精度依靠拉刀保证。当内花键定心表面硬度要求高（40 HRC 以上）时，热处理后的变形难以用拉刀修正；当内花键定心表面粗糙度要求高（Ra<0.63 μm）时，用拉削工艺难以保证；在单件、小批生产及大规格花键中，内花键也难以用拉削工艺，所以该种加工方式不经济。当采用小径定心时，热处理后的变形可用内圆磨修复，且内圆磨可达到更高的尺寸精度和更高的表面粗糙度要求；外花键小径精度可用成形磨削保证。

4. 矩形花键连接的公差与配合

GB/T 1144—2001 规定的小径 d、大径 D 及键（槽）宽 B 的尺寸公差带如图 6.15 和表 6.6 所示。

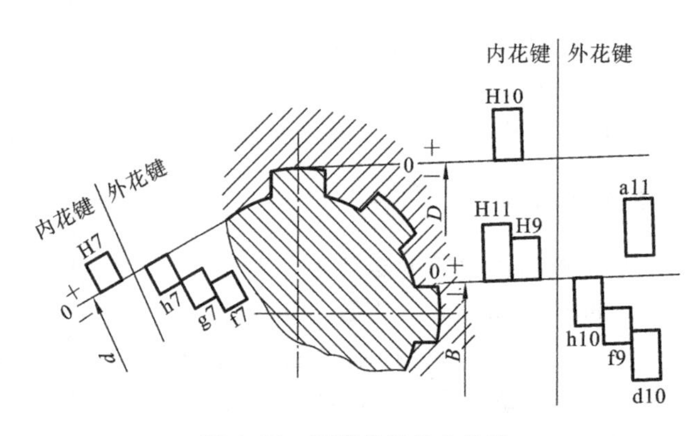

图 6.15　矩形花键的公差带

表 6.6　矩形花键的尺寸公差带与装配型式(摘自 GB/T 1144—2001)

内花键				外花键			装配型式
d	D	B		d	D	B	
		不热处理	热处理				
一般用							
H7	H10	H9	H11	f7	a11	d11	滑动
				g7		f9	紧滑动
				h7		h10	固定
精密传动用							
H5	H10	H7、H9		f5	a11	d8	滑动
				g5		f7	紧滑动
				h5		h8	固定
H6				f6		d8	滑动
				g6		f7	紧滑动
				h6		h8	固定

花键连接采用基孔制，目的是减少拉刀的数目。GB/T 1144—2001 规定，按装配型式分为滑动、紧滑动和固定三种配合。其区别在于，前两种在工作过程中花键套可在轴上移动。对花键孔规定了拉削后热处理和不热处理两种。

对于精密传动用的内花键，当需要控制键侧配合间隙时，槽宽公差带选用 H7，一般情况下选用 H9。当内花键小径公差带为 H6 和 H7 时，允许与高一级的外花键配合。为保证装配性能要求，花键小径极限尺寸应遵守包容要求。各尺寸(d、D 和 B)的极限偏差，可按其公差带代号及公称尺寸由极限与配合相应国家标准查出。

内、外花键的几何公差要求，主要是位置度公差和对称度公差要求(见表 6.7)，位置度公差与键宽(槽宽)公差及小径定心表面尺寸公差关系应遵守最大实体要求，用花键量规进行检验。单件小批量生产时，采用单项测量，对称度、等分度公差与键宽(槽宽)公差及小径定心表面尺寸公差关系可采用独立原则。对较长的花键，可根据产品性能自行规定键侧对轴线的平行度公差。

表 6.7　矩形花键的位置度公差 t_1 和对称度公差 t_2

键槽宽或键宽 B/mm		3	3.5～6	7～10	12～18
		$t_1/\mu m$			
键槽宽		10	15	20	25
键宽	滑动、固定	10	15	20	25
	紧滑动	6	10	13	15

键槽宽或键宽 B/mm	3	3.5～6	7～10	12～18
	$t_2/\mu m$			
一般用	10	12	15	18
精密传动用	6	8	9	11

矩形花键表面粗糙度轮廓幅度参数 Ra 的上限值推荐如下。

内花键：小径表面不大于 0.8 μm，键槽侧面不大于 3.2 μm，大径表面不大于 6.3 μm。

外花键：小径表面不大于 0.8 μm，键侧面不大于 0.8 μm，大径表面不大于 3.2 μm。

5. 矩形花键的图样标注

矩形花键连接在图样上的标注规格为:键数 N×小径 d(公差带代号)×大径 D(公差带代号)×键宽 B(公差带代号)。示例如下。

在装配图上标注花键的配合代号:$6\times28\dfrac{\mathrm{H7}}{\mathrm{f7}}\times34\dfrac{\mathrm{H10}}{\mathrm{a11}}\times7\dfrac{\mathrm{H11}}{\mathrm{d10}}$;

在零件图上标注内花键的尺寸公差代号:6×28H7×34H10×7H11;

在零件图上标注外花键的尺寸公差代号:6×28f7×34a11×7d10。

在零件图上,对内、外花键除了标注尺寸公差带代号以外,还应标注几何公差、公差原则要求和粗糙度,标注示例如图 6.16 和图 6.17 所示。

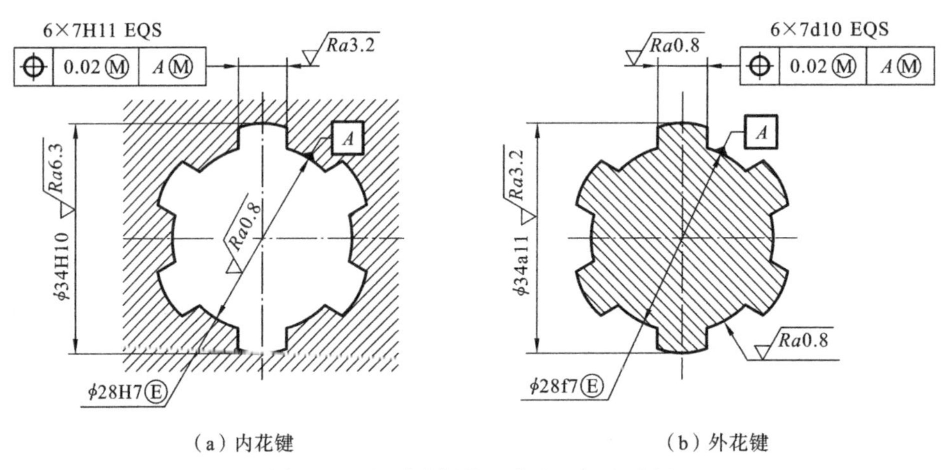

(a) 内花键　　(b) 外花键

图 6.16　矩形花键位置度公差标注示例

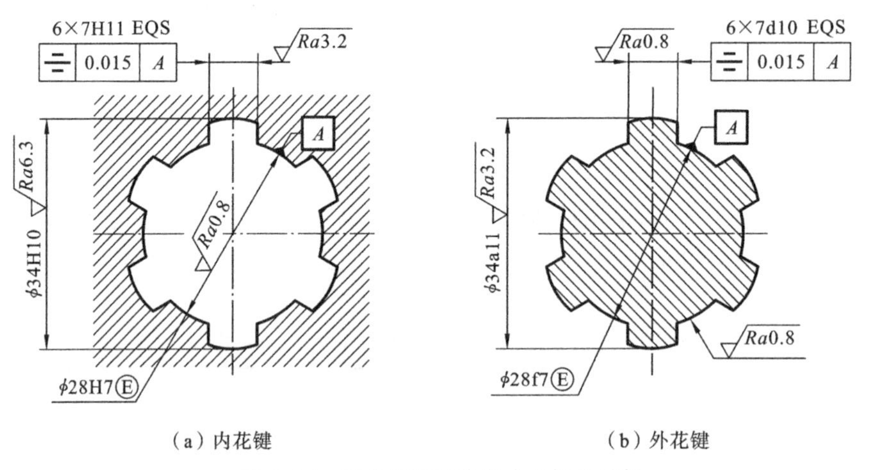

(a) 内花键　　(b) 外花键

图 6.17　矩形花键对称度公差标注示例

6.2.3　平键键槽和花键的检测

1. 平键键槽的检测

在单件小批生产中,一般采用通用量具(游标卡尺、千分尺等)测量轴槽、轮毂槽的宽度与深度；采用分度头、V 形块、百分表测量对称度。

在大批大量生产中，键槽的尺寸及对称度采用专用量规进行检验，量规的结构如图6.18所示。

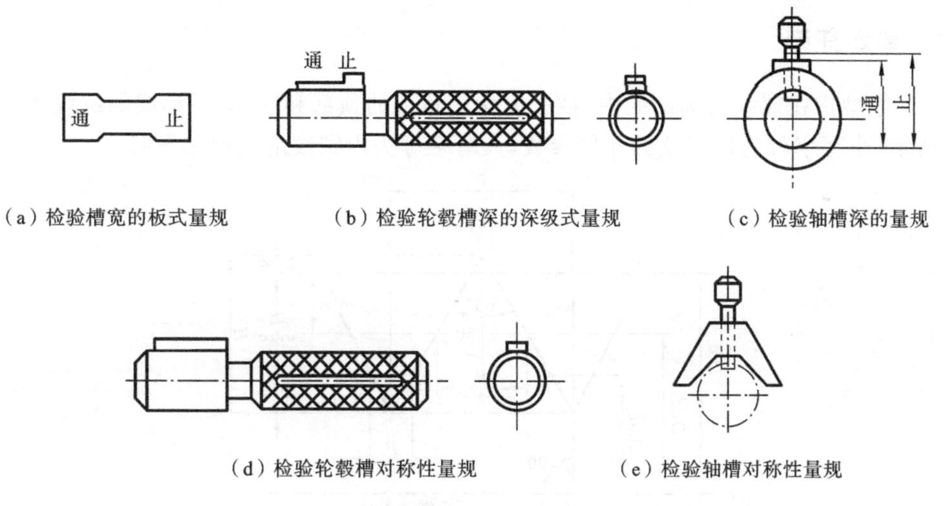

(a) 检验槽宽的板式量规　(b) 检验轮毂槽深的深级式量规　(c) 检验轴槽深的量规

(d) 检验轮毂槽对称性量规　(e) 检验轴槽对称性量规

图 6.18　键槽检验用量规

2. 花键的检测

花键的检测分单项检测和综合检验两种方式。

单项检测主要用于单件小批量生产，用量具分别对各尺寸、大径对小径的同轴度误差、齿(槽)位置误差进行测量。花键表面的位置误差很少进行单项检测，如需检测，可在光学分度头或万能工具显微镜上进行。

综合检验适用于大批量生产，使用综合量规检验。首先，使用综合量规控制被测花键的最大实体边界，即综合检验小径、大径和键(槽)宽的关联作用尺寸，使其控制在最大实体边界内；然后，用单项止规分别检验各尺寸的最小实体尺寸。判断条件：检验时综合量规能通过工件，单项止规不能通过工件，则工件合格。矩形花键综合量规如图 6.19 所示。

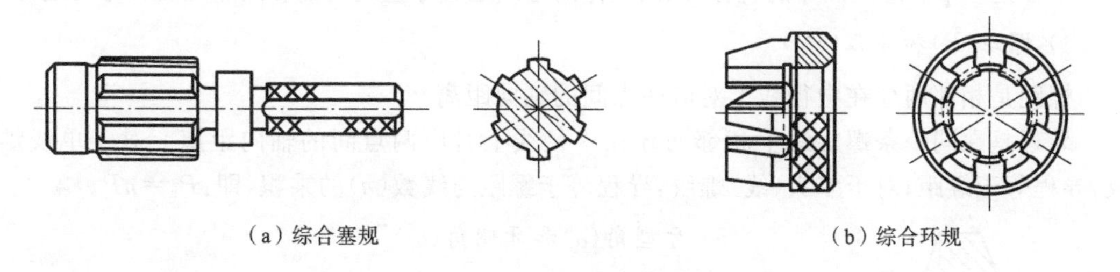

(a) 综合塞规　(b) 综合环规

图 6.19　矩形花键综合量规

6.3　普通螺纹结合的互换性

螺纹是机械工业中应用最广泛的连接结构之一，按用途其可分为普通螺纹、传动螺纹和紧密螺纹。虽然三种螺纹的使用要求及牙型不同，但各参数对互换性的影响是一致的。

6.3.1 普通螺纹的基本牙型及主要几何参数

1. 基本牙型

基本牙型指在螺纹的轴剖面内，截去原始三角形的顶部和底部，所形成的螺纹牙型如图6.20所示（小写字母为外螺纹的几何参数，大写字母为内螺纹的几何参数）。

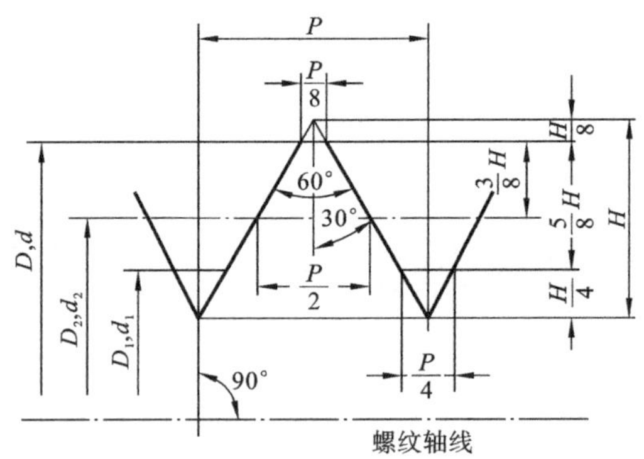

图6.20 普通螺纹的基本牙型

2. 普通螺纹的主要几何参数

1）大径（D 或 d）

大径是与外螺纹牙顶或内螺纹牙底相重合的假想圆柱体的直径。国家标准规定，普通螺纹大径的直径尺寸为螺纹的公称尺寸。

2）小径（D_1 或 d_1）

小径是与外螺纹牙底或内螺纹牙顶相重合的假想圆柱体的直径。

3）中径（D_2 或 d_2）

中径是一个假想圆柱体的直径，该圆柱体的母线通过牙型上沟槽和凸起宽度相等的地方。

4）螺距（P）和导程（P_h）

螺距是相邻两牙在中径线上对应两点间的轴向距离。

导程是在同一条螺旋线上相邻两牙在中径线上对应两点间的轴向距离。对于单线螺纹，导程等于螺距；对于多头（线）螺纹，导程等于螺距与线数（n）的乘积，即：$P_h=nP$。

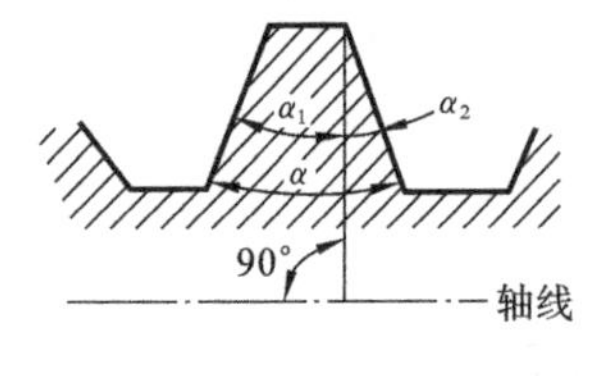

图6.21 牙型角与牙侧角

5）牙型角（α）和牙侧角（α_i）

牙型角是在螺纹牙型上，两相邻牙侧间的夹角，如图6.21所示的 α，普通螺纹 $\alpha=60°$。

牙侧角是在螺纹牙型上，牙侧与螺纹轴线的垂线间的夹角，如图6.21的 α_1 和 α_2。牙型半角是牙型角的一半，普通螺纹的牙侧角等于牙型半角，即为30°。

6）螺纹旋合长度（L）

螺纹旋合长度指相互结合的内、外螺纹沿螺纹轴线方向相互旋合部分的长度。

7）单一中径（D_{2s}或 d_{2s}）

单一中径是一个假想圆柱的直径，该圆柱的母线通过牙型上沟槽宽度等于螺距公称尺寸一半的地方。单一中径表示中径的实际尺寸，可以用三针法测得。当螺距无误差时，螺纹的中径就是螺纹的单一中径，如图 6.22 所示。

8）作用中径（D_{2m}或 d_{2m}）

在规定的旋合长度内，恰好包容实际外螺纹的假想内螺纹的中径，称为该外螺纹的作用中径 d_{2m}；恰好包容实际内螺纹的假想外螺纹的中径，称为该内螺纹的作用中径 D_{2m}。这假想螺纹具有理想的螺距、牙侧角和牙型高度，并在牙顶处和牙底处留有间隙，以保证它包容实际螺纹时两者的大径、小径处不发生干涉，如图 6.23 所示。

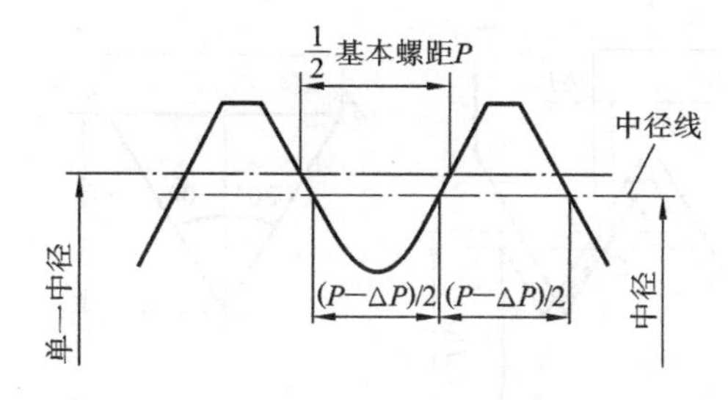

图 6.22　螺纹的单一中径

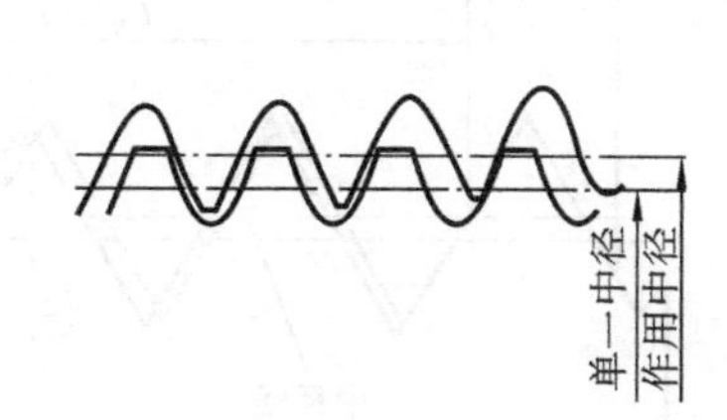

图 6.23　螺纹的作用中径

作用中径尺寸，除受实际中径的尺寸影响之外，还包含有牙型角和螺距等元素的误差影响，所以作用中径的尺寸是综合的。

6.3.2　螺纹几何参数对互换性的影响

普通螺纹有粗牙和细牙两种，主要用于固定或夹紧零件，构成可拆连接，如螺栓、螺母。普通螺纹的主要使用要求是可旋合性和连接强度。旋合性指相互结合的内、外螺纹能够自由旋入，并获得一定的配合性质。连接强度指相互结合的内、外螺纹的牙侧能够均匀接触，并具有足够的承载能力。

在螺纹加工过程中，其几何参数不可避免地会产生误差，影响其互换性。

1. 螺纹中径偏差的影响

螺纹直径（包括大径、小径和中径）偏差是螺纹加工后直径的实际尺寸与螺纹直径的公称尺寸之差。由于相互结合的内、外螺纹直径的公称尺寸相等，如果外螺纹直径偏差大于内螺纹对应的直径偏差，则不能保证它们的旋合性；若外螺纹直径偏差比内螺纹对应的直径偏差小得多，虽然它们能够旋入，但会使其接触高度减小，从而削弱其连接强度。由于螺纹的配合面是牙侧面，故中径偏差对螺纹互换性的影响比大径偏差、小径偏差的影响大。所以，必须控制螺纹直径的实际尺寸，对直径规定适当的上、下偏差。

相互结合的内、外螺纹在顶径处和底径处应分别留有适当的间隙，以保证它们能够自由旋合。为了保证螺纹的连接强度，螺纹的牙底应制成圆弧形状。

2. 螺距误差的影响

螺距误差分为单个螺距偏差 ΔP 和螺距累积误差 ΔP_Σ。ΔP 是某一牙螺距的实际值与其标准值之代数差的绝对值，与旋合长度无关。ΔP_Σ是在规定的螺纹长度内，任意两同名牙侧与中径线交点间的实际轴向距离与其基本值之差中的最大绝对值，它直接影响螺纹的旋合性，也会影响传动精度和连接可靠性。ΔP_Σ对螺纹互换性的影响比 ΔP 大。

图 6.24 中，相互结合内、外螺纹的螺距基本值为 P，假设内螺纹具有理想牙型，而外螺纹仅存在螺距误差。若在 n 个螺牙间，外螺纹的轴向长度为 $L_{外}=nP\pm\Delta P_\Sigma$，而内螺纹的轴向长度为 $L_{内}=nP$，因此其螺距累积误差为 $\Delta P_\Sigma=|L_{外}-nP|$。$\Delta P_\Sigma$使内、外螺纹牙侧产生干涉（图中阴影部分）而不能旋合。

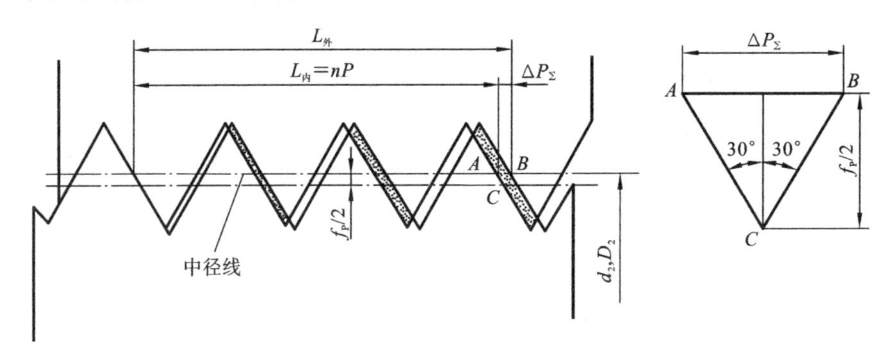

图 6.24　螺纹累积误差对旋合性的影响

当 $L_{外}<L_{内}$ 时，将会在外螺纹牙型左侧发生干涉，使螺纹起作用的尺寸同样增大，结果是一样的。

在实际生产中，为了使有 ΔP_Σ 的外螺纹能够旋入理想的内螺纹，只需把外螺纹中径减少一个数值 f_P，使综合后的作用中径尺寸不超过其最大实体边界。同理，当内螺纹存在 ΔP_Σ 时，为保证旋合性，应把内螺纹的中径增大（即向材料内缩入）一个数值 f_P。f_P 是螺距累积误差的中径当量值（中径补偿值）。

由图 6.24 所示的$\triangle ABC$ 可得出：

$$f_P=\Delta P_\Sigma\cot(\alpha/2) \tag{6.1}$$

对于牙型角 $\alpha=60°$的普通螺纹，有 $f_P=1.732\cdot|\Delta P_\Sigma|$。

虽然增大内螺纹中径或（和）减小外螺纹中径可以消除 ΔP_Σ 对旋合性的不利影响，但 ΔP_Σ 使内、外螺纹实际接触的螺牙减小，使载荷集中在接触部位造成接触压力增大，这将会降低螺纹的连接强度。

3. 牙侧角偏差的影响

牙侧角偏差是牙侧角的实际值与其基本值之差，它包括螺纹牙侧的形状误差和牙侧相对于垂直于螺纹轴线的位置误差。

图 6.25 中，相互结合的内、外螺纹牙侧角的基本值为 30°，螺距的基本值为 P，假设内螺纹 1（粗实线）为理想螺纹，外螺纹 2（细实线）仅存在牙侧角偏差（左牙侧角偏差 $\Delta\alpha_1<0$，右牙侧角偏差 $\Delta\alpha_2>0$），这将使内、外螺纹牙侧产生干涉（图中画斜线部分）而不能旋合。

为使上述具有牙侧角偏差的外螺纹能够旋入理想的内螺纹，保证其旋合性，应将外螺纹的干涉部分切掉，把外螺纹螺牙径向移至虚线 3 处，使外螺纹轮廓刚好被内螺纹轮廓包容，即将外螺纹的中径减小一个数值 f_α。同理，当内螺纹存在牙侧角偏差时，为保证其旋合性，应将内螺纹中径增大一个数值 f_α。f_α 是牙侧角偏差的中径当量。

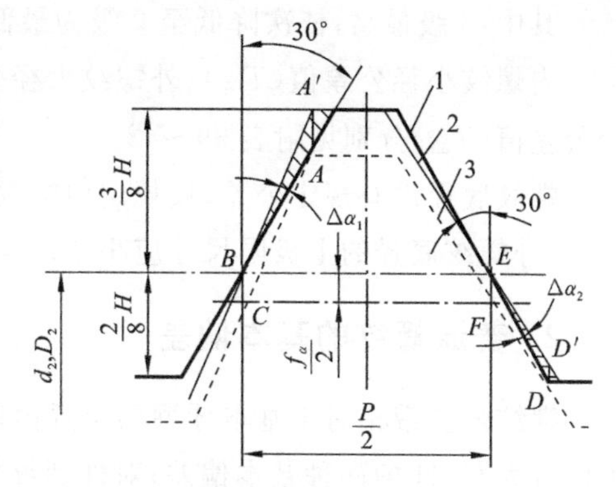

图 6.25　牙侧角偏差对旋合性的影响

由图 6.25 看出，由于牙侧角偏差 $\Delta\alpha_1$ 和 $\Delta\alpha_2$ 的大小、符号各不相同，因此左、右牙侧干涉区的最大径向干涉量不同（$AA'>DD'$），通常取它们的平均值 $f_{\frac{\alpha}{2}}$，即 $f_{\frac{\alpha}{2}}=\dfrac{AA'+DD'}{2}$。在△$ABC$ 和△DEF 中应用正弦定理，考虑左、右牙型半角误差可能同时出现的各种情况，经整理、运算并进行单位换算后得：

$$f_\alpha=0.073P(K_1|\Delta\alpha_1|+K_2|\Delta\alpha_2|) \tag{6.2}$$

式中：P——螺距，单位 mm；

$\Delta\alpha_1,\Delta\alpha_2$——左、右牙侧角偏差，单位分（′）；

K_1,K_2——左、右牙侧角偏差系数。对于外螺纹，当 $\Delta\alpha_1$（或 $\Delta\alpha_2$）为正值时，在中径与小径之间的牙侧产生干涉，K_1（或 K_2）取 2；当 $\Delta\alpha_1$（或 $\Delta\alpha_2$）为负值时，在中径与大径之间的牙侧产生干涉，K_1（或 K_2）取 3。内螺纹的取值正好与此相反。

虽然增大内螺纹中径或（和）减小外螺纹中径可以消除牙侧角偏差对旋合性的不利影响，但牙侧角偏差会使内、外螺纹牙侧接触面积减小，使载荷集中在接触部位造成接触压力增大，这将会降低螺纹的连接强度。

6.3.3　普通螺纹的公差与配合

GB/T 197—2018 对公称直径 1～355 mm、螺距基本值为 0.2～8 mm 的普通螺纹规定了配合最小间隙为零以及具有保证间隙的螺纹公差带、旋合长度和公差精度。螺纹公差带是沿基本牙型的牙侧、牙顶和牙底分布的公差带，由公差带的大小和公差带的位置决定；公差带的方向垂直于螺纹轴线。螺纹的公差精度由公差带和旋合长度决定。

1. 普通螺纹的公差等级

螺纹公差用来确定公差带的大小，表示螺纹直径尺寸的允许变动范围。标准 GB/T 197—2018 按内、外螺纹的中径、大径和小径公差的大小将螺纹公差分为不同的等级，如表 6.8 所示。

表 6.8　普通螺纹的公差等级

内螺纹直径	内螺纹公差等级	外螺纹直径	外螺纹公差等级
内螺纹小径 D_1	4,5,6,7,8	外螺纹大径 d_1	4,6,8
内螺纹中径 D_2	4,5,6,7,8	外螺纹中径 d_2	3,4,5,6,7,8,9

其中,3 级最高,依次降低至 9 级为最低,6 级为基本级。

内螺纹小径公差值(T_{D1})、外螺纹大径公差值(T_d)、内螺纹中径公差值(T_{D2})、外螺纹中径公差值(T_{d2})分别见附表 39~42。

螺纹底径没有规定公差,仅规定内螺纹底径的下极限尺寸应大于外螺纹大径的上极限尺寸;外螺纹底径的上极限尺寸应小于内螺纹小径的下极限尺寸。

2. 普通螺纹的基本偏差

螺纹公差带相对于基本牙型的位置由基本偏差确定。GB/T 197—2018 对内螺纹规定了代号为 G、H 的两种基本偏差;对外螺纹规定了代号为 a、b、c、d、e、f、g、h 的基本偏差。H 和 h 的基本偏差为零,G 的基本偏差为正值,a、b、c、d、e、f、g 的基本偏差为负值,其数值见附表 43。

内螺纹的上偏差:ES=EI+T;外螺纹的下偏差:ei=es−T,其中 T 为螺纹相应直径的公差值。

螺纹公差带标记是公差等级和基本偏差的组合,如公差等级为 6,内螺纹的基本偏差为 H,外螺纹的基本偏差为 g,则表示为内螺纹公差带为 6H,外螺纹公差带为 6g。

3. 旋合长度

GB/T 197—2018 将螺纹的旋合长度分为三组,即:短旋合长度(S)、中等旋合长度(N)和长旋合长度(L),见附表 44。

4. 保证配合性质的其他技术要求

普通螺纹一般不规定几何公差,其几何误差不得超出螺纹轮廓度公差带所限定的极限区域。仅对高精度螺纹规定了在旋合长度内的圆柱度、同轴度和垂直度公差,其公差值一般不大于中径公差的 50%,并按包容要求控制。

螺纹牙侧表面粗糙度主要按用途和公差等级来确定,见表 6.9。

表 6.9　普通螺纹牙侧表面粗糙度 *Ra* 值

工件	螺纹中径公差等级		
	4,5	6,7	7~9
	$Ra/\mu m(\leqslant)$		
螺栓、螺钉、螺母	1.6	3.2	3.2~6.3
轴及套上的螺纹	0.8~1.6	1.6	3.2

6.3.4　普通螺纹公差与配合选用

GB/T 197—2018 将普通螺纹精度分为精密级、中等级和粗糙级。不同的内、外螺纹公差带又可组成各种不同的配合。在生产中为了减少刀具、量具的规格和数量,提高经济效益,设计时应按标准的推荐选用。GB/T 197—2018 规定了内、外螺纹的选用公差带,见表

6.10 和表 6.11，大量生产的精制紧固螺纹，推荐采用带方框的公差带；带“*”的公差带应优先选用，不带“*”的公差带其次选用，带括号的公差带尽量不用。

表 6.10　内螺纹推荐公差带

公差精度	公差带位置 G			公差带位置 H		
	S	N	L	S	N	L
精密	—	—	—	4H	5H	6H
中等	(5G)	6G*	(7G)	5H*	6H*	7H*
粗糙	—	(7G)	(8G)	—	7H	8H

表 6.11　外螺纹推荐公差带

公差精度	公差带位置 e			公差带位置 f			公差带位置 g			公差带位置 h		
	S	N	L	S	N	L	S	N	L	S	N	L
精密	—	—	—	—	—	—	—	(4g)	(5g4g)	(3h4h)	4h*	(5h4h)
中等	—	6e*	(7e6e)	—	6f*	—	(5g6g)	6g*	(7g6g)	(5h6h)	6h	(7h6h)
粗糙	—	(8e)	(9e8e)	—	—	—	—	8g	(9g8g)	—	—	—

1. 螺纹精度等级与旋合长度的选用

对于间隙较小，要求配合性质稳定，需保证一定定心精度的精密螺纹，采用精密级；对于一般用途的螺纹，采用中等级；不重要的以及制造较困难的螺纹采用粗糙级，如在深盲孔内加工的螺纹。

通常采用中等旋合长度组；为了加强连接强度，可选择长旋合长度组；对空间位置受到限制或受力不大的螺纹，可选择短旋合长度组。

2. 配合的选用

螺纹配合的选用主要根据使用要求，一般规定如下：

(1) 为保证螺母、螺栓旋合后的同轴度及强度，一般选用间隙为零的配合(H/h)。

(2) 为了装拆方便及改善螺纹的疲劳强度，可选用小间隙配合(H/g 和 G/h)。

(3) 需要涂镀保护层的螺纹，其间隙大小取决于镀层的厚度。镀层厚度为 5 μm 左右，一般选 6H/6g；镀层厚度为 10 μm 左右，则选 6H/6e；若内、外螺纹均涂镀，则选 6G/6e。

(4) 在高温下工作的螺纹，可根据装配和工作时的温度差别来选定适宜的间隙配合。

(5) 公称直径较小的螺纹，如公称直径小于 1.4 mm 的螺纹，一般采用 5H/6h、4H/6h 或更精密的配合。

6.3.5　普通螺纹标记

普通螺纹的完整标记由螺纹特征代号(M)、尺寸代号(公称直径(D,d)×导程(P_h)螺距(P)，单位均为 mm)、公差带代号、旋合长度代号(或数值)和旋向代号组成。尺寸、螺纹公差带、旋合长度和旋向代号间各用短横线“-”分开。示例如下：

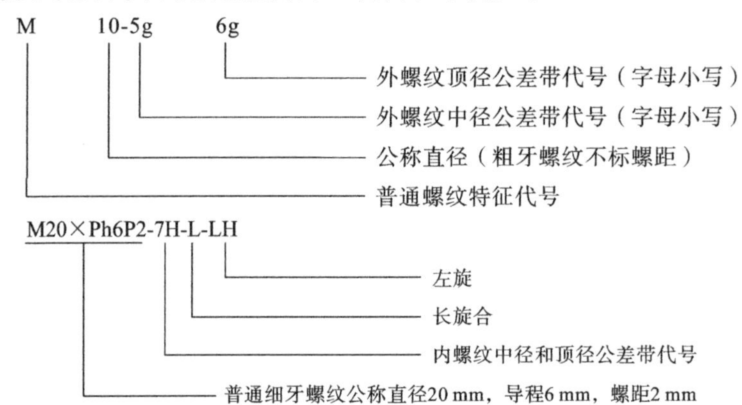

普通螺纹标记时，需注意以下几点：

(1) 对单线螺纹省略标注其导程；对粗牙螺纹省略标注其螺距。

(2) 如需说明螺纹线数时，可在螺距的数值后加括号用英语说明，如双线为 two starts、三线为 three starts、四线为 four starts。

(3) 公差带代号指中径和顶径的公差带代号，由公差等级数和基本偏差代号组成，中径公差带在前；若中径和顶径公差带相同，只标一个公差带代号。

(4) 中等旋合长度 N 省略代号标注，特殊需要时，可标注螺纹旋合长度的数值，如 M20×2-7g6g-40 表示螺纹的旋合长度为 40 mm。

(5) 对于左旋螺纹，标注“LH”代号，右旋螺纹省略旋向代号。

(6) 装配图上，内、外螺纹公差带代号用斜线“/”分开，斜线左边是内螺纹公差带代号，右边是外螺纹公差带代号，如 M20×2-6H/6g。

6.3.6 普通螺纹的检测

普通螺纹的检测方法分为单项测量与综合检验两大类。

对于生产批量不大的螺纹或为了查找螺纹加工误差的产生原因，可采用单项测量的方法。用工具显微镜、螺纹千分尺、三针法等检测螺纹的单一中径、螺距误差和牙侧角偏差等参数。但是，对于生产批量较大的螺纹，可以按泰勒原则，使用螺纹量规检验判断被测螺纹的旋合性和连接强度是否合格。

泰勒原则：为保证旋合性，实际螺纹的作用中径应不大于中径的上极限尺寸；为保证连接强度，实际螺纹上任何部位的单一中径应不小于中径的下极限尺寸。

最大实体牙型是指在螺纹中径公差范围内，具有材料量最多且具有与基本牙型一致的螺纹牙型。外螺纹的最大实体牙型中径等于其中径的上极限尺寸 $d_{2\max}$；内螺纹的最大实体牙型中径等于其中径的下极限尺寸 $D_{2\min}$。

最小实体牙型是指在螺纹中径公差范围内，具有材料量最少且具有与基本牙型一致的螺纹牙型。外螺纹的最小实体牙型中径等于其中径的下极限尺寸 $d_{2\min}$；内螺纹的最小实体牙型中径等于其中径的上极限尺寸 $D_{2\max}$。

按照泰勒原则，螺纹中径的合格条件如下。

对于外螺纹：$d_{2m} \leqslant d_{2max}$，$d_{2s} \geqslant d_{2min}$；

对于内螺纹：$D_{2m} \geqslant D_{2min}$，$D_{2s} \leqslant D_{2max}$。

螺纹量规通规模拟被测螺纹的最大实体牙型，检验被测螺纹的作用中径是否超出其最大实体牙型的中径，同时检验被测螺纹底径的实际尺寸是否超出其最大实体尺寸；螺纹量规通规具有完整的牙型，并且其螺纹长度等于被测螺纹的旋合长度，如图 6.26 所示。螺纹量规止规用于检验被测螺纹的单一中径是否超出其最小实体牙型的中径；螺纹量规止规（见图 6.27）采用截短牙型，只有 2～3 个螺距的螺纹长度，以减小牙侧角偏差和螺距误差对检验结果的影响。

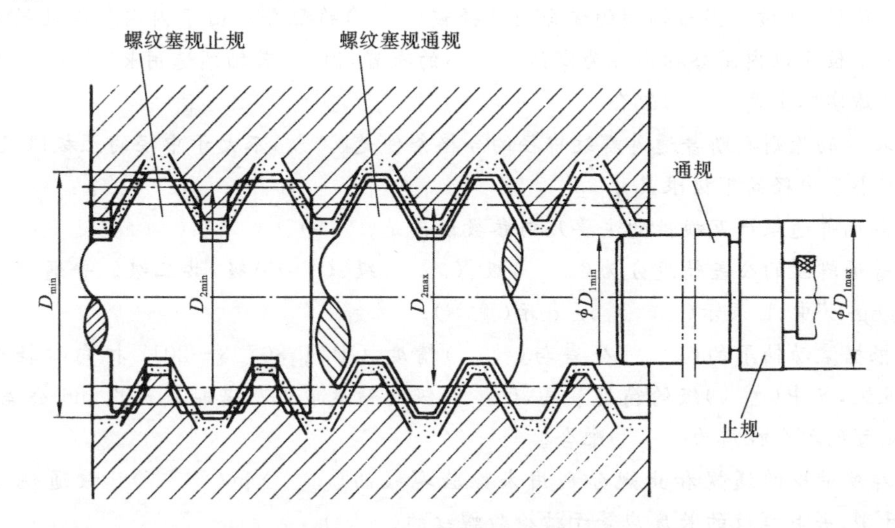

图 6.26　螺纹塞规和光滑极限塞规检验内螺纹

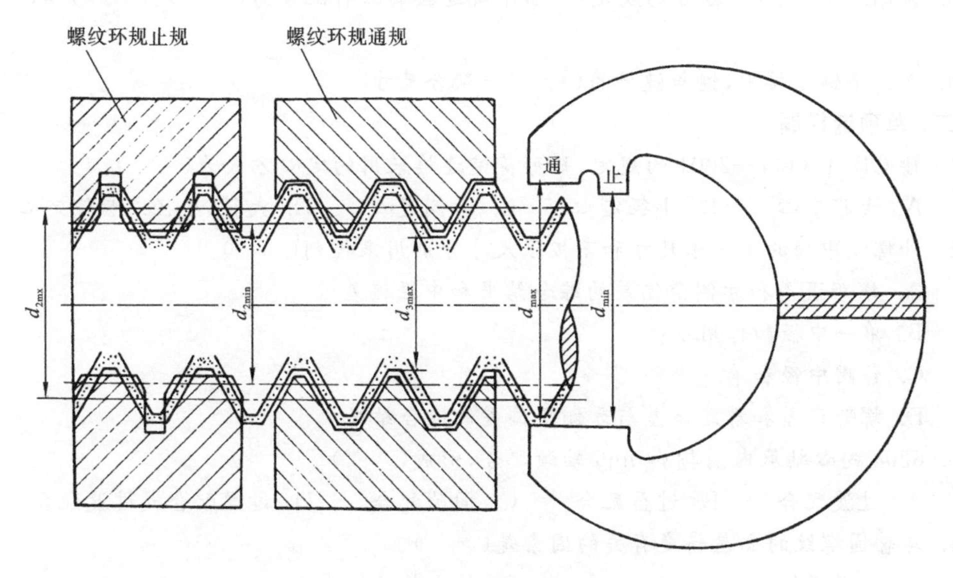

图 6.27　螺纹环规和光滑极限环规检验外螺纹

对大批量生产的螺纹进行检验时，除使用螺纹量规外，还会使用光滑极限量规以检验被测螺纹的顶径，如图 6.26 和图 6.27 所示。

习　题

一、填空题

1. 滚动轴承外圈与外壳孔的配合采用基(　　)制;普通平键连接中的键与孔键槽宽度的配合采用基(　　)制;内、外矩形花键小径定心表面的配合采用基(　　)制,图样上标注的内、外矩形花键配合代号所表示的配合性质按该图样检测合格的实际内、外矩形花键装配后的配合性质相比较,(　　)。

2. 在装配图上,滚动轴承内圈与轴颈的配合应标注(　　)公差带代号。若内圈相对于负荷方向旋转,则该内圈与轴颈的配合应选择较(　　)的配合。由于内圈基准孔的尺寸公差带采用了位于以内圈公称内径为零线(　　)的布置,因此,若轴颈选用 k6 公差带,则它们的配合性质实际上是(　　)配合。

3. 按泰勒原则判断普通外螺纹中径的合格条件是(　　)不大于中径的上极限尺寸;且(　　)不小于中径的下极限尺寸。

4. 影响普通螺纹互换性的主要几何参数误差是(　　)、(　　)、(　　)。

5. 普通螺纹的公差精度分为(　　)级、(　　)级、(　　)级,共三级。普通螺纹标记"M10-5g6g-L"中,L 表示(　　),5g 表示(　　)。

6. 根据滚动轴承的(　　)公差与(　　)精度,GB/T 307.3—2017 把向心轴承分为(　　)五级,其中(　　)级的精度最高,(　　)级的精度最低。若轴颈选用 m6 公差带,则内圈与轴颈的配合性质为(　　)配合。

7. 螺纹量规的通规和止规分别用来检验螺纹的(　　)和(　　)。该通规应具有(　　)牙型,并且螺纹的长度应等于被检验螺纹的(　　)。

8. 按 GB/T 1095—2003 的规定,普通平键连接的三种配合为(　　)、(　　)和(　　)连接。

9. 普通平键连接中,键与键槽的(　　)是配合尺寸。

二、单项选择题

1. 按 GB/T 1144—2001 的规定,矩形花键连接采用的定心方式为(　　)。

　A. 大径定心　　B. 小径定心　　C. 齿侧定心　　D. 大径、小径或齿侧定心

2. 外螺纹中径的上极限尺寸和下极限尺寸分别用来控制(　　)。

　A. 螺距误差和牙侧角偏差的综合结果和中径偏差

　B. 单一中径和作用中径

　C. 作用中径和单一中径

　D. 螺距误差和螺距误差与牙侧角偏差的综合结果

3. 6208 向心轴承内圈与 $\phi40m6$ 轴颈配合,形成(　　)。

　A. 过渡配合　　B. 过盈配合　　C. 间隙配合　　D. 过盈配合或过渡配合

4. 与普通螺纹的公差精度有关的因素是(　　)。

　A. 公差等级　　　　B. 旋合长度

　C. 公差带和旋合长度　　　　D. 公差等级和基本偏差

5. 某深沟球轴承工作时内圈转动,外圈固定,承受一个大小和方向均不变的径向载荷作用,因此内圈相对于负荷方向的运转状态是(　　)。

　A. 摆动的内圈载荷　　　　B. 旋转的内圈载荷

C. 固定的内圈载荷　　　　D. 内圈承受摆动载荷和旋转的内圈载荷

6. 普通内螺纹最大实体牙型的中径用来控制(　　)。

A. 作用中径　　B. 单一中径　　C. 螺距误差　　D. 牙侧角偏差

7. 在装配图上，ϕ45j6 轴颈与普通级深沟球轴承内圈配合处标注的代号为(　　)。

A. ϕ45H7/j6　　B. ϕ45H6/j6　　C. ϕ45H5/j6　　D. ϕ45j6

8. 为了保证内、外矩形花键小径定心表面的配合性质，小径表面的形状公差与尺寸公差应的关系采用(　　)。

A. 最大实体要求　　　　B. 最小实体要求

C. 包容要求　　　　D. 独立原则

9. 内、外矩形花键的大径配合选用(　　)。

A. 间隙配合　　B. 过渡配合　　C. 过盈配合　　D. 过渡或过盈配合

10. 选择滚动轴承与轴颈、外壳孔的配合时首先考虑的因素是(　　)。

A. 轴承套圈相对于载荷方向的运转状态和所承受载荷的大小

B. 轴承的径向游隙

C. 轴和外壳的材料和结构

D. 轴承的工作温度

11. 为了保证普通内螺纹的互换性，内螺纹作用中径D_{2m}、单一中径D_{2s}与其中径的上极限尺寸D_{2max}、下极限尺寸D_{2min}的关系应满足的条件是(　　)。

A. $D_{2m} \leqslant D_{2max}$ 且 $D_{2s} \geqslant D_{2min}$　　　　B. $D_{2m} \geqslant D_{2min}$ 且 $D_{2s} \leqslant D_{2max}$

C. $D_{2m} \leqslant D_{2min}$ 且 $D_{2s} \geqslant D_{2max}$　　　　D. $D_{2m} \geqslant D_{2max}$ 且 $D_{2s} \leqslant D_{2min}$

三、简答题

1. 说明下列标记的含义：

(1) 外螺纹：M20-5g6g-S ;

(2) 内螺纹：M20×1.5LH-6H ;

(3) 内外螺纹配合时：M20×2-6H/5g6g-S;

2. 内花键 6×45H7×56H10×10H9 标记的含义是什么？

3. 不同载荷类型下，滚动轴承套圈与轴颈或外壳孔的配合应如何选择？

4. 国家标准规定滚动轴承内圈内径公差带与一般基孔制的基准孔公差带有何不同？为什么这样规定？

5. 普通螺纹的旋合长度分为哪几种？不同的旋合长度分别用于什么场合？

6. 普通螺纹的精度等级分为哪几种？不同的精度等级分别用于什么场合？

第7章　渐开线圆柱齿轮公差与检测

圆柱齿轮传动在各类机械装置中应用广泛，尤其是渐开线圆柱齿轮应用更为广泛。齿轮的精度在一定程度上影响着整台机器或仪器的质量和工作性能。我国推荐使用的圆柱齿轮标准为《圆柱齿轮　精度制》(GB/T 10095—2008)、《圆柱齿轮　检验实施规范》(GB/T 18620—2008)、《渐开线圆柱齿轮精度　检验细则》(GB/T 13924—2008)。

7.1　齿轮传动的使用要求

齿轮是用来传递运动或动力的，根据用途和使用条件的不同，对齿轮传动的使用要求主要有以下四方面。

1. 传递运动的准确性

从齿轮的啮合原理可知，理论上一对渐开线齿轮的传动比是恒定的，传递的运动是准确的。但实际上由于齿轮的制造和安装误差，从动轮在转动一周的过程中，实际转角与理论转角存在偏差，这将产生转角误差，导致传递运动的不准确。若使齿轮副的传动误差尽可能小，必须要求齿轮在旋转一周范围内，齿轮副的传动比尽可能不变。

2. 传动的平稳性

传动的平稳性指齿轮在转过一个齿距角范围内，其瞬时传动比变化最小，以保证传递运动的平稳性。齿轮在传递运动过程中，由于受齿廓误差、齿距误差等影响，从一对轮齿过渡到另一对轮齿的齿距角范围内，存在着较小的转角误差，并在齿轮转动一周中多次重复出现，导致一个齿距内的瞬时传动比也在变化。如果一个齿距内瞬时传动比变化过大，将引起冲击、噪声和振动，严重时会损坏齿轮。因此要求齿轮在旋转一齿范围内，齿轮副的瞬时传动比变化小。

齿轮传递运动的不准确和传动不平稳，都是齿轮传动比变化引起的，实际上在齿轮回转过程中，两者是同时存在的。

3. 载荷分布的均匀性

载荷分布的均匀性指在轮齿啮合过程中，工作齿面沿全齿高和全齿长保持均匀接触，并且接触面积尽可能大。

齿轮在传递运动中，由于受到各种误差的影响，齿轮的工作齿面不可能全部均匀接触，如载荷集中于局部齿面，使齿面磨损加剧，甚至轮齿折断，将严重影响齿轮使用寿命。所以，要求轮齿在运转中齿面接触良好，使载荷均匀分布在齿面上，避免引起轮齿应力集中或造成局部磨损，从而使装置具有较高的承载能力和较长的使用寿命。

4. 传动侧隙的合理性

传动侧隙是齿轮在运转过程中，主、从动齿轮的非工作齿面间形成的间隙。齿轮副侧隙（见图 7.1）主要起贮存润滑油和补偿热变形的作用。对于需要反转的齿轮传动装置来说，侧隙不能太大，否则回程误差及冲击都较大。为保证齿轮副侧隙的合理性，在几何要素方面，对齿厚和齿轮箱体孔中心距偏差需加以控制。在非工作齿面间应留有合理的间隙，否则会出现卡死或烧伤现象。

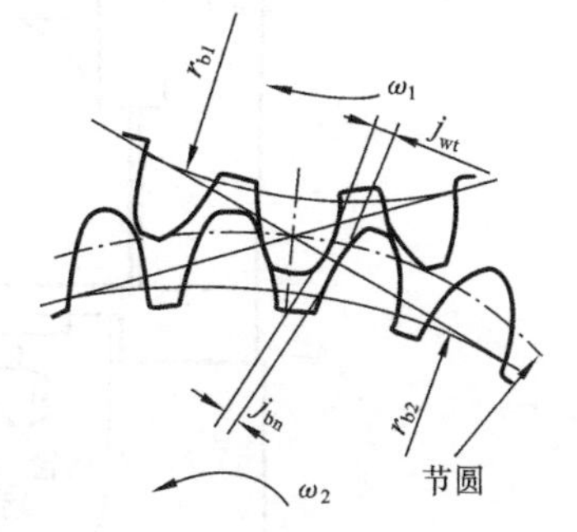

图 7.1　齿轮副的传动侧隙

齿轮在设计制造中，一般都应提出上述四项使用要求，但由于用途、工作条件以及侧重点的不同，合理确定齿轮的精度和侧隙要求是设计的关键。例如，用于分度和读数的齿轮传动，其特点是模数小、转速低、传递运动要精确，主要要求传递运动精确；对于低速动力齿轮，如轧钢机、起重机、矿山机械使用的齿轮，其特点是功率大、速度低，对传动比要求不高，主要要求承受载荷的均匀性，即要求齿面接触良好；对于中速中载齿轮，如汽车、拖拉机等变速装置上所用的齿轮，其特点是圆周速度较高，传递功率较大，主要要求传动平稳、噪声及振动要小。另外，各类齿轮传动都应给定适当的侧隙，但对于正、反方向传递运动的齿轮机构以及读数齿轮传动，不仅要求传递运动精确，而且还要求空间误差尽可能小，因此要控制齿轮侧隙尽可能小。

7.2　齿轮的加工误差

按照渐开线的形成原理，加工齿轮的方法分为仿形法和范成法。使用范成法加工齿轮，轮齿的形成是滚刀对齿坯周期性连续滚切的结果，犹如齿条与齿轮的啮合运动。如果滚刀和齿坯的旋转运动没有严格地保持相对运动关系，则切出的齿距和齿形存在误差。这种误差将随转角的变化而发生周期性的变化。

1. 齿轮加工误差的来源

图 7.2 是滚齿机滚切加工齿轮的过程，加工时产生误差的主要因素如下。

1）几何偏心 e_1

e_1是由于齿坯定位孔与心轴外圆之间存在间隙，即图 7.2 中齿坯定位孔的轴心线 O_1O_1 与机床工作台的回转轴心线 OO 不重合时，产生的偏心。

当齿坯安装在机床上存在 e_1时，滚切出齿轮的齿圈上各齿到 O_1O_1 的距离则不等，即表现出齿距和齿厚不均匀，齿高不均匀。这样的齿轮按 O_1O_1 旋转时，将产生变速转动。这种传递运动的不准确，可认为是圆周切线方向的误差，故称为切向误差。当以齿轮基准孔定位进行测量时，在齿轮一转内将产生周期性的齿圈径向跳动误差，同时齿距和齿厚也产生周期性变化。

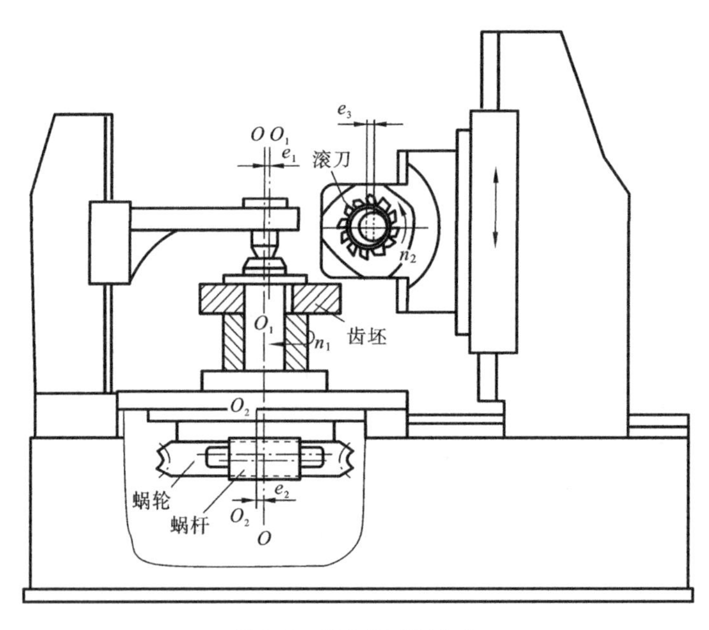

图 7.2　滚齿机滚切齿轮

2）运动偏心 e_2

e_2 是由于分度蜗轮的轴心线 O_2O_2 与机床工作台的回转轴心线 OO 不重合，产生的偏心，如图 7.2 所示。e_2 的存在使齿坯相对于滚刀的转速不均匀，忽快忽慢，破坏了齿坯与刀具之间的正常滚切运动，而使被加工齿轮的齿廓在切线方向产生了切向误差。

3）机床运动链的高频误差

加工直齿轮时，受分度传动链传动误差（主要是分度蜗杆的径向跳动和轴向窜动）的影响，蜗轮（齿坯）在一周范围内转速发生多次变化，使加工出的齿轮产生齿距偏差、齿形误差。加工斜齿轮时，除分度传动链误差外，还受差动传动链传动误差的影响。

4）滚刀的安装误差和加工误差

滚刀的安装偏心 e_3 使被加工齿轮产生径向误差，如图 7.2 所示。滚刀刀架导轨或齿坯轴线相对于工作台旋转轴线的倾斜及轴向窜动，使滚刀的进刀方向与轮齿的理论方向不一致，直接造成齿面沿轴向方向倾斜，产生齿向误差。滚刀的加工误差主要指滚刀的径向跳动、轴向窜动和齿形角误差等，它们将使加工出来的齿轮产生基节偏差和齿形误差。

2. 齿轮加工误差对传动要求的影响

e_1、e_2 引起的误差会影响齿轮传动的准确性，对于高速齿轮传动来说，也影响其工作平稳性。

传动蜗杆和滚刀的转速比齿坯的转速高很多，它们引起的误差在齿坯一转中多次重复出现，属于短周期误差，所以机床传动链的高频误差主要影响齿轮传动的平稳性。

滚齿加工齿轮时，若滚刀的轴向进刀方向与理论方向不一致，会使完工齿轮的轮齿在轴向产生误差，影响齿面接触，破坏承载的均匀性；若滚刀径向进刀有误差会引起轮齿的齿厚偏差，影响齿轮副侧隙的大小。

7.3　渐开线圆柱齿轮精度的评定参数及检测

7.3.1　轮齿同侧齿面偏差

通常,齿轮精度的检验项目主要从齿距、齿形和齿向等三个方面加以检测,必检的基本参数有:单个齿距偏差 f_{pt}、齿距累积总偏差 F_P、齿廓总偏差 F_α 和螺旋线总偏差 F_β。可检参数有:切向综合总偏差 F'_i、一齿切向综合偏差 f'_i、径向综合总偏差 F''_i、一齿径向综合偏差 f''_i 和径向跳动 F_r。

1. 齿距偏差

1) 单个齿距偏差 f_{pt}

f_{pt} 是在端平面上接近齿高中部的一个与齿轮轴线同心的圆上,实际齿距与理论齿距的代数差,如图 7.3 所示。

当齿轮存在齿距偏差时,会造成一对齿啮合结束而另一对齿进入啮合时,主动齿与从动齿发生冲撞,影响齿轮传动的平稳。

单个齿距偏差采用齿距检查仪测量,以测得各个齿距偏差出现的最大数字的正值或负值作为该齿轮的单个齿距偏差值。

2) 齿距累积偏差 F_{pk}

齿距累积偏差 F_{pk} 是在端平面上,在接近齿高中部与齿轮轴线同心的圆上,任意 k 个齿距的实际弧长与理论弧长的代数差,如图 7.4 所示。理论上,F_{pk} 等于 k 个齿距的各单个齿距偏差的代数和,通常取 $k=2\sim z/8$(z 是齿数)。F_{pk} 过大,将产生振动和噪声,影响齿轮传动的平稳。

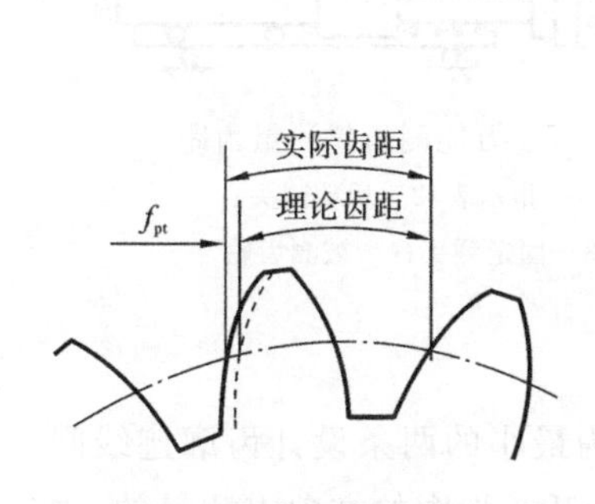

图 7.3　单个齿距偏差

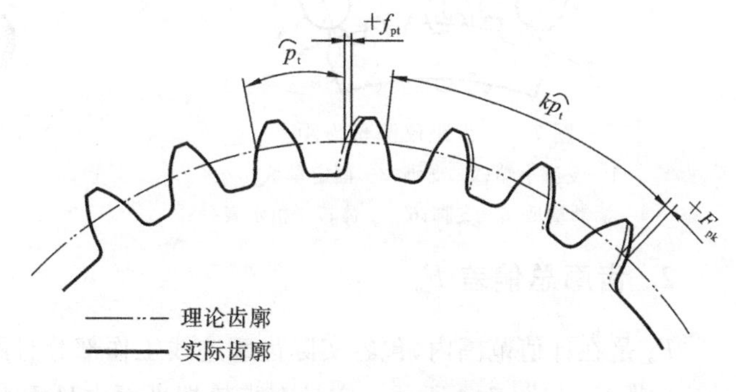

图 7.4　齿距累积偏差

3) 齿距累积总偏差 F_P

F_P 是齿轮同侧齿面任意弧段内的最大齿距累积偏差,表现为齿距累积偏差曲线的总幅值,如图 7.5 所示。F_P 反映齿轮转一周时的角度变化误差,影响齿轮传递运动的准确性。

F_P 和 F_{pk} 的测量广泛采用相对测量法,其测量仪器有齿距仪(可测 7 级精度以下齿轮,

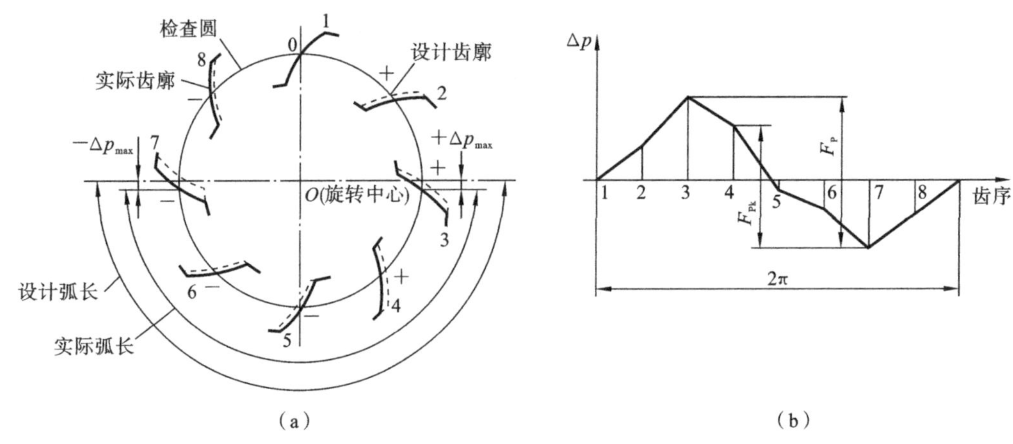

(a) (b)

图 7.5 齿距累积总偏差

见图 7.6)和万能测齿仪(可测 4 到 6 级精度齿轮,见图 7.7)。测量方法:以齿轮上任意一个齿距为基准,把仪器指示表调整为零,依次测出其余各齿距相对于基准齿距之差,称为相对齿距偏差;然后,将相对齿距偏差逐个累加,算出最终累加值的平均值,并将平均值的相反数与各相对齿距偏差相加,获得绝对齿距偏差;最后再将绝对齿距偏差累加,累加值中的最大值与最小值之差即为被测齿轮的 F_P。

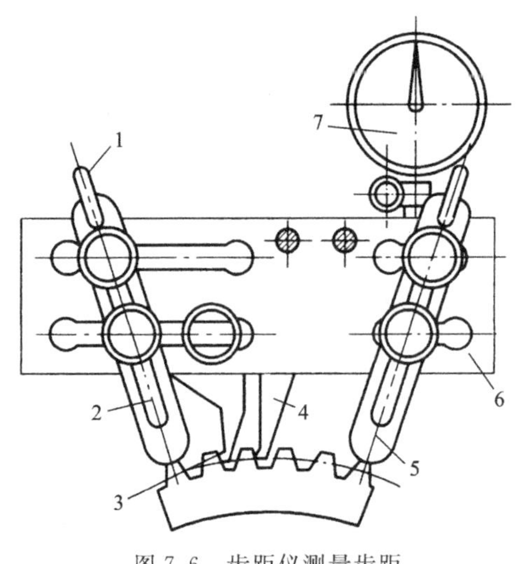

图 7.6 齿距仪测量齿距

1—支脚小端;2—支脚;3—固定量爪;4—活动量爪;5—支脚;6—主体;7—指示表

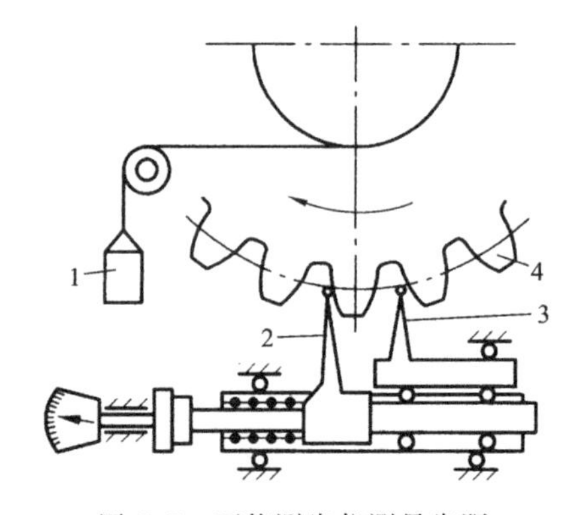

图 7.7 万能测齿仪测量齿距

1—指示表;2—活动测头;3—固定测头;4—被测齿轮

2. 齿廓总偏差 F_α

F_α 是在计值范围内,包容实际齿廓迹线工作部分且距离为最小的两条设计齿廓迹线间的法向距离,如图 7.8 所示。它是在齿轮端平面内且垂直于渐开线齿廓的方向上测量的,主要影响齿轮传动的平稳性。

齿廓偏差常用渐开线检查仪进行测量。图 7.9 用比较法进行齿形偏差测量,即以被测齿轮回转轴线为基准,通过和被测齿轮同轴的基圆盘在直尺上做纯滚动,形成理论的渐开线轨迹,将实际齿廓线与设计渐开线轨迹进行比较,其差值通过传感器和记录器画出,即齿廓偏差曲线,在该曲线上按偏差定义确定齿廓偏差。

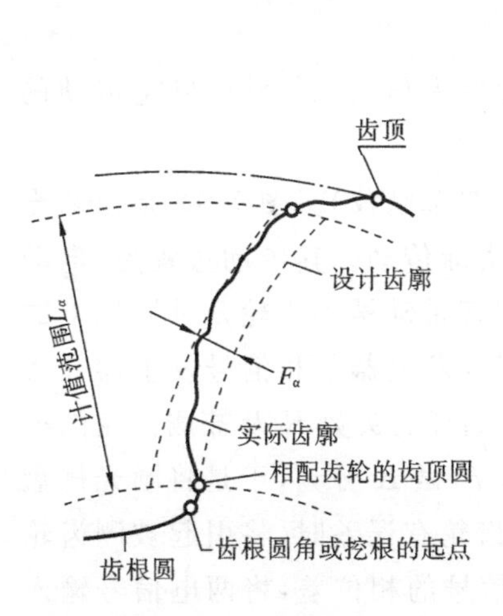

图 7.8　齿廓与齿廓总偏差

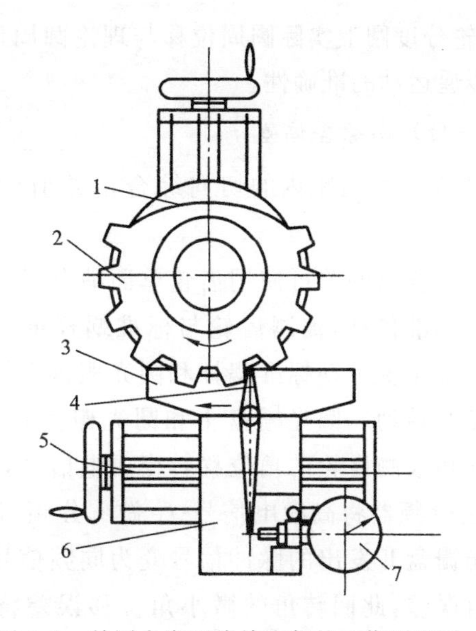

图 7.9　单圆盘渐开线检查仪的工作原理图

1—基圆盘；2—被测齿轮；3—直尺；4—杠杆；5—丝杆；6—拖板；7—指示表

3. 螺旋线总偏差 F_β

F_β 是指在计值范围 L_β 内，端面基圆切线方向上包容实际螺旋线迹线的两条设计螺旋线迹线间的距离，如图 7.10 所示。

螺旋线总偏差的测量方法有展成法和坐标法。展成法的测量仪器有：单盘式渐开线螺旋检查仪、分级圆盘式渐开线螺旋检查仪、杠杆圆盘式通用渐开线螺旋检查仪以及导程仪等。坐标法的测量仪器有：螺旋线样板检查仪、齿轮测量中心以及三坐标测量机等。

图 7.11 中，以被测齿轮回转轴线为基准，通过精密传动机构实现被测齿轮回转和测头沿轴向移动，以形成理论的螺旋线轨迹。实际螺旋线与设计螺旋线轨迹进行比较，其差值输入记录器绘出螺旋线偏差曲线，在该曲线上按定义确定螺旋线总偏差。

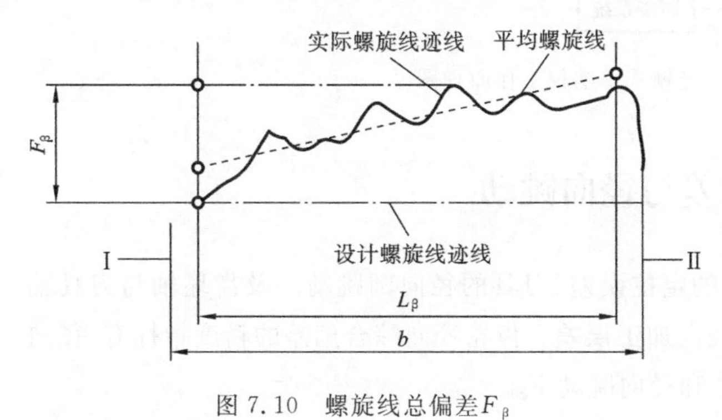

图 7.10　螺旋线总偏差 F_β

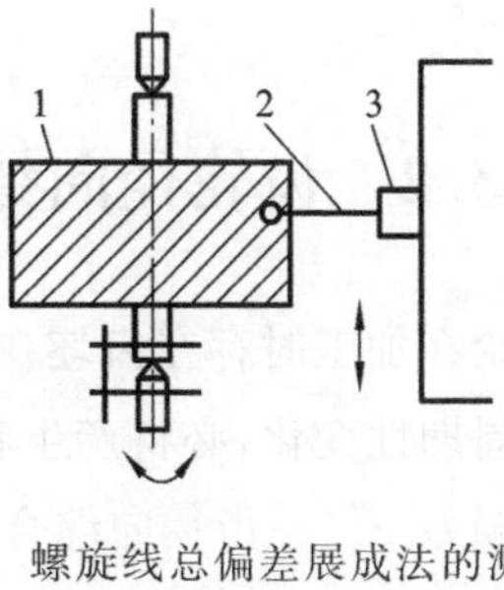

图7.11　螺旋线总偏差展成法的测量原理

1—被测齿轮；2—测头；3—记录器

4. 切向综合偏差

1）切向综合总偏差 F'_i

F'_i 是被测齿轮与测量齿轮（精度较高的比较理想的齿轮）单面啮合检验时，被测齿轮一转内，齿轮分度圆上实际圆周位移与理论圆周位移的最大差值。F'_i 以分度圆弧长计值，影响齿轮传递运动的准确性。

2）一齿切向综合偏差 f'_i

f'_i 指在一个齿距内的切向综合偏差值（取所有齿的最大值）。f'_i 影响齿轮传动的平稳。

切向综合总偏差可使用齿轮单面啮合误差检查仪（又叫单啮仪）。图 7.12 是由两光栅盘建立标准传动，被测齿轮与标准蜗杆单面啮合组成实际传动。其传动过程是：电动机通过传动系统带动标准蜗杆和圆光栅盘Ⅰ转动，标准蜗杆带动被测齿轮及其同轴上的圆光栅盘Ⅱ转动。圆光栅盘Ⅰ和圆光栅盘Ⅱ分别通过信号发生器Ⅰ和信号发生器Ⅱ将标准蜗杆和被测齿轮的角位移转变成电信号，并根据标准蜗杆的头数 K 及被测齿轮的齿数 z，通过分频器将高频电信号 f_1 做 z 分频，低频电信号 f_2 做 K 分频，于是将圆光栅盘Ⅰ和圆光栅盘Ⅱ发出的脉冲信号变为同频信号。当被测齿轮有误差时，将引起被测齿轮的回转角误差，此回转角的微小角位移误差将变为两电信号的相位差，将两电信号输入比相器进行比相后输出，再输入电子记录器记录，便可得出被测齿轮误差曲线，最后根据定标值读出误差值。

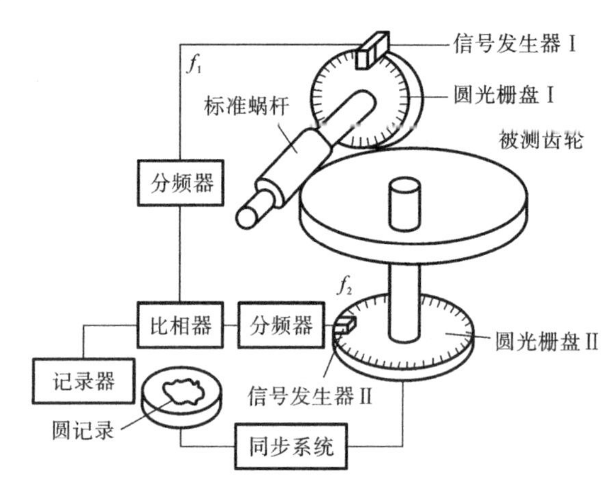

图 7.12　光栅式单啮仪工作原理图

7.3.2　齿轮径向综合偏差与径向跳动

齿轮在加工时存在齿坯在机床上的定位误差、刀具的径向圆跳动以及齿坯轴与刀具轴位置做周期性变化，必将产生轮齿的径向加工误差。齿轮径向综合偏差的精度指标有：径向综合总偏差 F''_i、一齿径向综合偏差 f''_i 和径向跳动 F_r。

1. 径向综合总偏差 F''_i

F''_i 是使用齿轮双啮仪在径向（双面）综合检测时，产品齿轮的左、右齿面同时与测量齿轮接触，并转过一整圈时出现的中心距最大值与最小值之差，如图 7.13 所示。F''_i 影响齿轮传递运动的准确性。

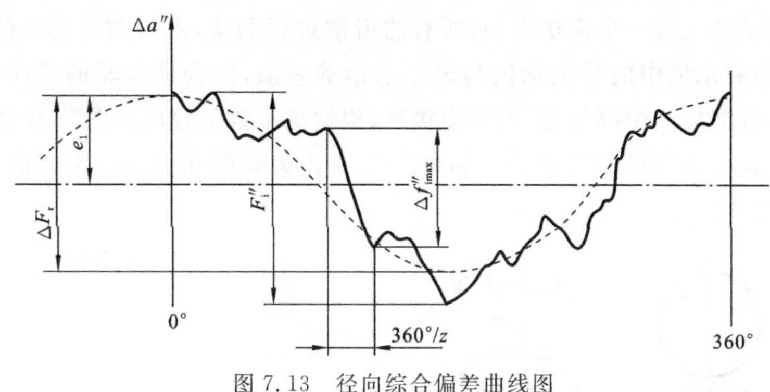

图 7.13　径向综合偏差曲线图

$\Delta a''$—双啮中心距变动；e_1—几何偏心；ΔF_r—齿轮径向跳动

2. 一齿径向综合偏差 f''_i

f''_i 是在产品齿轮与测量齿轮啮合一转内，对应一个齿距（$\frac{360°}{z}$，z 为被测齿轮齿数）范围内的中心距变动量，取其中的最大值 $\Delta f''_{imax}$ 作为评定值，其测量记录如图 7.13 所示。f''_i 影响齿轮传递运动的准确性。

通常 F''_i 和 f''_i 在齿轮双面啮合测量仪上测量，如图 7.14 所示。产品齿轮安装在固定滑座 2 的心轴上，测量齿轮安装在可动滑座 3 的心轴上，在弹簧力的作用下两者达到紧密无间隙的双面啮合，此时的中心距为度量中心距 a'。当二者转动时，由于产品齿轮存在加工误差，使得度量中心距发生变化，此变化通过测量台架的移动传到指示表或由记录装置画出偏差曲线，如图 7.13 所示。从偏差曲线上可读得 F''_i 和 f''_i，径向综合偏差包括左、右齿面啮合偏差，不可能得到同侧齿面的单向偏差。该方法用于大量生产的中等精度齿轮和小模数齿轮（模数为 1～10 mm，中心距为 50～300 mm）的检测。

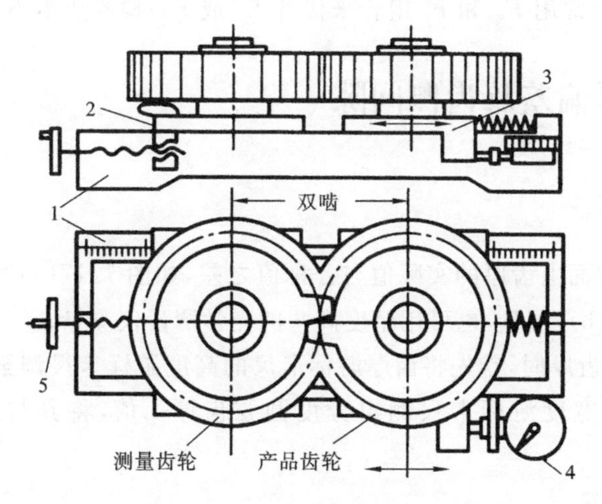

图 7.14　双面啮合测量仪测量原理图

1—基体；2—固定滑座；3—可动滑座；4—指示表；5—手轮

3. 径向跳动 F_r

图 7.15 为径向跳动测量仪测量齿轮径向跳动 F_r。被测齿轮绕其基准轴线间断的转

动，并将测头相继放入每一个齿槽内，对所有的齿槽进行测量，由与测头连接的指示表读取示值。测得的所有示值中的最大示值与最小示值的差值，即为该齿轮的径向跳动的数值。检查时，测头在近似齿高中部与左、右齿面接触，根据测量数值画出如图 7.16 的径向跳动曲线图，图中齿轮偏心量是径向跳动的一部分。F_r 是由齿轮的几何偏心引起的，是评定齿轮传递运动准确性的指标。

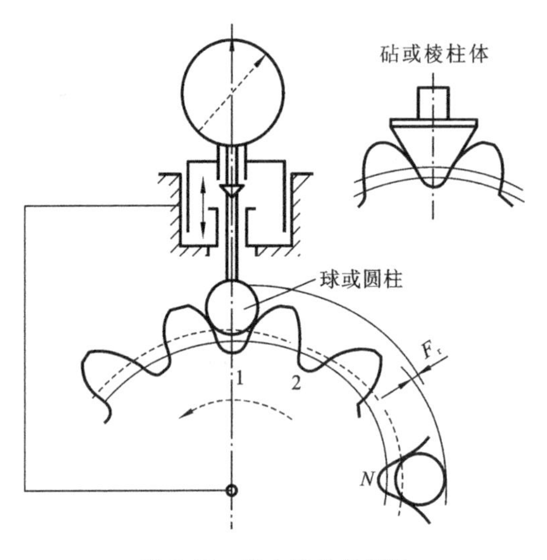

图 7.15　径向跳动的测量

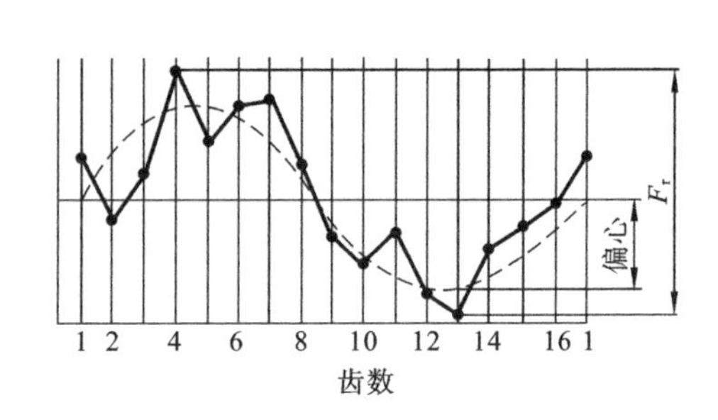

图 7.16　径向跳动测量结果

4. 公法线长度变动 F_w

F_w是在齿轮一周内，跨 k 个齿的公法线长度的最大值与最小值之差，反映齿轮的切向误差，可作为齿轮运动准确性的评定指标。在齿轮新标准中没有该项参数，但从我国的齿轮实际生产情况来看，经常用 F_w 和 F_r 组合来代替 F_P 或 F'_i；检验成本不高。

7.3.3　齿厚偏差及齿侧间隙

1. 齿厚偏差 E_{sn}

E_{sn}是在分度圆柱面上齿厚的实际值与公称值之差，如图 7.17(a)所示。齿厚可用齿厚游标卡尺(见图 7.17(b))测量，也可用精度高些的光学测齿仪测量。

齿厚游标卡尺测齿厚时，首先将齿厚游标卡尺的高度游标卡尺调至相应于分度圆弦齿高 $\bar{h}_a$ 的位置，然后用宽度游标卡尺测出分度圆弦齿厚 $\bar{s}$ 值，将其与理论值比较即可得到 E_{sn}。

对于非变位直齿轮：

$$\bar{h}_a = m + \frac{zm}{2}\left(1 - \cos\frac{90^\circ}{z}\right) \tag{7.1}$$

$$\bar{s} = zm\sin\frac{90^\circ}{z} \tag{7.2}$$

式中：m——模数；

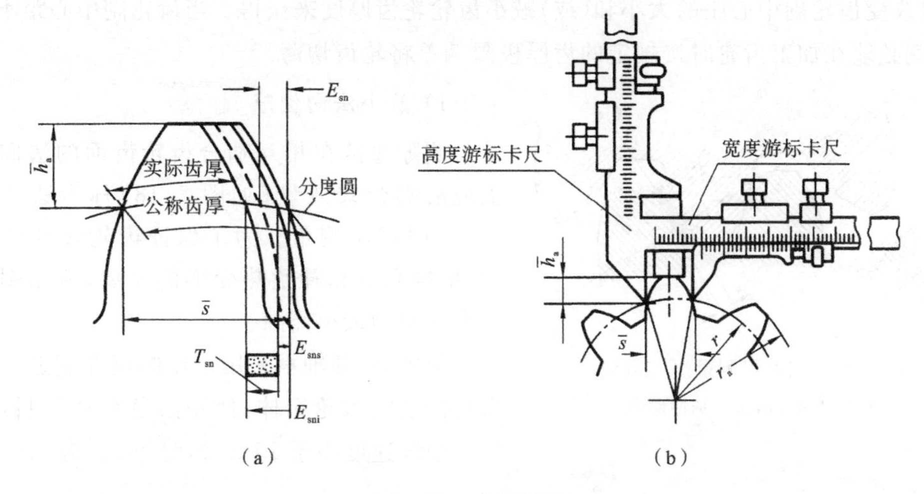

图 7.17　齿厚测量

z——齿数。

对于变位直齿轮：

$$\bar{h}_{a变}=m\left[1+\frac{z}{2}\left(1-\cos\frac{90°+41.7°x}{z}\right)\right] \tag{7.3}$$

$$\bar{s}_{变}=mz\sin\frac{90°+41.7°x}{z} \tag{7.4}$$

式中：x——变位系数。

对于斜齿轮，测量法向齿厚的计算公式与直齿轮相同，只是以法向参数即法向模数 m_n、法向压力角 α_n、法向变位系数 x_n 和当量齿数 $z_当$ 代入相应公式计算。

2. 公法线长度偏差 E_{bn}

E_{bn}是在齿轮一转范围内，实际公法线长度与公称公法线长度之差。

公法线长度 W_n 是在基圆柱切平面上，跨外齿轮的 n 个齿或内齿轮的 n 个齿槽，在接触到一个齿的右齿面和另一个齿的左齿面的两个平行平面之间测得的距离。W_n 的公称值为

$$W_n=m\cos\alpha[\pi(n-0.5)+z\,\mathrm{inv}\,\alpha]+2xm\sin\alpha \tag{7.5}$$

对于标准齿轮：

$$W_n=m[1.476(2n-1)+0.014z] \tag{7.6}$$

式中：x——径向变位系数；

$\mathrm{inv}\,\alpha$——α 角的渐开线函数；

n——测量时的跨齿数；

m——模数；

z——齿数。

3. 齿侧间隙

相互啮合齿轮的相邻非工作齿面间的侧隙是齿轮副装配后自然形成的。适当的侧隙可

以通过改变齿轮副中心距的大小和(或)减小齿轮轮齿厚度来获得。当齿轮副中心距不能调整时,就必须在加工齿轮时按规定的齿厚极限偏差将轮齿切薄。

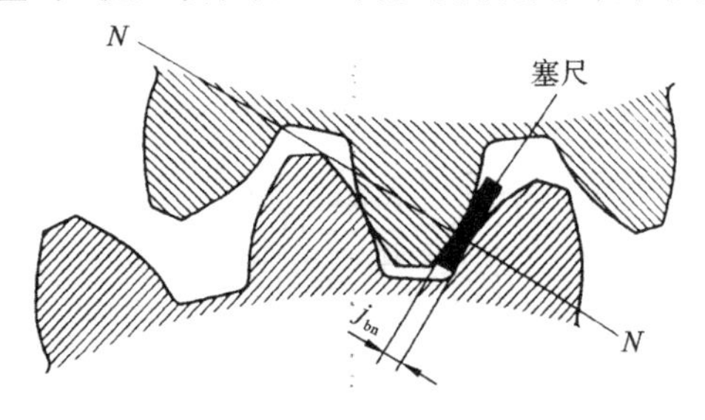

图 7.18 用塞尺测量法向侧隙

NN—啮合线;j_{bn}—法向侧隙

1) 最小法向侧隙 $j_{bn\ min}$

侧隙通常在相互啮合齿轮齿面的法向平面上或沿啮合线测量(见图 7.18)称为法向侧隙 j_{bn},可用塞尺测量。为了保证齿轮转动的灵活性,根据润滑和补偿热变形的需要,齿轮副必须具有一定的最小侧隙。

箱体、轴和轴承采用常用的商业制造公差的齿轮传动的齿轮箱体,使用黑色金属材料,当齿轮节圆线速度小于 15 m/s,时,$j_{bn\ min}$为

$$j_{bn\ min}=\frac{2}{3}(0.06+0.0005a+0.003m_n) \tag{7.7}$$

式中:a——中心距;

m_n——法向模数。

按式(7.7)可得出表 7.1 中的推荐数据。

表 7.1 对于中、大模数齿轮 $j_{bn\ min}$ 的推荐数据(摘自 GB/Z 18620.2—2008)

模数 m_n	最小中心距 a/mm					
	50	100	200	400	800	1600
1.5	0.09	0.11	—	—	—	—
2	0.10	0.12	0.15	—	—	—
3	0.12	0.14	0.17	0.24	—	—
5	—	0.18	0.21	0.28	—	—
8	—	0.24	0.27	0.34	0.47	—
12	—	—	0.35	0.42	0.55	—
18	—	—	—	0.54	0.67	0.94

2) 齿侧间隙的获得和检验项目

齿轮轮齿的配合是采用基准中心距制,所以,齿侧间隙必须通过减薄齿厚来获得,其检测可用控制齿厚或公法线长度等方法来保证侧隙。

(1) 用齿厚极限偏差控制齿厚。

为获得最小侧隙 $j_{bn\ min}$,齿厚应有最小减薄量,它是由分度圆齿厚上偏差 E_{sns} 形成的。可通过类比法确定 E_{sns},或参考下述方法计算选取。

当主动轮与被动轮齿厚都做成最大值即为上偏差时,可获得最小侧隙 $j_{bn\ min}$。通常取两齿轮的齿厚上偏差相等,即

$$j_{bn\ min}=2|E_{sns}|\cos\alpha_n \tag{7.8}$$

所以

$$E_{sns}=\frac{-j_{bn\ min}}{2\cos\alpha_n} \tag{7.9}$$

当对最大侧隙有要求时，齿厚下偏差 E_{sni} 也需要控制，这时需计算齿厚公差 T_{sn}。T_{sn} 过小会增加齿轮制造成本；T_{sn} 过大会使侧隙加大，使齿轮反转时空行程加大。

$$T_{sn}=\sqrt{F_r^2+b_r^2}2\tan\alpha_n \tag{7.10}$$

式中：F_r——径向力；

α_n——法向压力角；

b_r——切齿径向进刀公差，按表 7.2 选取。

表 7.2　切齿径向进刀公差 b_r 值

齿轮精度等级	4	5	6	7	8	9
b_r 值	1.26 IT7	IT8	1.26 IT8	IT9	1.26 IT9	IT10

注：查 IT 值的主参数为分度圆直径尺寸。

所以，E_{sni} 为

$$E_{sni}=E_{sns}-T_{sn} \tag{7.11}$$

如果齿厚偏差合格，则实际齿厚偏差 E_{sn} 应处于齿厚公差带内，从而保证齿轮副侧隙满足要求。

(2) 用公法线长度极限偏差控制齿厚。

齿厚偏差的变化必然引起公法线长度的变化，而测量公法线平均长度同样可以控制齿侧间隙。

$$E_{bns}=E_{sns}\cos\alpha_n-0.72F_r\sin\alpha_n \tag{7.12}$$

$$E_{bni}=E_{sni}\cos\alpha_n+0.72F_r\sin\alpha_n \tag{7.13}$$

式中：E_{bns}——公法线长度的上偏差；

E_{bni}——公法线长度的下偏差。

7.4　齿轮坯精度和齿轮副精度的评定指标及检测

1. 盘形齿轮的齿轮坯公差

在图 7.19 中，盘形齿轮的基准表面是：齿轮安装在轴上的基准孔(ϕD)、切齿时的基准端面(S_i)、径向基准面(S_r)、齿顶圆柱面(ϕd_a)。

基准孔的尺寸公差(采用包容要求)、齿顶圆的尺寸公差、基准孔的圆柱度公差参照附表 45 选取。基准端面 S_i 对基准孔轴线的轴向圆跳动公差 t_i、径向基准面 S_r 对基准孔轴线的径向圆跳动公差 t_r 参照附表 46 选取。

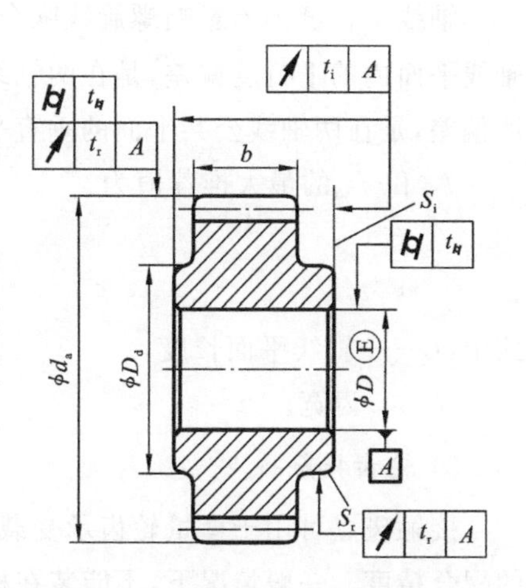

图 7.19　盘形齿轮的齿轮坯公差

2. 齿轮轴的齿轮坯公差

图 7.20 中齿轮轴的基准表面是：安装滚动轴承的

两个轴颈($2\times\phi d$)、轴向基准端面($2\times S_i$)和齿顶圆柱面。

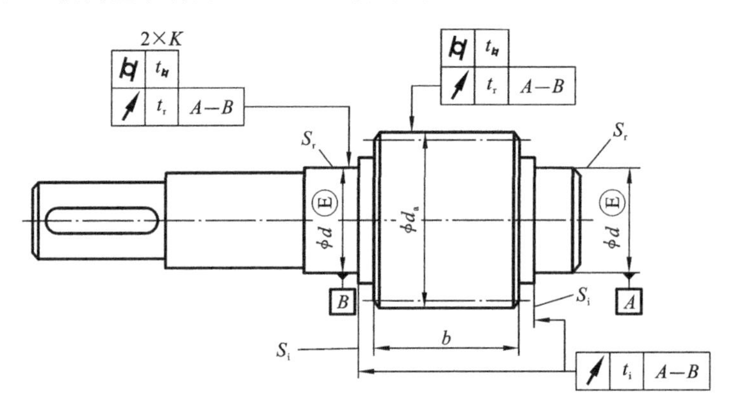

图 7.20　齿轮轴的齿轮坯公差

两个轴颈的尺寸公差(采用包容要求)、齿顶圆的尺寸公差、两轴颈的圆柱度公差参照附表 45 选取,两轴颈分别对它们的公共基准轴线的径向圆跳动公差 t_r 和基准端面($2\times S_i$)对两轴颈的公共轴线的轴向圆跳动公差 t_i 参照附表 46 选取。

齿轮齿面和基准面的表面粗糙度推荐值见附表 47 和附表 48。

3. 齿轮副精度评定指标

1) 中心距极限偏差($\pm f_a$)

在齿轮只是单向承载运转而不经常反转的情况下,中心距极限偏差主要考虑重合度的影响。当轮齿上的负载经常反转时,中心距允许偏差需考虑以下因素:① 轴、箱体和轴承的偏斜;② 安装误差;③ 轴承跳动;④ 温度的影响。

对传递运动的齿轮,其侧隙需控制,所以中心距极限偏差应较小。一般 5、6 级精度齿轮 $f_a=\frac{IT7}{2}$;7、8 级精度齿轮 $f_a=\frac{IT9}{2}$(推荐值)。

2) 轴线平行度偏差($f_{\Sigma\delta}$、$f_{\Sigma\beta}$)

轴线平行度偏差影响螺旋线啮合偏差,即影响齿轮的接触精度,如图 7.21 所示。$f_{\Sigma\delta}$ 为轴线平面内的平行度偏差,是在两轴线的公共平面上测量的。$f_{\Sigma\beta}$ 为轴线垂直平面内的平行度偏差,是在两轴线公共平面的垂直平面上测量的。

$f_{\Sigma\delta}$ 和 $f_{\Sigma\beta}$ 的最大推荐值为

$$f_{\Sigma\delta}=2f_{\Sigma\beta} \tag{7.14}$$

$$f_{\Sigma\beta}=0.5(L/b)F_\beta \tag{7.15}$$

式中:L——轴线平面长度;

b——齿宽。

3) 轮齿接触斑点

接触斑点可用于衡量轮齿承受载荷的均匀分布程度,并从定性和定量上分析齿长方向的配合精度。一般情况下,不能装在检查仪上的大齿轮或现场没有检查仪可用的场合下,采用这种测量方法,如舰船用的大型齿轮,起重机、提升机的开式末级传动齿轮等。

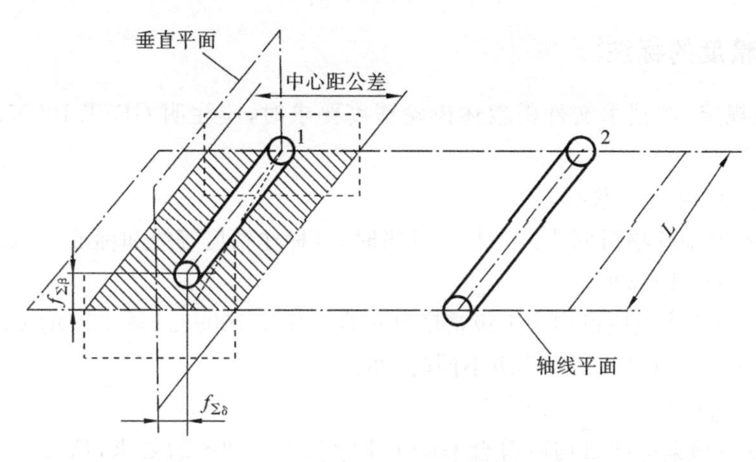

图7.21　轴线平行度偏差

其优点是：测试简易快捷、能准确反映装配精度状况、能够综合反映轮齿的配合性。表7.3给出了齿轮装配后接触斑点的最低要求。

表7.3　齿轮装配后接触斑点（摘自GB/Z 18620.4—2008）

参数 / 齿轮 / 精度等级	$b_{c1}/b\times100\%$		$h_{c1}/h\times100\%$		$b_{c2}/b\times100\%$		$h_{c2}/h\times100\%$	
	直齿轮	斜齿轮	直齿轮	斜齿轮	直齿轮	斜齿轮	直齿轮	斜齿轮
4级及更高	50	50	70	50	40	40	50	30
5和6	45	45	50	40	35	35	30	20
7和8	35	35	50	40	35	35	30	20
9至12	25	25	50	40	25	25	30	20

7.5　圆柱齿轮精度标准及其应用

1. 精度等级

GB/T 10095.1—2008标准对轮齿同侧齿面的11项偏差规定了13个精度等级，即0、1、2、…、12级。其中，0级最高，12级最低，适用于分度圆直径5～10000 mm、法向模数0.5～70 mm、齿宽4～1000 mm的渐开线圆柱齿轮。

GB/T 10095.2—2008标准对径向综合总偏差F''_i和一齿径向综合偏差f''_i规定了4、5、…、12共9个精度等级，其中4级最高、12级最低。使用的尺寸范围：分度圆直径5～1000 mm、法向模数0.2～10 mm。

0～2级精度的齿轮要求非常高，我国目前的制造水平和测量条件尚未达到。3～5级为高精度等级；6～8级为中等精度等级；9～12级为低精度等级。5级精度是确定齿轮各项允许值计算式的基础级。

2. 齿轮精度的标注

国家标准规定：在技术文件需叙述齿轮精度要求时，应注明 GB/T 10095.1—2008 或 GB/T 10095.2—2008。

齿轮精度标注时应考虑：

(1) 若齿轮的检验项目同为某一精度等级时，可标注精度等级和标准号，如：

7GB/T 10095. 1—2008

含义：齿轮各项偏差项目均为 7 级精度且符合 GB/T 10095.1—2008 的要求。

(2) 若齿轮检验项目的精度等级不同时，如：

7(F_P)6($F_\alpha F_\beta$)GB/T 10095.1—2008

含义：齿轮各项偏差项目均应符合 GB/T 10095.1—2008 的要求，F_P 为 7 级精度，F_α、F_β 均为 6 级精度。

3. 精度等级的选用

选用齿轮精度等级主要考虑：齿轮传动的用途、使用条件及对它的技术要求。既要考虑传动运动的精度、齿轮的圆周速度、传递的功率、工作持续时间、振动与噪声、润滑条件、使用寿命及生产成本等要求，同时还要考虑工艺的可能性和经济性。

用类比法选择齿轮精度等级时，应注意以下问题：

(1) 了解各级精度等级应用的大体情况，见表 7.4 和表 7.5；

(2) 根据使用要求，轮齿同侧齿面各项偏差的精度等级可以相同，也可以不同；

(3) 径向综合总偏差 F''_i、一齿径向综合偏差 f''_i 及径向跳动 F_r 的精度等级应相同，但它们与轮齿同侧齿面偏差的精度等级可以相同，也可以不相同。

表 7.4 部分机械采用的齿轮精度等级

应用范围	精度等级	应用范围	精度等级
单啮仪、双啮仪	2～5	载重汽车	6～9
轮减速器	3～5	通用减速器	6～9
金属切削机床	3～8	轧钢机	5～10
航空发动机	4～7	矿用绞车	6～10
内燃机	5～8	起重机	6～9
轻型汽车	5～8	拖拉机	6～10

表 7.5 圆柱齿轮精度等级的适用范围

精度等级	圆周速度/(m/s)		工作条件及应用范围	切齿方法
	直齿	斜齿		
3	＞40	＞75	用于特别精密的分度机构或在最平稳且无噪声的极高速下工作的齿轮传动中的齿轮；特别是精密机构中的齿轮、高速传动的齿轮(透平传动)；检测 5、6 级的测量齿轮	在周期误差特小的精密机床上用展成法加工

续表

精度等级	圆周速度/(m/s)		工作条件及应用范围	切齿方法
	直齿	斜齿		
4	>35	>70	用于特别精密的分度机构或在最平稳且无噪声的极高速下工作的齿轮传动中的齿轮；特别是精密机构中的齿轮、高速透平传动的齿轮；检测 7 级的测量齿轮	在周期误差极小的精密机床上用展成法加工
5	>20	>40	用于精密的分度机构或在极平稳且无噪声的高速下工作的齿轮传动中的齿轮；特别是精密机构中的齿轮、透平传动的齿轮；检测 8、9 级的测量齿轮	在周期误差小的精密机床上用展成法加工
6	<15	<30	用于要求最高效率且无噪声的高速下工作的齿轮传动中的齿轮或分度机构的齿轮传动中的齿轮；特别重要的航空、汽车用齿轮；读数装置中的特别精密的齿轮	在精密机床上用展成法加工
7	<10	<15	在高速和适度功率或大功率和适度速度下工作齿轮；金属切削机床中需要协调性的进给齿轮；高速减速器齿轮；航空、汽车以及读数装置用齿轮	在精密机床上用展成法加工
8	<6	<10	无须特别精密的一般机械制造用齿轮，不包括在分度链中的机床齿轮；飞机、汽车制造业中不重要的齿轮；起重机构用齿轮；农业机械中的重要齿轮；通用减速器齿轮	用展成法加工或分度法加工
9	<2	<4	用于粗糙工作的，不提正常精度要求的齿轮，因结构上考虑受载低于计算载荷的传动齿轮	任何方法

4. 齿厚偏差标注

按照 GB/T 6443—1986《渐开线圆柱齿轮图样上应注明的尺寸数据》的规定，应将齿厚(或公法线长度)及其极限偏差数值注写在图样右上角的参数表中。

附表 49～56 分别给出了齿轮各项偏差的数值。

例 7.1　某通用减速器齿轮中有一对斜齿齿轮副，模数 $m_n=3$ mm，齿形角 $\alpha_n=20°$，螺旋角 $\beta=14.8°$，齿数 $z_1=24$，$z_2=69$，齿宽 $b=52$ mm，大齿轮孔径 $D=45$ mm，圆周速度 $v=6.4$ m/s，小批量生产。试设计大齿轮精度，并图出大齿轮零件图。

解　(1) 确定检验项目。

必检项目为单个齿距偏差 f_{pt}、齿距累积总偏差 F_P、齿廓总偏差 F_α 和螺旋线总偏差 F_β。由于是批量生产，径向综合总偏差 F''_i 和一齿径向综合偏差 f''_i 为辅助检验项目。

(2) 确定精度等级。

参考表 7.4 和表 7.5，由于减速器对运动准确性要求不高，所以影响运动准确性的项目取 8 级，其余项目 7 级，即：

8(F_P)、7($f_{pt}F_\alpha F_\beta$)GB/T 10095.1—2008；

8(F''_i)、7(f''_i)GB/T 10095.2—2008。

(3) 确定检验项目的允许值。

查附表 49～54 得到：

$f_{pt}=\pm13\ \mu m$；$F_P=70\ \mu m$；$F_\alpha=18\ \mu m$；$F_\beta=21\ \mu m$；$F''_i=86\ \mu m$；$f''_i=21\ \mu m$

(4) 确定齿厚极限偏差。

① 确定最小法向侧隙 $j_{bn\,min}$。

中心距 $a=m_n(z_1+z_2)/2=\frac{3}{2}\times(24+69)\ mm=139.5\ mm$，由式(7.8)得

$$j_{bn\,min}=\frac{2}{3}\times(0.06\ mm+0.0005a+0.003m_n)$$

$$=\frac{2}{3}\times(0.06\ mm+0.0005\times139.5\ mm+0.03\times3\ mm)$$

$$=0.1465\ mm$$

② 确定齿厚上偏差 E_{sns}。

由式(7.9)得：

$$E_{sns}=\frac{-j_{bn\,min}}{2\cos\alpha_n}=-0.1465/(2\cos20^\circ)\ mm=-0.078\ mm$$

③ 计算齿厚公差 T_{sn}。

查附表 55(按 8 级查)得 $F_r=56\ \mu m$。

查表 7.2 得 $b_r=1.26IT9=1.26\times115\ \mu m=144.9\ \mu m$，代入式(7.10)得：

$$T_{sn}=\sqrt{F_r^2+b_r^2}2\tan\alpha_n=\sqrt{56^2+144.9^2}\cdot2\tan20^\circ\mu m\approx113\ \mu m$$

④ 计算齿厚下偏差 E_{sni}。

由式(7.11)得：

$$E_{sni}=E_{sns}-T_{sn}=-0.078\ \mu m-0.113\ \mu m=-0.191\ \mu m$$

(5) 确定齿坯精度。

① 齿坯内孔的尺寸公差。

查附表 45，孔的尺寸公差为 7 级，取 H7，即 $\phi45H7^{+0.025}_{0}$。

② 齿顶圆柱面的尺寸公差。

齿顶圆是检测齿厚的基准，查附表 45，齿顶圆柱面的尺寸公差为 IT8，取 h8，即 $\phi213h8^{0}_{-0.072}$。

③ 齿轮内孔的形状公差。

查取附表 45，圆柱度公差为 $0.1F_P=0.1\times0.070\ mm=0.007\ mm$。

④ 两端的跳动公差。

两端面在制造和工作时作为轴向定位的基准，查取附表 46，选其跳动公差为 0.022 mm。

⑤ 顶圆的径向跳动公差。

查附表 46，其跳动公差为 0.022 mm。

⑥ 齿面及其余各表面的粗糙度。

按附表 47 和附表 48 选取。

(6) 绘制齿轮工作图。

齿轮工作图如图 7.22 所示。

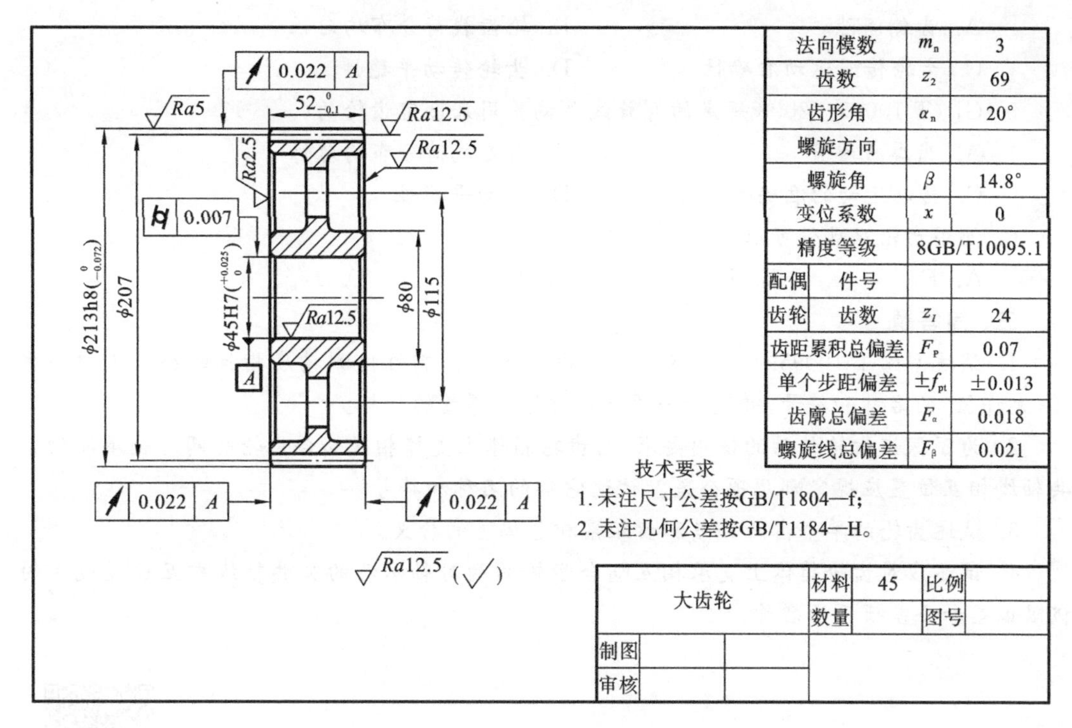

图 7.22　大齿轮工作图

习　　题

一、填空题

1. 按 GB/T 10095.1—2008 的规定，渐开线圆柱齿轮的精度等级分为(　　)共 13 级；其中(　　)级精度是 13 个精度等级中的基础级，也是该标准所给出齿轮各项公差和极限偏差(允许值)计算公式中的精度等级。

2. 齿轮副侧隙的作用在于(　　)和(　　)。

3. 齿轮径向跳动是由(　　)偏心引起的，是评定齿轮(　　)的指标。

4. 用径向跳动测量仪来测量齿轮径向跳动时，被测齿轮绕其(　　)间断的转动，并将测头相继放入每一个齿槽内，对所有的齿槽进行测量，由与测头连接的指示表读取示值。测得的所有示值中的(　　)与(　　)的差值，即为该齿轮的径向跳动的数值。

二、选择题

1. 齿轮副所需的最小间隙 $j_{bn\,min}$ 与齿轮精度等级的关系是(　　)。

　A. 齿轮等级越高，则 j_{bnmin} 越小　　B. 齿轮精度等级越高，则 j_{bnmin} 越大

　C. j_{bnmin} 与齿轮精度等级有关　　D. j_{bnmin} 与齿轮精度等级无关

2. 下列的齿轮公差项目中，不属于综合公差的项目是(　　)。

　A. F_r　　B. F'_i　　C. f''_i　　D. F''_i

3. 下列指标中，评定齿轮传递运动的准确性的指标是(　　)。

　A. F_P　　B. F_β　　C. f'_i　　D. E_w

4. 齿轮齿距累积总偏差用来评定(　　)。

A. 齿侧间隙　　B. 轮齿载荷分布均匀性

C. 齿轮传递运动准确性　　D. 齿轮传动平稳性

5. GB/T 10095—2008 规定的螺旋线总偏差用来评定齿轮的(　　)。

A. 齿厚减薄量　　B. 齿轮载荷分布均匀性

C. 传动运动的准确性　　D. 传动平稳性

6. 使用齿轮双啮仪可以测量(　　)。

A. F'_i　　B. F_α　　C. f_{pt}　　D. F''_i

三、简答题

1. 试述 GB/T 10095.1—2008 规定的齿轮各个强制性检测精度指标的公差或极限偏差(允许值)的名称和符号,并选择一项评定齿厚减薄量的指标。

2. 为了保证齿轮传动的使用要求,对齿轮箱体上支撑相互啮合齿轮的两对轴承孔的公共轴线相互位置应规定哪几项公差?试述它们的名称和符号。

3. 试述齿轮的单个齿距偏差和齿距累积总偏差的含义。

4. 试述应对齿轮箱体上支承相互啮合齿轮的两对轴承孔的公共轴线相互位置规定的极限偏差和公差项目的名称。

第8章 尺 寸 链

设计机器和零部件时，不仅需进行运动、强度、刚度等的分析与计算，还需进行精度设计。在满足产品设计预定技术要求的前提下，合理地确定机器零件的尺寸、几何形状和相互位置公差，能使零件、机器获得经济加工和顺利装配。尺寸链原理是分析、研究和解决整机、部件与零件精度间的关系的基本理论。在充分考虑整机、部件的装配精度与零件加工精度的前提下，运用尺寸链计算方法，能合理地确定零件的尺寸公差和位置公差，使产品获得尽可能高的性能价格比，创造最佳的技术经济效益。我国已发布国家标准 GB/T 5847—2004《尺寸链　计算方法》，供设计时参考使用。

8.1 尺寸链的基本概念

8.1.1 术语定义

1. 尺寸链

尺寸链指在机器装配或零件加工过程中，由相互连接的尺寸形成的封闭的尺寸组。

在图 8.1(a)中，将直径为 A_1 的轴装入直径为 A_2 的孔中，装配后得到间隙 A_0，所以 A_0 的大小取决于孔径 A_2 和轴径 A_1 的大小。A_1 和 A_2 属于不同零件的设计尺寸。这样，A_0、A_1 和 A_2 这三个相互连接的尺寸就形成了封闭的尺寸组，即形成了一个尺寸链。

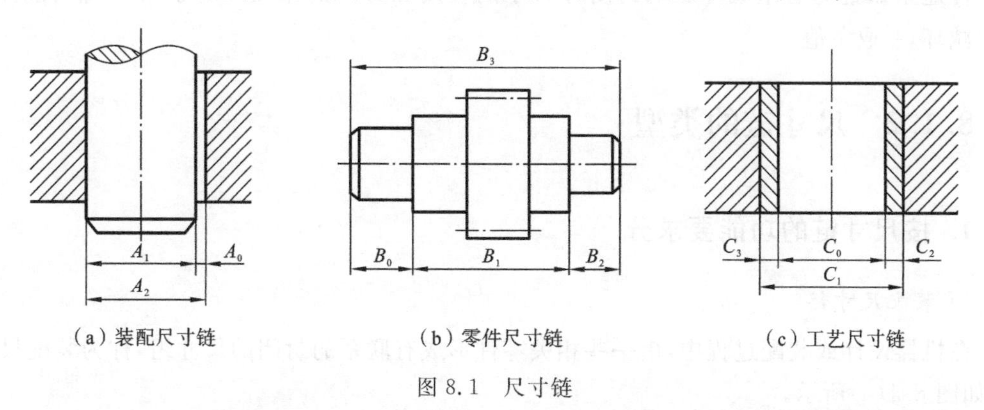

(a) 装配尺寸链　　(b) 零件尺寸链　　(c) 工艺尺寸链

图 8.1　尺寸链

图 8.1(b)是齿轮轴及其各个轴向长度尺寸，按轴的全长 B_3 下料，然后加工出尺寸 B_2 和 B_1，最后形成尺寸 B_0，所以 B_0 的大小取决于尺寸 B_1、B_2 和 B_3 的大小。B_1、B_2 和 B_3 皆

为同一零件的设计尺寸。这样，B_0、B_1、B_2 和 B_3 这四个相互连接的尺寸就形成了一个尺寸链。

图 8.1(c)所示尺寸链为内孔需要镀铬所采用的。镀铬前按工序尺寸(直径)C_1 加工孔，孔壁镀铬厚度为 C_2、C_3($C_2=C_3$)，镀铬后得到孔径 C_0，所以，C_0 的大小取决于 C_1、C_2 和 C_3 的大小。C_1、C_2 和 C_3 皆为同一零件的工艺尺寸。这样，C_0、C_1、C_2 和 C_3 这四个相互连接的尺寸就形成了一个尺寸链。

2. 环

尺寸链中的每一个尺寸，都称为环，如图 8.1(a)中的 A_0、A_1 和 A_2 以及 8.1(b)中的 B_0、B_1、B_2 和 B_3 都是尺寸链的环，环一般用英文大写字母表示，分为封闭环和组成环。

1) 封闭环

封闭环指尺寸链中在装配或加工过程中最后自然形成的那个环，如图 8.1(a)中的 A_0(装配过程中最后形成的)，图 8.1(b)中的 B_0(切削加工中最后形成的)，图 8.1(c)中的 C_0(其他工艺过程中最后形成的)。封闭环一般用下角标为阿拉伯数字“0”的英文大写字母表示。

2) 组成环

组成环指尺寸链中对封闭环有影响的全部环。这些环中任何一环的变动必然引起封闭环的变动。一般在尺寸链中，封闭环以外的其余环都是组成环。组成环一般用下角标为阿拉伯数字(1,2,3,…)的英文大写字母表示，如图 8.1(a)中的 A_1、A_2，图 8.1(b)中的 B_1、B_2、B_3，图 8.1(c)中的 C_1、C_2、C_3。组成环可分为增环和减环。

① 增环：当尺寸链中其他组成环不变时，某一组成环增大，封闭环亦随之增大，则该组成环是增环，如图 8.1(a)中的 A_2。

② 减环：当尺寸链中其他组成环不变时，某一组成环增大，封闭环反而随之减小，则该组成环是减环，如图 8.1(a)中的 A_1。

3. 传递系数

传递系数 ξ_i 是各组成环影响封闭环大小的程度和方向的系数。对于增环，ξ_i 取正值；对于减环，ξ_i 取负值。

8.1.2 尺寸链的类型

1. 按尺寸链的功能要求分

1) 装配尺寸链

在机器设计或装配过程中，由一些相关零件形成有联系的封闭的尺寸组，称为装配尺寸链，如图 8.1(a)所示。

2) 零件尺寸链

同一零件上由各个设计尺寸构成相互有联系的封闭的尺寸组，称为零件尺寸链，如图

8.1(b)所示。设计尺寸是指图样上标注的尺寸。

3）工艺尺寸链

零件在机械加工过程中，同一零件上由各个工艺尺寸构成相互有联系的封闭的尺寸组，称为工艺尺寸链，如图8.1(c)所示。

装配尺寸链与零件尺寸链统称为设计尺寸链。

2. 按尺寸链中各环的相互位置分

1）直线尺寸链

直线尺寸链的全部组成环都位于两条或几条平行的直线上，如图8.1所示。

2）平面尺寸链

平面尺寸链的全部组成环都位于一个平面或几个平行的平面内，但某些组成环不平行于封闭环，如图8.2所示。

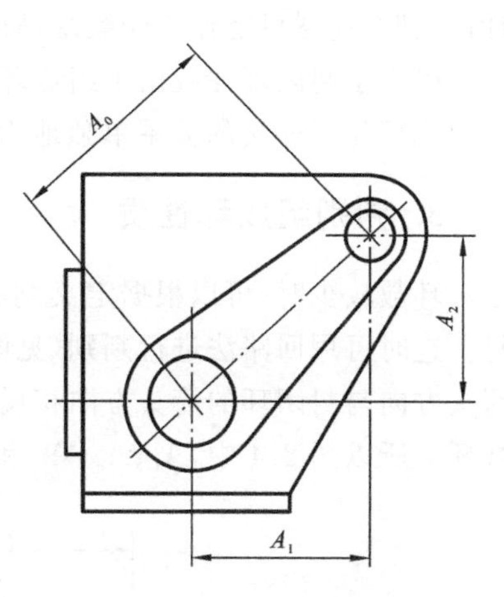

图8.2 平面尺寸链

3）空间尺寸链

空间尺寸链指全部环位于空间不平行的平面上。

最常见的尺寸链是直线尺寸链。平面尺寸链和空间尺寸链可以通过坐标投影的方法转换为直线尺寸链，然后按直线尺寸链的计算方法来计算。本章只阐述直线尺寸链的计算方法。

图8.3 角度尺寸链

3. 按构成尺寸链各环的几何特征分

1）长度尺寸链

长度尺寸链中，零件两要素之间的距离为长度尺寸，如图8.1所示。

2）角度尺寸链

角度尺寸链中，零件两要素之间具有角度尺寸，如图8.3所示。

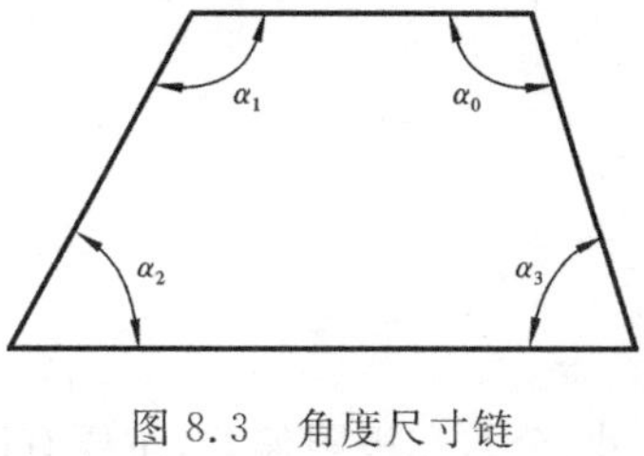

8.1.3 尺寸链的建立

正确建立尺寸链是进行尺寸链计算的前提，以直线装配尺寸链为例说明建立尺寸链的步骤。

1. 确定封闭环

装配尺寸链的封闭环就是装配后应达到的装配精度要求。

2. 建立尺寸链

在装配关系中，对装配精度要求有直接影响的那些零件的尺寸，都是装配尺寸链中的组成环。查找组成环的方法是:从封闭环的一端开始,依次找出那些会引起封闭环变动的相互连接的各个零件尺寸,直到最后一个零件尺寸与封闭环的另一端连接为止,其中每一个尺寸就是一个组成环。

在查找组成环时,应注意遵循“最短尺寸链原则”。在装配精度要求既定的条件下,组成环数目越少,则组成环所分配到的公差就越大,组成环所在部位的加工就越容易。所以在设计产品时,应尽可能使影响装配精度的零件数量最少。

确定了封闭环并找出了组成环后,用符号将它们标注在装配示意图上,或将封闭环和各个组成环相互连接的关系单独地用简图表示出来,就得到了尺寸链图。

3. 判别组成环性质

环数较少时,可以根据定义判别组成环的性质;环数较多时,增、减环的判别不是很容易。这时可用回路法进行判别(见图 8.4):从封闭环 A_0 开始顺着一定的路线标箭头,凡是箭头方向与封闭环的箭头方向相反的环是增环;箭头方向与封闭环的箭头方向相同的环是减环。所以图 8.4 中,A_1、A_3、A_5 和 A_7 为增环,A_2、A_4、A_6 为减环。

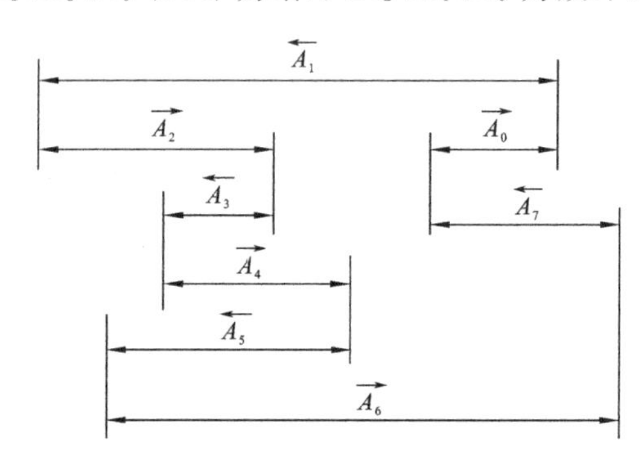

图 8.4 使用回路法判别增、减环

8.1.4 尺寸链的计算

尺寸链的计算指正确合理地确定尺寸链中各环的基本尺寸、公差和极限偏差,主要有以下三种计算方式。

(1) 设计计算:指已知封闭环的极限尺寸和各组成环的基本尺寸,计算各组成环公差与极限偏差。

在产品设计过程中,由机器或部件的装配精度确定各组成环的尺寸公差和极限偏差,并把封闭环公差合理地分配给各组成环。但通过设计计算所得的解不是唯一的,可能有多种不同的解。

(2) 校核计算:指已知各组成环的基本尺寸和极限偏差,计算封闭环的基本尺寸和极限偏差。

校核计算主要用于检验零件图上标注的各组成环的基本尺寸和极限偏差,在加工后是否满足所设计产品的技术要求。

(3) 工艺尺寸计算:指已知封闭环和某些组成环的基本尺寸和极限偏差,计算某一组成环的基本尺寸和极限偏差。

工艺尺寸计算常用于零件加工过程中，计算某工序需要确定而在该零件的图样上没有标注的工序尺寸。

8.2　完全互换法

完全互换法从保证完全互换着手，由各组成环的极限尺寸计算封闭环的极限尺寸，从而求得封闭环公差。该方法按各环的极限尺寸进行尺寸链计算，也称极值法。

8.2.1　完全互换法解(线性)尺寸链的基本公式

1. 封闭环的公称尺寸A_0

封闭环的公称尺寸A_0等于所有增环的公称尺寸A_i之和减去所有减环的公称尺寸A_j之和，即

$$A_0 = \sum_{i=1}^{n} A_i - \sum_{j=n+1}^{m} A_j \tag{8.1}$$

式中：n——增环环数；

m——全部组成环数。

2. 封闭环的上极限尺寸$A_{0\max}$

封闭环的上极限尺寸$A_{0\max}$等于所有增环的上极限尺寸之和减去所有减环的下极限尺寸之和，即

$$A_{0\max} = \sum_{i=1}^{n} A_{i\max} - \sum_{j=n+1}^{m} A_{j\min} \tag{8.2}$$

3. 封闭环的下极限尺寸$A_{0\min}$

封闭环的下极限尺寸$A_{0\min}$等于所有增环的下极限尺寸之和减去所有减环的上极限尺寸之和，即

$$A_{0\min} = \sum_{i=1}^{n} A_{i\min} - \sum_{j=n+1}^{m} A_{j\max} \tag{8.3}$$

4. 封闭环的上偏差ES_0

由式(8.2)减式(8.1)得：

$$ES_0 = \sum_{i=1}^{n} ES_i - \sum_{j=n+1}^{m} EI_j \tag{8.4}$$

即封闭环的上偏差等于所有增环的上偏差之和减去所有减环的下偏差之和。

5. 封闭环的下偏差EI_0

由式(8.3)减式(8.1)得：

$$EI_0 = \sum_{i=1}^{n} EI_i - \sum_{j=n+1}^{m} ES_j \tag{8.5}$$

即封闭环的下偏差等于所有增环的下偏差之和减去所有减环的上偏差之和。

6. 封闭环公差 T_0

由式(8.2)减式(8.3)得：

$$T_0 = \sum_{i=1}^{m} T_i \tag{8.6}$$

即封闭环公差等于所有组成环公差之和。从式(8.6)看出：

(1) 当 $T_0 > T_i$ 时，即封闭环公差最大，精度最低。所以，在零件尺寸链中应尽可能地选取最不重要的尺寸作为封闭环。但是，在装配尺寸链中，封闭环应是装配后所能达到的要求，不能随意选定。

(2) 当 T_0 一定时，如果组成环数越多，则各组成环公差越小，经济性越差。因此，设计中应遵守“最短尺寸链”原则，使组成环数尽可能少。对于装配尺寸链，可通过改变零部件的结构设计、减少零件数目来减少组成环的环数；对于工艺尺寸链，可通过改变加工工艺方案来减少尺寸链的环数。

8.2.2 校核计算

已知各组成环的公称尺寸和极限偏差，求封闭环的公称尺寸和极限偏差，以校核几何精度设计的正确性。

例 8.1 在图 8.5(a)所示的齿轮部件中，轴是固定的，齿轮在轴上回转，设计要求齿轮左右端面与挡环之间有间隙，现将此间隙集中在齿轮右端面与右挡环左端面之间，按工作条件，要求 $A_0 = 0.10 \sim 0.45$ mm，已知：$A_1 = 43^{+0.20}_{+0.10}$ mm，$A_2 = A_4 = 5^{\ 0}_{-0.05}$ mm，$A_3 = 30^{\ 0}_{-0.10}$ mm，$A_5 = 3^{\ 0}_{-0.05}$ mm。试问：所规定的零件公差及极限偏差能否保证齿轮部件装配后的技术要求？

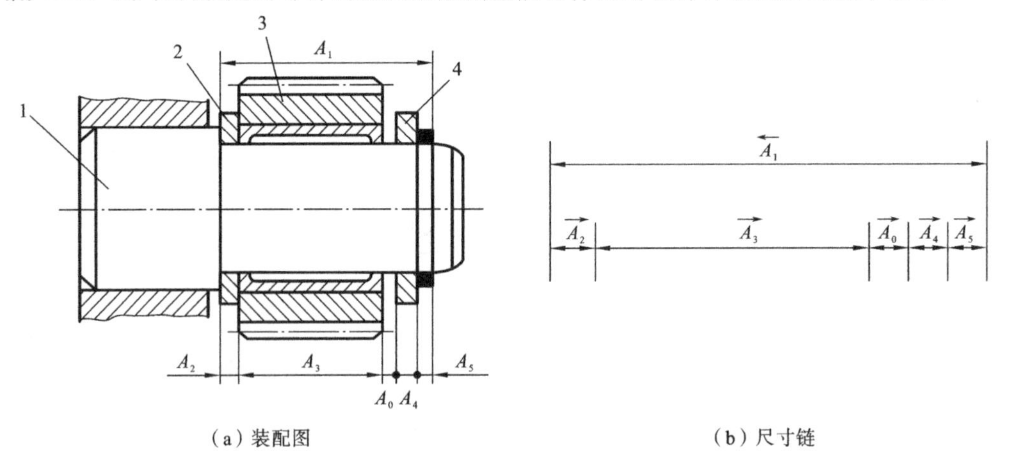

(a) 装配图　　(b) 尺寸链

图 8.5　校核计算示例

1—轴；2—左挡环；3—齿轮；4—右挡环

解　(1) 画尺寸链，区分增环、减环。

齿轮部件的间隙 A_0 是在装配过程最后形成的，是尺寸链的封闭环，$A_1 \sim A_5$ 是五个组成环。在图 8.5(b)中，A_1 是增环，A_2、A_3、A_4、A_5 是减环。

(2) 封闭环的公称尺寸。

将各组成环的公称尺寸代入式(8.1)，得

$$A_0=A_1-(A_2+A_3+A_4+A_5)=[43-(5+30+5+3)]\ \text{mm}=0\ \text{mm}$$

(3) 校核封闭环的极限尺寸。

由式(8.2)和式(8.3)得

$$\begin{aligned}A_{0\max}&=A_{1\max}-(A_{2\min}+A_{3\min}+A_{4\min}+A_{5\min})\\&=[43.20-(4.95+29.90+4.95+2.95)]\ \text{mm}=0.45\ \text{mm}\\A_{0\min}&=A_{1\min}-(A_{2\max}+A_{3\max}+A_{4\max}+A_{5\max})\\&=[43.10-(5+30+5+3)]\ \text{mm}=0.10\ \text{mm}\end{aligned}$$

(4) 校核封闭环的公差。

将各组成环的公差，代入式(8.6)，得

$$T_0=T_1+T_2+T_3+T_4+T_5=(0.10+0.05+0.10+0.05+0.05)\ \text{mm}=0.35\ \text{mm}$$

计算结果表明，所规定的零件公差和极限偏差恰好保证齿轮部件装配的技术要求。

8.2.3　设计计算

已知封闭环的公称尺寸和极限偏差，求各组成环的公称尺寸和极限偏差，即合理分配各组成环公差。通常采用等公差法和等精度法。

1. 等公差法

等公差法是假设各组成环的公差值是相等的，按照已知的封闭环公差 T_0 和组成环环数 m，计算各组成环的平均公差 T，即

$$T=\frac{T_0}{m} \tag{8.7}$$

在此基础上，根据各组成环的尺寸大小、加工难易程度对各组成环公差作适当调整，并满足组成环公差之和等于封闭环公差的关系。

2. 等精度法

等精度法是假设各组成环的公差等级是相等的。当尺寸≤500 mm，公差等级在IT5～IT18 范围内时，公差值的计算公式为：IT$=ai$(如第 2 章所述)。所以，根据已知的封闭环公差 T_0 和各组成环的公差因子 i_i，可计算出各组成环的平均公差等级系数 a，即

$$a=\frac{T_0}{\sum i_i} \tag{8.8}$$

为方便计算，各尺寸分段的 i 值见表 8.1。

表 8.1　尺寸≤500 mm 各尺寸分段的公差因子值

分段尺寸/mm	≤3	>3～6	>6～10	>10～18	>18～30	>30～50	>50～80	>80～120	>120～180	>180～250	>250～315	>315～400	>400～500
i/μm	0.54	0.73	0.90	1.08	1.31	1.56	1.86	2.17	2.52	2.90	3.23	3.54	3.89

将求得的 a 值与标准公差计算公式表 2.4 相比较，找出最接近的公差等级后，按该等级查附表 1，求出组成环的公差值，从而进一步确定各组成环的极限偏差。各组成环的公差应满足组成环公差之和等于封闭环公差的关系。

例 8.2 图 8.6 是某齿轮箱的一部分，根据使用要求，间隙 $A_0=1\sim1.75$ mm，若已知：$A_1=140$ mm，$A_2=5$ mm，$A_3=101$ mm，$A_4=50$ mm，$A_5=5$ mm。试按完全互换法计算 $A_1\sim A_5$ 各尺寸的极限偏差与公差。

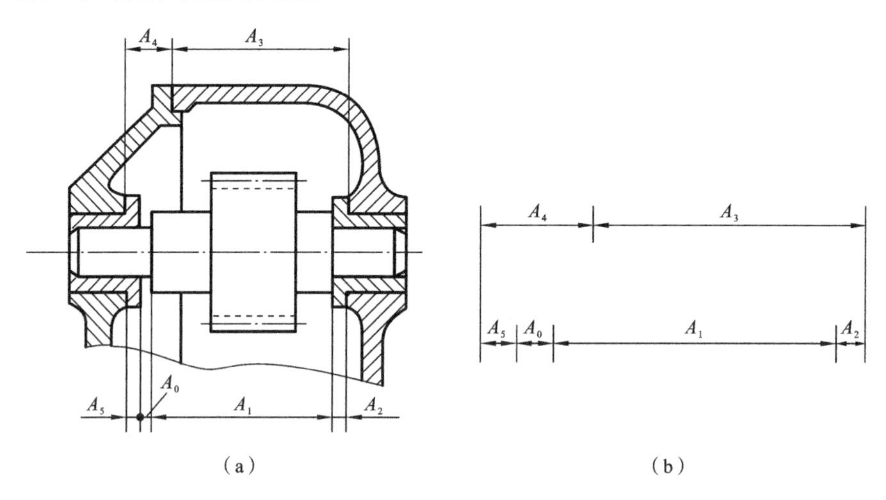

图 8.6 设计计算示例

解 (1) 画尺寸链图，区分增环、减环。

间隙 A_0 是装配过程最后形成的，是尺寸链的封闭环，$A_1\sim A_5$ 是五个组成环，在图 8.6(b)中，A_3、A_4 是增环，A_1、A_2、A_5 是减环。

(2) 计算封闭环的公称尺寸，由式(8.1)知：

$$A_0=A_3+A_4-(A_1+A_2+A_5)=[101+50-(140+5+5)]\text{ mm}=1\text{ mm}$$

所以 $A_0=1^{+0.750}_{0}$ mm。

(3) 用等精度法确定各组成环的公差。

首先，计算各组成环的平均公差等级系数 a，由式(8.8)并查表 8.1 得

$$a=\frac{T_0}{\sum i_i}=\frac{750}{2.52+0.73+2.17+1.56+0.73}=97.3$$

由表 2.4 查得，其接近 IT11 级。根据各组成环的公称尺寸，从附表 1 查得各组成环的公差为：$T_2=T_5=75$ μm，$T_3=220$ μm，$T_4=160$ μm。

根据各组成环的公差之和不得大于封闭环公差，由式(8.6)计算 T_1：

$$\begin{aligned}T_1&=T_0-(T_2+T_3+T_4+T_5)\\&=[750-(75+220+160+75)]\ \mu\text{m}=220\ \mu\text{m}\end{aligned}$$

(4) 确定各组成环的极限偏差。

通常，各组成环的极限偏差按“入体原则”配置，即内尺寸按 H 配置，外尺寸按 h 配置；一般长度尺寸的极限偏差按“对称原则”即按 JS(或 js)配置。因此，组成环 A_1 作为调整尺寸，其余各组成环的极限偏差如下：

$$A_2=A_5=5^{\ 0}_{-0.075}\text{ mm},\quad A_3=101^{+0.220}_{\ 0}\text{ mm},\quad A_4=50^{+0.160}_{\ 0}\text{ mm}$$

(5) 计算组成环 A_1 的极限偏差，由式(8.4)和式(8.5)得

$ES_0 = ES_3 + ES_4 - EI_1 - EI_2 - EI_5$

$0.750\ \text{mm} = +0.220\ \text{mm} + 0.160\ \text{mm} - EI_1 - (-0.075\ \text{mm}) - (-0.075\ \text{mm})$

$EI_1 = -0.220\ \text{mm}$

$EI_0 = EI_3 + EI_4 - ES_1 - ES_2 - ES_5$

$0 = 0 + 0 - ES_1 - 0 - 0$

$ES_1 = 0$

所以,A_1 的极限偏差为 $A_1 = 140_{-0.220}^{\ \ 0}$ mm。

8.2.4 工艺尺寸计算

已知封闭环和某些组成环的公称尺寸和极限偏差,计算某一组成环的公称尺寸和极限偏差。

例 8.3 图 8.7(a)为轮毂孔和键槽尺寸标注,该孔和键槽的加工顺序为:① 按图 8.7(b)中工序尺寸 $A_1 = 49.8_{\ \ 0}^{+0.046}$ mm 镗孔;② 按图 8.7(b)中工序尺寸 A_2 插键槽,淬火,并保证图 8.7(a)中内孔直径的设计尺寸 $50_{\ \ 0}^{+0.030}$ mm 和键槽深度的设计尺寸 $53.8_{\ \ 0}^{+0.030}$ mm。试用完全互换法计算尺寸链,确定工序尺寸 A_2 及其极限尺寸。

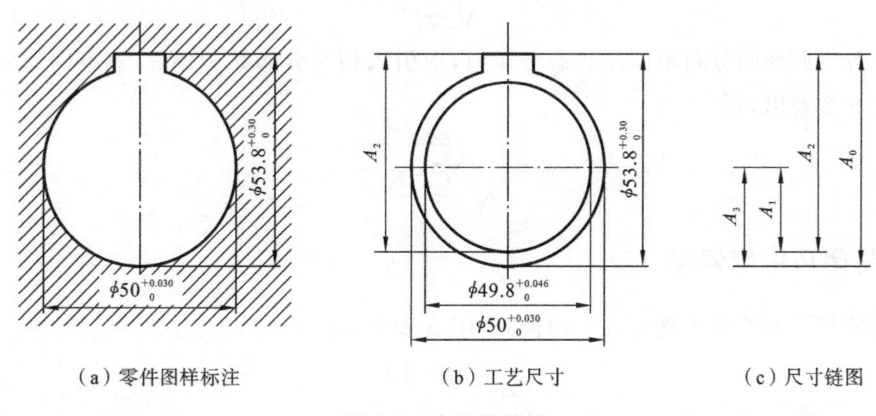

(a) 零件图样标注　　(b) 工艺尺寸　　(c) 尺寸链图

图 8.7 内孔插键槽

解 (1) 建立尺寸链。

由加工过程可知,键槽深度设计尺寸 A_0 是加工过程中最后自然形成的尺寸,因此 A_0 是封闭环。建立尺寸链时,以孔的中心线作为查找组成环的连接线,因此镗孔尺寸 A_1 和磨孔尺寸 A_3 均取半值。

在图 8.7(c)的尺寸链图中,封闭环 $A_0 = 53.8_{\ \ 0}^{+0.030}$ mm;组成环为 $A_1 = 24.9_{\ \ 0}^{+0.023}/2$ mm(减环)、A_2(增环)和 $A_3 = 25_{\ \ 0}^{+0.015}/2$ mm(增环)。

(2) 根据公式,计算 A_2 及其极限尺寸,计算过程略,解得 $A_2 = 53.7_{+0.023}^{+0.285}$ mm。

8.3 大数互换法

在大批量生产中,零件实际尺寸的分布是随机的,但可将其考虑成正态分布或偏态分布,即如果加工或工艺调整中心接近公差带中心时,大多数零件的尺寸分布于公差带中心附近，靠近极限尺寸的零件数目极少。因此，利用这一规律，将组成环公差放大，不但使零件易于加工，同时又能满足封闭环的技术要求，从而获得更大的经济效益。当然，封闭环超出技术要求的情况是存在的，但其概率很小，所以这种方法又称为大数互换法。大数互换法适用于大批量自动化生产或装配精度要求高、组成环数又较多的情况。

1. 封闭环公差

在大批量生产中，封闭环 A_0 的变化和组成环 A_i 的变化都可视为随机变量，且 A_0 是 A_i 的函数，所以按随机函数求标准偏差的方法，得

$$\sigma_0 = \sqrt{\sum_{i=1}^{m} \xi_i^2 \sigma_i^2} \tag{8.9}$$

式中：$\sigma_0, \sigma_1, \cdots, \sigma_m$——封闭环和各组成环的标准偏差；

$\xi_1, \xi_2, \cdots, \xi_m$——传递系数。

若组成环和封闭环尺寸偏差均服从正态分布，且分布范围与公差带宽度一致，且 $T_i = 6\sigma_i$，此时封闭环的公差与组成环公差有如下关系：

$$T_0 = \sqrt{\sum_{i=1}^{m} \xi_i^2 T_i^2} \tag{8.10}$$

如果各组成环的分布不服从正态分布时，应引入相对分布系数 K_i。对不同的分布，K_i 值可由表 8.2 查出，则

$$T_0 = \sqrt{\sum_{i=1}^{m} \xi_i^2 K_i^2 T_i^2} \tag{8.11}$$

2. 封闭环中间偏差

上偏差与下偏差的平均值为中间偏差，用 Δ 表示，即

$$\Delta = \frac{\text{ES} + \text{EI}}{2} \tag{8. 12}$$

当各组成环为对称分布时，封闭环中间偏差为各组成环中间偏差的代数和，即

$$\Delta_0 = \sum_{i=1}^{m} \xi_i \Delta_i \tag{8.13}$$

当组成环为偏态分布或其他不对称分布时，则平均偏差相对中间偏差的偏移量为 $e\dfrac{T}{2}$，其中 e 为相对不对称系数（对称分布中 $e=0$），这时式(8.13)变为

$$\Delta_0 = \sum_{i=1}^{m} \xi_i \left(\Delta_i + e_i \frac{T_i}{2} \right) \tag{8.14}$$

3. 封闭环极限偏差

封闭环上偏差等于中间偏差加二分之一的封闭环公差；下偏差等于中间偏差减二分之一的封闭环公差，即

$$\text{ES}_0 = \Delta_0 + \frac{1}{2} T_0; \quad \text{EI}_0 = \Delta_0 - \frac{1}{2} T_0 \tag{8.15}$$

表8.2 典型分布曲线与 K、e 值

分布特征	正态分布	三角分布	均匀分布	瑞利分布	偏态分布	
					外尺寸	内尺寸
分布曲线	-3σ 3σ			$e\cdot\frac{T}{2}$	$e\cdot\frac{T}{2}$	$e\cdot\frac{T}{2}$
e	0	0	0	−0.28	0.26	−0.26
K	1	1.22	1.73	1.14	1.17	1.17

例8.4 用大数互换法解例8.2。

解 步骤(1)和(2)与例8.2相同。

(3) 确定各组成环公差。

设各组成环尺寸偏差均接近正态分布，则 $K_i=1$，又因该尺寸链为线性尺寸链，故 $|\xi_i|=1$。按等公差等级法，由式(8.11)知：

$$T_0=\sqrt{T_1^2+T_2^2+T_3^2+T_4^2+T_5^2}=a\sqrt{i_1^2+i_2^2+i_3^2+i_4^2+i_5^2}$$

所以，

$$a=\frac{T_0}{\sqrt{i_1^2+i_2^2+i_3^2+i_4^2+i_5^2}}=\frac{750}{\sqrt{2.52^2+0.73^2+2.17^2+1.56^2+0.73^2}}\approx 196.56$$

查表2.4得，接近IT12级。根据各组成环的公称尺寸，从附表1查得各组成环的公差为：$T_1=400\ \mu\text{m}$，$T_2=T_5=120\ \mu\text{m}$，$T_3=350\ \mu\text{m}$，$T_4=250\ \mu\text{m}$，则：

$$T'_0=\sqrt{0.4^2+0.12^2+0.35^2+0.25^2+0.12^2}\ \text{mm}=0.611\ \text{mm}<0.750\ \text{mm}=T_0$$

所以，确定的各组成环公差是正确的。

(4) 确定各组成环的极限偏差。

按“入体原则”确定各组成环的极限偏差：

$A_1=140^{+0.200}_{-0.200}$ mm，　$A_2=A_5=5^{\ 0}_{-0.120}$ mm，　$A_3=101^{+0.350}_{\ 0}$ mm，　$A_4=50^{+0.250}_{\ 0}$ mm

(5) 校核确定各组成环的极限偏差能否满足使用要求。

设各组成环尺寸偏差均接近正态分布，则 $e_i=0$。

① 计算封闭环的中间偏差，由式(8.13)知：

$$\begin{aligned}\Delta'_0&=\sum_{i=1}^{5}\xi_i\Delta_i=\Delta_3+\Delta_4-\Delta_1-\Delta_2-\Delta_5\\&=[0.175+0.125-0-(-0.060)-(-0.060)]\ \text{mm}\\&=0.420\ \text{mm}\end{aligned}$$

② 计算封闭环的极限偏差，由式(8.15)知：

$$\text{ES}'_0=\Delta'_0+\frac{1}{2}T'_0=\left(0.420+\frac{1}{2}\times 0.611\right)\ \text{mm}\approx 0.726\ \text{mm}<0.750\ \text{mm}=\text{ES}_0;$$

$$\text{EI}'_0=\Delta'_0-\frac{1}{2}T'_0=\left(0.420-\frac{1}{2}\times 0.611\right)\ \text{mm}\approx 0.115\ \text{mm}>0=\text{EI}_0$$

所以，确定的组成环极限偏差是满足使用要求的。

由例 8.2 和例 8.4 比较可看出，用大数互换法计算尺寸链，可以在不改变技术要求所规定的封闭环公差的情况下，组成环公差放大约 60%，而实际上出现不合格件的可能性却很小(仅有 0.27%)，这将给生产带来显著的经济效益。

习　　题

一、填空题

1. 组成环可分为(　　)和(　　)两种。

2. 按照尺寸链的功能要求，可将尺寸链分为(　　)尺寸链、(　　)尺寸链和(　　)尺寸链三种。

3. 在查找组成环时，应注意遵循(　　)原则。

4. 尺寸链的计算通常分为(　　)计算、(　　)计算和(　　)计算三种计算思路。

5. 最常用的尺寸链计算方法是(　　)法和(　　)法。

二、判断题

(　　)1. 尺寸链中，封闭环的精度通常是最高的。

(　　)2. 在装配精度要求既定的条件下，组成环数目越少，则组成环所分配到的公差就越大，组成环所在部位的加工就越容易。

(　　)3. 封闭环公称尺寸等于所有组成环公称尺寸之和。

(　　)4. 封闭环的公差等于所有组成环的公差之和。

三、简答题

1. 什么是尺寸链的环？尺寸链的环分为哪几种？

2. 简述大数互换法的特点。

四、分析计算题

1. 某厂加工一批曲轴、连杆及轴承衬套等零件，如题图 8.1 所示。按设计要求曲轴肩与轴承衬套端面间隙 $A_0=0.1\sim0.2$ mm，而设计图规定 $A_1=150^{+0.016}_{0}$ mm，$A_2=A_3=75^{-0.02}_{-0.06}$ mm。验算其给定零件尺寸的极限偏差是否合理。

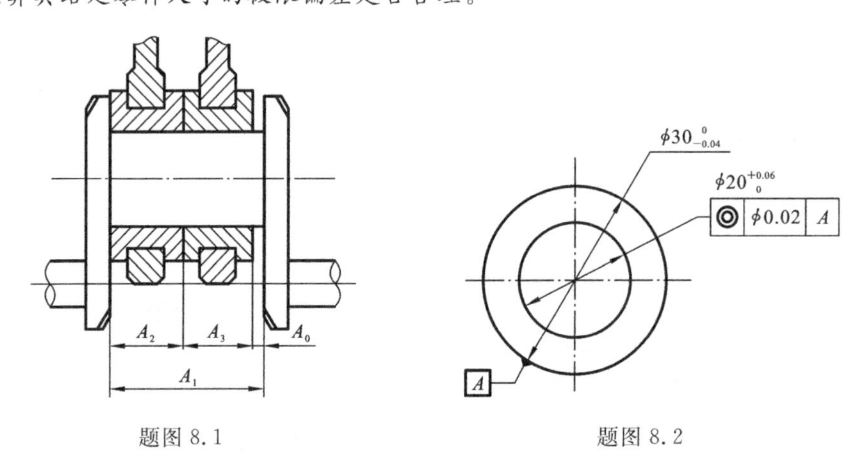

题图 8.1　　　　题图 8.2

2. 套筒零件尺寸如题图 8.2 所示，加工顺序为：(1) 车外圆至 $\phi 30^{\ 0}_{-0.04}$ mm；(2) 钻 $\phi 20^{+0.06}_{\ 0}$ mm 的内孔，内孔对外圆轴线的同轴度公差为 $\phi 0.02$ mm。试计算壁厚尺寸。

3. 轴及其键槽尺寸如题图 8.3 所示，该轴和键槽的加工顺序如下：

(1) 按工序尺寸 $A_1=\phi 45.6_{-0.1}^{0}$ mm，车外圆柱面；

(2) 按工序尺寸 A_2 铣键槽，淬火。

(3) 磨外圆柱面至按图样标注尺寸 $A_3=\phi 45.5_{+0.002}^{+0.018}$ mm，并保证键槽设计尺寸 $A_0=39.5_{-0.2}^{0}$ mm。

试用极值法计算尺寸链，确定工序尺寸 A_2 及其极限尺寸。

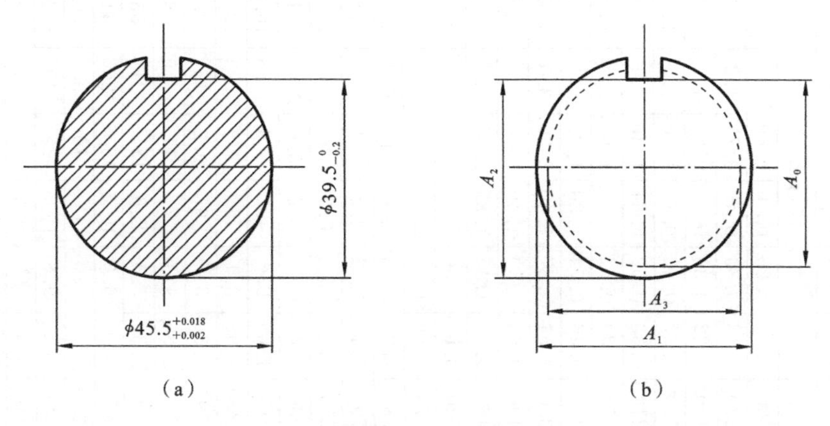

题图 8.3

4. 如题图 8.4 所示，T 形滑块与导槽配合，已知 $A_1=30_{-0.08}^{-0.04}$ mm，$A_2=30_{0}^{+0.14}$ mm，$A_3=23_{-0.28}^{0}$ mm，$A_4=24_{0}^{+0.28}$ mm，几何公差要求如图所示。试用极值法计算当滑块与导槽大端在一侧接触时，同侧小端的间隙范围。

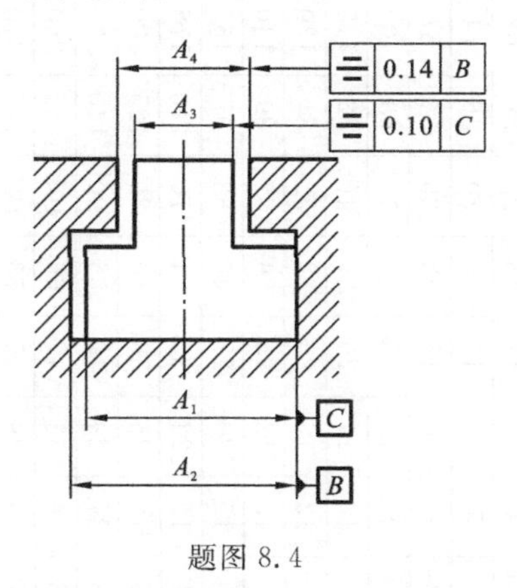

题图 8.4

附　　录

附表 1　标准公差数值

公称尺寸/mm		公差等级																			
		IT01	IT0	IT1	IT2	IT3	IT4	IT5	IT6	IT7	IT8	IT9	IT10	IT11	IT12	IT13	IT14	IT15	IT16	IT17	IT18
大于	至	/μm														/mm					
—	3	0.3	0.5	0.8	1.2	2	3	4	6	10	14	25	40	60	100	0.14	0.25	0.40	0.60	1	1.4
3	6	0.4	0.6	1	1.5	2.5	4	5	8	12	18	30	48	75	120	0.18	0.30	0.48	0.75	1.2	1.8
6	10	0.4	0.6	1	1.5	2.5	4	6	9	15	22	36	58	90	150	0.22	0.36	0.58	0.90	1.5	2.2
10	18	0.5	0.8	1.2	2	3	5	8	11	18	27	43	70	110	180	0.27	0.43	0.70	1.10	1.8	2.7
18	30	0.6	1	1.5	2.5	4	6	9	13	21	33	52	84	130	210	0.33	0.52	0.84	1.30	2.1	3.3
30	50	0.6	1	1.5	2.5	4	7	11	16	25	39	62	100	160	250	0.39	0.62	1	1.60	2.5	3.9
50	80	0.8	1.2	2	3	5	8	13	19	30	46	74	120	190	300	0.46	0.74	1.20	1.90	3	4.6
80	120	1	1.5	2.5	4	6	10	15	22	35	54	87	140	220	350	0.54	0.87	1.40	2.20	3.5	5.4
120	180	1.2	2	3.5	5	8	12	18	25	40	63	100	160	250	400	0.63	1	1.60	2.50	4	6.3
180	250	2	3	4.5	7	10	14	20	29	46	72	115	185	290	460	0.72	1.15	1.85	2.90	4.6	7.2
250	315	2.5	4	6	8	12	16	23	32	52	81	130	210	320	520	0.81	1.30	2.10	3.20	5.2	8.1
315	400	3	5	7	9	13	18	25	36	57	89	140	230	360	570	0.89	1.40	2.30	3.60	5.7	8.9
400	500	4	6	8	10	15	20	27	40	63	97	155	250	400	630	0.97	1.55	2.50	4	6.3	9.7
500	630	4.5	6	9	11	16	22	32	44	70	110	175	280	440	700	1.10	1.75	2.8	4.4	7	11
630	800	5	7	10	13	18	25	36	50	80	125	200	320	500	800	1.25	2	3.2	5	8	12.5
800	1 000	5.5	8	11	15	21	29	40	56	90	140	230	360	560	900	1.40	2.3	3.6	5.6	9	14
1 000	1 250	6.5	9	13	18	24	33	47	66	105	165	260	420	660	1050	1.65	2.6	4.2	6.6	10.5	16.5
1 250	1 600	8	11	15	21	29	39	55	78	125	195	310	500	780	1250	1.95	3.1	5	7.8	12.5	19.5
1 600	2 000	9	13	18	25	35	46	65	92	150	230	370	600	920	1500	2.30	3.7	6	9.2	15	23
2 000	2 500	11	15	22	30	41	55	78	110	175	280	440	700	1100	1750	2.80	4.4	7	11	17.5	28
2 500	3 150	13	18	26	36	50	68	96	135	210	330	540	860	1350	2100	3.30	5.4	8.6	13.5	21	33
3150	4000	16	23	33	45	60	84	115	165	260	410	660	1050	1650	2600	4.1	6.6	10.5	16.5	26	41
4000	5000	20	28	40	55	74	100	140	200	320	500	800	1300	2000	3200	5	8	13	20	32	50
5000	6300	25	35	49	67	92	125	170	250	400	620	980	1550	2500	4000	6.2	9.8	15.5	25	40	62
6300	8000	31	43	62	84	115	155	215	310	490	760	1200	1950	3100	4900	7.6	12	19.5	31	49	76
8000	10000	33	53	76	105	140	195	270	380	600	940	1500	2400	3800	6000	9.4	15	24	38	60	94

注:① 公称尺寸大于 500 mm 的 IT1～IT5 的标准公差数值为试行的;

② 公称尺寸小于或等于 1 mm 时,无 IT14～IT18。

附表 2　公称尺寸≤500 mm 轴的基本偏差(GB/T 1800.1—2009)

单位:μm

基本偏差		上极限偏差(es)												下极限偏差(ei)				
		a	b	c	cd	d	e	ef	f	fg	g	h	js	j			k	
公称尺寸/mm		公差等级																
大于	至	所有标准公差等级												IT5 和 IT6	IT7	IT8	IT4～IT7	≤IT3 >IT7
—	3	-270	-140	-60	-34	-20	-14	-10	-6	-4	-2	0	偏差等于 ±ITn/2	-2	-4	-6	0	0
3	6	-270	-140	-70	-46	-30	-20	-14	-10	-6	-4	0		-2	-4	—	+1	0
6	10	-280	-150	-80	-56	-40	-25	-18	-13	-8	-5	0		-2	-5	—	+1	0
10	18	-290	-150	-95	—	-50	-32	—	-16	—	-6	0		-3	-6	—	+1	0
18	30	-300	-160	-110	—	-65	-40	—	-20	—	-7	0		-4	-8	—	+2	0
30	40	-310	-170	-120	—	-80	-50	—	-25	—	-9	0		-5	-10	—	+2	0
40	50	-320	-180	-130														
50	65	-340	-190	-140	—	-100	-60	—	-30	—	-10	0		-7	-12	—	+2	0
65	80	-360	-200	-150														
80	100	-380	-220	-170	—	-120	-72	—	-36	—	-12	0		-9	-15	—	+3	0
100	120	-410	-240	-180														
120	140	-460	-260	-200	—	-145	-85	—	-43	—	-14	0		-11	-18	—	+3	0
140	160	-520	-280	-210														
160	180	-580	-310	-230														
180	200	-660	-340	-240	—	-170	-100	—	-50	—	-15	0		-13	-21	—	+4	0
200	225	-740	-380	-260														
225	250	-820	-420	-280														
250	280	-920	-480	-300	—	-190	-110	—	-56	—	-17	0		-16	-26	—	+4	0
280	315	-1 050	-540	-330														
315	355	-1 200	-600	-360	—	-210	-125	—	-62	—	-18	0		-18	-28	—	+4	0
355	400	-1 350	-680	-400														
400	450	-1 500	-760	-440	—	-230	-135	—	-68	—	-20	0		-20	-32	—	+5	0
450	500	-1 650	-840	-480														

续表

基本偏差		下极限偏差(ei)													
		m	n	p	r	s	t	u	v	x	y	z	za	zb	zc
公称尺寸/mm		公差等级													
大于	至	所有标准公差等级													
—	3	+2	+4	+6	+10	+14	—	+18	—	+20	—	+26	+32	+40	+60
3	6	+4	+8	+12	+15	+19	—	+23	—	+28	—	+35	+42	+50	+80
6	10	+6	+10	+15	+19	+23	—	+28	—	+34	—	+42	+52	+67	+97
10	14	+7	+12	+18	+23	+28	—	+33	—	+40	—	+50	+64	+90	+130
14	18								+39	+45	—	+60	+77	+108	+150
18	24	+8	+15	+22	+28	+35	—	+41	+47	+54	+63	+73	+98	+136	+183
24	30						+41	+48	+55	+64	+75	+88	+118	+160	+218
30	40	+9	+17	+26	+34	+43	+48	+60	+68	+80	+94	+112	+148	+200	+274
40	50						+54	+70	+81	+97	+114	+136	+180	+242	+325
50	65	+11	+20	+32	+41	+53	+66	+87	+102	+122	+144	+172	+226	+300	+405
65	80				+43	+59	+75	+102	+120	+146	+174	+210	+274	+360	+480
80	100	+13	+23	+37	+51	+71	+91	+124	+146	+178	+214	+258	+335	+445	+585
100	120				+54	+79	+104	+144	+172	+210	+254	+310	+400	+525	+690
120	140	+15	+27	+43	+63	+92	+122	+170	+202	+248	+300	+365	+470	+620	+800
140	160				+65	+100	+134	+190	+228	+280	+340	+415	+535	+700	+900
160	180				+68	+108	+146	+210	+252	+310	+380	+465	+600	+780	+1 000
180	200	+17	+31	+50	+77	+122	+166	+236	+284	+350	+425	+520	+670	+880	+1 150
200	225				+80	+130	+180	+258	+310	+385	+470	+575	+840	+960	+1 250
225	250				+84	+140	+196	+284	+340	+425	+520	+640	+820	+1 050	+1 350
250	280	+20	+34	+56	+94	+158	+218	+315	+385	+475	+580	+710	+920	+1 200	+1 550
280	315				+98	+170	+240	+350	+425	+525	+650	+790	+1 000	+1 300	+1 700
315	355	+21	+37	+62	+108	+190	+268	+390	+475	+590	+730	+900	+1 150	+1 500	+1 900
355	400				+114	+208	+294	+435	+530	+660	+82	+1 000	+1 300	+1 650	+2 100
400	450	+23	+40	+68	+126	+232	+330	+490	+595	+740	+920	+1 100	+1 450	+1 850	+2 400
450	500				+132	+252	+360	+540	+660	+820	+1 000	+1 250	+1 600	+2 100	+2 600

注:1. 公称尺寸小于或等于 1 mm 的基本偏差 a 和 b 均不采用;

2. 公差带 js7～js11,若 ITn 的数值为奇数,则取 js=±(ITn−1)/2。

附表3　公称尺寸≤500 mm孔的基本偏差(GB/T 1800.1—2009)

单位：μm

基本偏差		下极限偏差(EI)												上极限偏差(ES)								
		A	B	C	CD	D	E	EF	F	FG	G	H	JS	J			K		M		N	
公称尺寸/mm		公差等级																				
大于	至	所有标准公差等级												IT6	IT7	IT8	≤IT8	>IT8	≤IT8	>IT8	≤IT8	>IT8
—	3	+270	+140	+60	+34	+20	+14	+10	+6	+4	+2	0	偏差等于±ITn/2	+2	+4	+6	0	0	−2	−2	−4	−4
3	6	+270	+140	+70	+46	+30	+20	+14	+10	+6	+4	0		+5	+6	+10	−1+Δ	—	−4+Δ	−4	−8+Δ	0
6	10	+280	+150	+80	+56	+40	+25	+18	+13	+8	+5	0		+5	+8	+12	−1+Δ	—	−6+Δ	−6	−10+Δ	0
10	14	+290	+150	+95	—	+50	+32	—	+16	—	+6	0		+6	+10	+15	−1+Δ	—	−7+Δ	−7	−12+Δ	0
14	18																					
18	24	+300	+160	+110	—	+65	+40	—	+20	—	+7	0		+8	+12	+20	−2+Δ	—	−8+Δ	−8	−15+Δ	0
24	30																					
30	40	+310	+170	+120	—	+80	+50	—	+25	—	+9	0		+10	+14	+24	−2+Δ	—	−9+Δ	−9	−17+Δ	0
40	50	+320	+180	+130																		
50	65	+340	+190	+140	—	+100	+60	—	+30	—	+10	0		+13	+18	+28	−2+Δ	—	−11+Δ	−11	−20+Δ	0
65	80	+360	+200	+150																		
80	100	+380	+220	+170	—	+120	+72	—	+36	—	+12	0		+16	+22	+34	−3+Δ	—	−13+Δ	−13	−23+Δ	0
100	120	+410	+240	+180																		
120	140	+460	+260	+200	—	+145	+85	—	+43	—	+14	0		+18	+26	+41	−3+Δ	—	−15+Δ	−15	−27+Δ	0
140	160	+520	+280	+110																		
160	180	+580	+310	+230																		
180	200	+660	+340	+240	—	+170	+100	—	+50	—	+15	0		+22	+30	+47	−4+Δ	—	−17+Δ	−17	−31+Δ	0
200	225	+740	+380	+260																		
225	250	+820	+420	+280																		
250	280	+920	+480	+300	—	+190	+110	—	+56	—	+17	0		+25	+36	+55	−4+Δ	—	−20+Δ	−20	−34+Δ	0
280	315	+1 050	+540	+330																		
315	355	+1 200	+600	+360	—	+210	+125	—	+62	—	+18	0		+29	+39	+60	−4+Δ	—	−21+Δ	−21	−37+Δ	0
355	400	+1 350	+680	+400																		
400	450	+1 500	+760	+440	—	+230	+135	—	+68	—	+20	0		+33	+43	+66	−5+Δ	—	−23+Δ	−23	−40+Δ	0
450	500	+1 650	+840	+480																		

续表

基本偏差		上极限偏差 ES													Δ值					
		P 到 ZC	P	R	S	T	U	V	X	Y	Z	ZA	ZB	ZC						
公称尺寸/mm		公差等级																		
大于	至	≤IT7	>IT7												IT3	IT4	IT5	IT6	IT7	IT8
—	3	在大于IT7的相应数值上增加一个Δ值	−6	−10	−14	—	−18	—	−20	—	−26	−32	−40	−60	0					
3	6		−12	−15	−19	—	−23	—	−28	—	−35	−42	−50	−80	1	1.5	1	3	4	6
6	10		−15	−19	−23	—	−28	—	−34	—	−42	−52	−67	−97	1	1.5	2	3	6	7
10	14		−18	−23	−28	—	−33	—	−40	—	−50	−64	−90	−130	1	2	3	3	7	9
14	18							−39	−45	—	−60	−77	−108	−150						
18	24		−22	−28	−35	—	−41	−47	−54	−63	−73	−98	−136	−188	1.5	2	3	4	8	12
24	30					−41	−48	−55	−64	−75	−88	−118	−160	−218						
30	40		−26	−34	−43	−48	−60	−68	−80	−94	−112	−148	−200	−274	1.5	3	4	5	9	14
40	50					−54	−70	−81	−97	−114	−136	−180	−242	−325						
50	65		−32	−41	−53	−66	−87	−102	−122	−144	−172	−226	−300	−405	2	3	5	6	11	16
65	80			−43	−59	−75	−102	−120	−146	−174	−210	−274	−360	−480						
80	100		−37	−51	−71	−91	−124	−146	−178	−214	−258	−335	−445	−585	2	4	5	7	13	19
100	120			−54	−79	−104	−144	−172	−210	−254	−310	−400	−525	−690						
120	140		−43	−63	−92	−122	−170	−202	−248	−300	−365	−470	−620	−800	3	4	5	7	15	23
140	160			−65	−100	−134	−190	−228	−280	−340	−415	−535	−700	−900						
160	180			−68	−108	−146	−210	−252	−310	−380	−465	−600	−780	−1 000						
180	200		−50	−77	−122	−166	−236	−284	−350	−425	−520	−670	−880	−1 150	3	4	5	9	17	26
200	225			−80	−130	−180	−258	−310	−385	−470	−575	−740	−960	−1 250						
225	250			−84	−140	−196	−284	−340	−425	−520	−640	−820	−1 050	−1 350						
250	280		−56	−94	−158	−218	−315	−385	−475	−580	−710	−920	−1 200	−1 550	4	4	7	9	20	29
280	315			−98	−170	−240	−350	−425	−525	−650	−790	−1 000	−1 300	−1 700						
315	355		−62	−108	−190	−268	−390	−475	−595	−730	−900	−1 150	−1 500	−1 900	4	5	7	11	21	32
355	400			−114	−208	−294	−435	−530	−660	−820	−1 000	−1 300	−1 650	−2 100						
400	450		−68	−126	−232	−330	−490	−595	−740	−920	−1 100	−1 450	−1 850	−2 400	5	5	7	13	23	34
450	500			−132	−252	−360	−540	−660	−820	−1 000	−1 250	−1 600	−2 100	−2 600						

注:①公称尺寸小于或等于 1 mm 时基本偏差 A 和 B 及大于 IT8 的 N 均不采用。

2. 公差带 JS7 至 JS1,若 ITn 的数值为奇数,则取 JS=±(ITn−1)/2。

3. 对小于或等于 IT8 的 K、M、N 和小于或等于 IT7 的 P 至 ZC,所取 Δ 值从表内右侧选取。

例如,18～30 段的 K7:Δ=8 μm,所以,ES=−2+8=6(μm);18～30 段的 S6:Δ=4 μm,所以,ES=−35 μm+4 μm=−31 μm。

4. 特殊情况:250～315 段的 M6,ES=−9 μm(代替−11 μm)。

附表 4　孔的优先公差带的极限偏差

单位：μm

公称尺寸/mm	公差带												
	C11	D9	F8	G7	H7	H8	H9	H11	K7	N7	P7	S7	U7
>24～30	+240 +110	+117 +65	+53 +20	+28 +7	+21 0	+33 0	+52 0	+130 0	+6 −15	−7 −28	−14 −35	−27 −48	−40 −61
>30～40	+280 +120	+142 +80	+64 +25	+34 +9	+25 0	+39 0	+62 0	+160 0	+7 −18	−8 −33	−17 −42	−34 −59	−51 −76
>40～50	+290 +130												−61 −86
>50～65	+330 +140	+174 +100	+76 +30	+40 +10	+30 0	+46 0	+74 0	+190 0	+9 −21	−9 −39	−21 −51	−42 −72	−76 −106
>65～80	+340 +150											−48 −78	−91 −121
>80～100	+390 +170	+207 +120	+90 +36	+47 +12	+35 0	+54 0	+87 0	+220 0	+10 −25	−10 −45	−24 −59	−58 −93	−111 −146
>100～120	+400 +180											−66 −101	−131 −166
>120～140	+450 +200	+245 +145	+106 +43	+54 +14	+40 0	+63 0	+100 0	+250 0	+12 −28	−12 −52	−23 −68	−77 −117	−155 −195
>140～160	+460 +210											−85 −125	−175 −215
>160～180	+480 +230											−93 −133	−195 −235

附表 5　轴的优先公差带的极限偏差

单位：μm

公称尺寸/mm	公差带												
	c11	d9	f7	g6	h6	h7	h9	h11	k6	n6	p6	s6	u6
>24～30	−110 −240	−65 −117	−20 −41	−7 −20	0 −13	0 −21	0 −52	0 −130	+15 +2	+28 +15	+35 +22	+48 +35	+61 +48
>30～40	−120 −280	−80 −142	−25 −50	−9 −25	0 −16	0 −25	0 −62	0 −160	+18 +2	+33 +17	+42 +26	+59 +59 +43	+76 +60
>40～50	−130 −290												+86 +70
>50～65	−140 −330	−100 −174	−30 −60	−10 −29	0 −19	0 −30	0 −74	0 −190	+21 +2	+39 +20	+51 +32	+72 +53	+106 +87
>65～80	−150 −340											+78 +59	+121 +102
>80～100	−170 −390	−120 −207	−36 −71	−12 −34	0 −22	0 −35	0 −87	0 −220	+25 +3	+45 +23	+59 +37	+93 +71	+146 +124
>100～120	−180 −400											+101 +79	+166 +144
>120～140	−200 −450	−145 −245	−43 −83	−14 −39	0 −25	0 −40	0 −100	0 −250	+28 +3	+52 +27	+68 +43	+117 +92	+195 +170
>140～160	−210 −460											+125 +100	+215 +190
>160～180	−230 −480											+133 +108	+235 +210

附表 6 基孔制与基轴制优先配合的极限间隙或极限过盈

单位：μm

基孔制		H7/g6	H7/h6	H8/f7	H8/h7	H9/d9	H9/h9	H11/e11	H11/h11	H7/k6	H7/n6	H7/p6	H7/s6	H7/u6
基轴制		G7/h6	H7/h6	F8/h7	H8/h7	D9/h9	H9/h9	C11/h11	H11/h11	K7/h6	N7/h6	P7/h6	S7/h6	U7/h6
公称尺寸/mm	>24～30	+41 +7	+34 0	+74 +20	+54 0	+169 +65	+104 0	+370 +110	+260 0	+19 −15	+6 −28	−1 −35	−14 −48	−27 −61
	>30～40	+50 +9	+41 0	+89 +25	+64 0	+204 +80	+124 0	+440 +120	+320 0	+23 −18	+8 −33	−1 −42	−18 −59	−35 −76
	>40～50							+450 +130						−45 −86
	>50～65	+59 +10	+49 0	+106 +30	+76 0	+248 +100	+148 0	+520 +140	+380 0	+28 −21	+10 −39	−2 −51	−23 −72	−57 −106
	>65～80							+530 +150					−29 −78	−72 −121
	>80～100	+69 +12	+57 0	+125 +36	+89 0	+294 +120	+174 0	+610 +170	+440 0	+32 −25	+12 −45	−2 −59	−36 −93	−89 −146
	>100～120							+620 +180					−44 −101	−109 −166
	>120～140	+79 +14	+65 0	+146 +43	+103 0	+345 +145	+200 0	+700 +200	+500 0	+37 −28	+13 −52	−3 −68	−52 −117	−130 −195
	>140～160							+710 +210					−60 −125	−150 −215
	>160～180							+730 230					−68 −133	−170 −235

附表 7　公称尺寸大于 500 到 3150 mm 的孔、轴的基本偏差数值　　单位：μm

公称尺寸/mm \ 基本偏差/μm	上极限偏差 es(负值)					下极限偏差 ei(正值)								
	d	e	f	g	h	js	k	m	n	p	r	s	t	u
>500～560	260	145	76	22	0	偏差=ITn/2	0	26	44	78	150	280	400	600
>560～630											155	310	450	660
>630～710	290	160	80	24	0		0	30	50	88	175	340	500	740
>710～800											185	380	560	840
>800～900	320	170	86	26	0		0	34	56	100	210	430	620	940
>900～1000											220	470	680	1050
>1000～1120	350	195	98	28	0		0	40	66	120	250	520	780	1150
>1120～1250											260	580	840	1300
>1250～1400	390	220	110	30	0		0	48	78	140	300	640	960	1450
>1400～1600											330	720	1050	1600
>1600～1800	430	240	120	32	0		0	58	92	170	370	820	1200	1850
>1800～2000											400	920	1350	2000
>2000～2240	480	260	130	34	0		0	68	110	195	440	1000	1500	2300
>2240～2500											460	1100	1650	2500
>2500～2800	520	290	145	38	0		0	76	135	240	550	1250	1900	2900
>2800～3150											580	1400	2100	3200
公称尺寸/mm	D	E	F	G	H	JS	K	M	N	P	R	S	T	U
基本偏差/μm	下极限偏差 EI(正值)					上极限偏差 ES(负值)								

注：对于公差带 js7 至 js11(JS7 至 JS11)，若 ITn 的数值为奇数，则取偏差=±(ITn−1)/2。

附表 8　未注公差线性尺寸的极限偏差数值　　单位:mm

公差等级	尺寸分段							
	0.5～3	>3～6	>6～30	>30～120	>120～400	>400～1 000	>1 000～2 000	>2 000～4 000
f(精密级)	±0.05	±0.05	±0.1	±0.15	±0.2	±0.3	±0.5	—
m(中等级)	±0.1	±0.1	±0.2	±0.3	±0.5	±0.8	±1.2	±2
c(粗糙级)	±0.2	±0.3	±0.5	±0.8	±1.2	±2	±3	±4
v(最粗级)	—	±0.5	±1	±1.5	±2.5	±3	±6	±8

附表 9　倒圆半径和倒角高度尺寸的极限偏差数值　　单位:mm

公差等级	尺寸分段			
	0.5～3	>3～6	>6～30	>30
f(精密级) m(中等级)	±0.2	±0.5	±1	±2
c(粗糙级) v(最粗级)	±0.4	±1	±2	±4

注:倒圆半径与倒角高度的含义参见国家标准 GB/T 64034—2008。

附表 10　角度尺寸的极限偏差数值　　单位:mm

公差等级	长度分段/mm				
	～10	>10～50	>50～120	>120～400	>400
f(精密级) m(中等级)	±1°	±30′	±20′	±10′	±5′
c(粗糙级)	±1°30′	±1°	±30′	±15′	±10′
v(最粗级)	±3°	±2°	±1°	±30′	±20′

附表 11　直线度、平面度公差值

主参数 L/mm	公差等级											
	IT1	IT2	IT3	IT4	IT5	IT6	IT7	IT8	IT9	IT10	IT11	IT12
	公差值/μm											
≤10	0.2	0.4	0.8	1.2	2	3	5	8	12	20	30	60
>10～16	0.25	0.5	1	1.5	2.5	4	6	10	15	25	40	80
>16～25	0.3	0.6	1.2	2	3	5	8	12	20	30	50	100
>25～40	0.4	0.8	1.5	2.5	4	6	10	15	25	40	60	120
>40～63	0.5	1	2	3	5	8	12	20	30	50	80	150
>63～100	0.6	1.2	2.5	4	6	10	15	25	40	60	100	200
>100～160	0.8	1.5	3	5	8	12	20	30	50	80	120	250
>160～250	1	2	4	6	10	15	25	40	60	100	150	300
>250～400	1.2	2.5	5	8	12	20	30	50	80	120	200	400
>400～630	1.5	3	6	10	15	25	40	60	100	150	250	500
>630～1000	2	4	8	12	20	30	50	80	120	200	300	600
>1 000～1 600	2.5	5	10	15	25	40	60	100	150	250	400	800
>1 600～2 500	3	6	12	20	30	50	80	120	200	300	500	1 000
>2 500～4 000	4	8	15	25	40	60	100	150	250	400	600	1 200
>4 000～6 300	5	10	20	30	50	80	120	200	300	500	800	1 500
>6 300～10 000	6	12	25	40	60	100	160	250	400	600	1 000	2 000

附表 12　圆度、圆柱度公差值

主参数 d(D)/mm	公差等级											
	IT1	IT2	IT3	IT4	IT5	IT6	IT7	IT8	IT9	IT10	IT11	IT12
	公差值/μm											
≤3	0.1	0.2	0.5	0.8	1.2	2	3	4	6	10	14	25
>3～6	0.1	0.2	0.6	1	1.5	2.5	4	5	8	12	18	30
>6～10	0.12	0.25	0.6	1	1.5	2.5	4	6	9	15	22	36
>10～18	0.15	0.25	0.8	1.2	2	3	5	8	11	18	27	43
>18～30	0.2	0.3	1	1.5	2.5	4	6	9	13	21	33	52
>30～50	0.25	0.4	1	1.5	2.5	4	7	11	16	25	39	62
>50～80	0.3	0.5	1.2	2	3	5	8	13	19	30	46	74
>80～120	0.4	0.6	1.5	2.5	4	6	10	16	22	35	54	87
>120～180	0.6	1	2	3.5	5	8	12	18	25	40	63	100
>180～250	0.8	1.2	3	4.5	7	10	14	20	29	46	72	115
>250～315	1.0	1.6	4	6	8	12	16	23	32	52	81	130
>315～400	1.2	2	5	7	9	13	18	25	36	57	89	140
>400～500	1.5	2.5	6	8	10	15	20	27	40	63	97	155

附表 13　平行度、垂直度、倾斜度公差值

主参数 L/mm	公差等级											
	IT1	IT2	IT3	IT4	IT5	IT6	IT7	IT8	IT9	IT10	IT11	IT12
	公差值/μm											
≤10	0.4	0.8	1.5	3	5	8	12	20	30	50	80	120
>10～16	0.5	1	2	4	6	10	15	25	40	60	100	150
>16～25	0.6	1.2	2.5	5	8	12	20	30	50	80	120	200
>25～40	0.8	1.5	3	6	10	15	25	40	60	100	150	250
>40～63	1	2	4	8	12	20	30	50	80	120	200	300
>63～100	1.2	2.5	5	10	15	25	40	60	100	150	250	400
>100～160	1.5	3	6	12	20	30	50	80	120	200	300	500
>160～250	2	4	8	15	25	40	60	100	150	250	400	600
>250～400	2.5	5	10	20	30	50	80	120	200	300	500	800
>400～630	3	6	12	25	40	60	100	150	250	400	600	1 000
>630～1000	4	8	15	30	50	80	120	200	300	500	800	1 200
>1 000～1 600	5	10	20	40	60	100	150	250	400	600	1 000	1 500
>1 600～2 500	6	12	25	50	80	120	200	300	500	800	1 200	2 000
>2 500～4 000	8	15	30	60	100	150	250	400	600	1 000	1 500	2 500
>4 000～6 300	10	20	40	80	120	200	300	500	800	1 200	2 000	3 000
>6 300～10 000	12	25	50	100	150	250	400	600	1 000	1 500	2 500	4 000

附表 14　同轴度、对称度、圆跳动、全跳动公差值

主参数 B、$d(D)$ /mm	公差等级											
	IT1	IT2	IT3	IT4	IT5	IT6	IT7	IT8	IT9	IT10	IT11	IT12
	公差值/μm											
≤1	0.4	0.6	1	1.5	2.5	4	6	10	15	25	40	60
>1～3	0.4	0.6	1	1.5	2.5	4	6	10	20	40	60	120
>3～6	0.5	0.8	1.2	2	3	5	8	12	25	50	80	150
>6～10	0.6	1	1.5	2.5	4	6	10	15	30	60	100	200
>10～18	0.8	1.2	2	3	5	8	12	20	40	80	120	250
>18～30	1	1.5	2.5	4	6	10	15	25	50	100	150	300
>30～50	1.2	2	3	5	8	12	20	30	60	120	200	400
>50～120	1.5	2.5	4	6	10	15	25	40	80	150	250	500
>120～250	2	3	5	8	12	20	30	50	100	200	300	600
>250～500	2.5	4	6	10	15	25	40	60	120	250	400	800
>500～800	3	5	8	12	20	30	50	80	150	300	500	1 000
>800～1 250	4	6	10	15	25	40	60	100	200	400	600	1 200
>1 250～2 000	5	8	12	20	30	50	80	120	250	500	800	1 500
>2 000～3 150	6	10	15	25	40	60	100	150	300	600	1 000	2 000
>3 150～5 000	8	12	20	30	50	80	120	200	400	800	1 200	2 500
>5 000～8 000	10	15	25	40	60	100	150	250	500	1 000	1 500	3 000
>8 000～10 000	12	20	30	50	80	120	200	300	600	1 200	2 000	4 000

附表 15　位置度公差值数系　　单位：μm

1	1.2	1.5	2	2.5	3	4	5	6	8
1×10^n	1.2×10^n	1.5×10^n	2×10^n	2.5×10^n	3×10^n	4×10^n	5×10^n	6×10^n	8×10^n

注：n 为整数。

附表 16　直线度和平面度未注公差值　　单位：mm

公差等级	公称长度范围					
	≤10	>10～30	>30～100	>100～300	>300～1000	>1000～3000
H	0.02	0.05	0.1	0.2	0.3	0.4
K	0.05	0.1	0.2	0.4	0.6	0.8
L	0.1	0.2	0.4	0.8	1.2	1.6

注：对于直线度，应按其相应线的长度选择公差值。对于平面度，应按矩形表面的较长边或圆表面的直径选择公差值。

附表 17　垂直度未注公差值　　单位：mm

公差等级	公称长度范围			
	≤100	>100～300	>300～1000	>1000～3000
H	0.2	0.3	0.4	0.5
K	0.4	0.6	0.8	1
L	0.6	1	1.5	2

注：取形成直角的两边中较长的一边作为基准要素，较短的一边作为被测要素；若两边的长度相等，则可取其中的任意一边作为基准要素。

附表 18　对称度未注公差值　　单位：mm

<table>
<tr><th rowspan="2">公差等级</th><th colspan="4">公称长度范围</th></tr>
<tr><th>≤100</th><th>>100～300</th><th>>300～1000</th><th>>1000～3000</th></tr>
<tr><td>H</td><td colspan="4">0.5</td></tr>
<tr><td>K</td><td colspan="2">0.6</td><td>0.8</td><td>1</td></tr>
<tr><td>L</td><td>0.6</td><td>1</td><td>1.5</td><td>2</td></tr>
</table>

注：取对称两要素中较长者作为基准要素，较短者作为被测要素；若两要素的长度相等，则可取其中的任一要素作为基准要素。

附表 19　圆跳动未注公差值　　单位：mm

公差等级	圆跳动公差值
H	0.1
K	0.2
L	0.5

注：本表也可用于同轴度的未注公差值：同轴度未注公差值的极限可以等于径向圆跳动的未注公差值。应以设计或工艺给出的支承面作为基准要素，否则应取同轴线两要素中较长者作为基准要素。若两要素的长度相等，则可取其中的任一要素作为基准要素。

附表 20　轮廓算术平均偏差 Ra、轮廓最大高度 Rz 和轮廓单元的平均宽度 Rsm 的标准取样长度和标准评定长度(摘自 GB/T 1031—2009、GB/T 10610—2009)

$Ra/\mu m$	$Rz/\mu m$	$Rsm/\mu m$	标准取样长度 lr		标准评定长度
			λs(mm)	$lr=\lambda c$(mm)	$ln=5\times lr$(mm)
≥0.008～0.02	≥0.025～0.1	≥0.013～0.04	0.0025	0.08	0.4
>0.02～0.1	>0.1～0.5	>0.04～0.13	0.0025	0.25	1.25
>0.1～2	>0.5～10	>0.13～0.4	0.0025	0.8	4
>2～10	>10～50	>0.4～1.3	0.008	2.5	12.5
>10～80	>50～320	>1.3～4	0.025	8	40

附表 21　轮廓算术平均偏差 Ra 的数值(摘自 GB/T 1031—2009)　　单位:μm

基本系列	补充系列	基本系列	补充系列	基本系列	补充系列	基本系列	补充系列
	0.008						
	0.010						
0.012			0.125		1.25	12.5	
	0.016		0.160	1.60			16.0
	0.020	0.20			2.0		20
0.025			0.25		2.5	25	
	0.032		0.32	3.2			32
	0.040				4.0		40
0.050		0.40	0.50		5.0	50	
	0.063		0.63	6.3			63
	0.080	0.80			8.0		80
0.100			1.00		10.0	100	

附表 22　轮廓最大高度 Rz 的数值(摘自 GB/T 1031—2009)　　单位:μm

基本系列	初充系列	基本系列	初充系列	基本系列	初充系列	基本系列	初充系列	基本系列	初充系列	基本系列	初充系列
			0.125		1.25	12.5			125		
			0.160	1.6					160		
							16.0				
					2.0						
		0.20					20	200			
0.025			0.25		2.5	25			250		
			0.32	3.2					320		
	0.032						32				1250
					4.0					1600	
	0.040	0.40					40	400			
0.050			0.50		5.0	50			500		
			0.63	6.3					630		
	0.063						63				
					8.0						
	0.080	0.80					80	800			
0.100			1.0		10.0	100			1000		

附表 23　轮廓的支撑长度率 $Rmr(c)$(%)的数值(摘自 GB/T 1031—2009)　单位:μm

$Rmr(c)$	10	15	20	25	30	40	50	60	70	80	90

附表 24　各类配合要求的孔、轴表面粗糙度参数的推荐值

<table>
<tr><td colspan="3">表面特征</td><td colspan="3">Ra/μm 不大于</td></tr>
<tr><td rowspan="10">轻度装卸零件的配合表面（如交换齿轮、滚刀等）</td><td colspan="1" rowspan="2">公差等级</td><td rowspan="2">表面</td><td colspan="3">公称尺寸/mm</td></tr>
<tr><td>~50</td><td colspan="2">>50~500</td></tr>
<tr><td rowspan="2">IT5</td><td>轴</td><td>0.2</td><td colspan="2">0.4</td></tr>
<tr><td>孔</td><td>0.4</td><td colspan="2">0.8</td></tr>
<tr><td rowspan="2">IT6</td><td>轴</td><td>0.4</td><td colspan="2">0.8</td></tr>
<tr><td>孔</td><td>0.4~0.8</td><td colspan="2">0.8~1.6</td></tr>
<tr><td rowspan="2">IT7</td><td>轴</td><td>0.4~0.8</td><td colspan="2">0.8~1.6</td></tr>
<tr><td>孔</td><td>0.8</td><td colspan="2">1.6</td></tr>
<tr><td rowspan="2">IT8</td><td>轴</td><td>0.8</td><td colspan="2">1.6</td></tr>
<tr><td>孔</td><td>0.8~1.6</td><td colspan="2">1.6~3.2</td></tr>
</table>

<table>
<tr><td rowspan="10">过盈配合的配合表面</td><td colspan="2" rowspan="2">公差等级</td><td rowspan="2">表面</td><td colspan="3">公称尺寸/mm</td></tr>
<tr><td>~50</td><td>>50~120</td><td>>120~500</td></tr>
<tr><td rowspan="6">装配按机械压入法</td><td rowspan="2">IT5</td><td>轴</td><td>0.1~0.2</td><td>0.4</td><td>0.4</td></tr>
<tr><td>孔</td><td>0.2~0.4</td><td>0.8</td><td>0.8</td></tr>
<tr><td rowspan="2">IT6~IT7</td><td>轴</td><td>0.4</td><td>0.8</td><td>1.6</td></tr>
<tr><td>孔</td><td>0.8</td><td>1.6</td><td>1.6</td></tr>
<tr><td rowspan="2">IT8</td><td>轴</td><td>0.8</td><td>0.8~1.6</td><td>1.6~3.2</td></tr>
<tr><td>孔</td><td>1.6</td><td>1.6~3.2</td><td>1.6~3.2</td></tr>
<tr><td colspan="2" rowspan="2">热装法</td><td>轴</td><td colspan="3">1.6</td></tr>
<tr><td>孔</td><td colspan="3">1.6~3.2</td></tr>
</table>

<table>
<tr><td colspan="2">表面特征</td><td colspan="6">Ra/μm 不大于</td></tr>
<tr><td rowspan="5">精密定心用配合的零件表面</td><td rowspan="3">表面</td><td colspan="6">径向跳动公差/μm</td></tr>
<tr><td>2.5</td><td>4</td><td>6</td><td>10</td><td>16</td><td>25</td></tr>
<tr><td colspan="6">Ra/μm 不大于</td></tr>
<tr><td>轴</td><td>0.05</td><td>0.1</td><td>0.1</td><td>0.2</td><td>0.4</td><td>0.8</td></tr>
<tr><td>孔</td><td>0.1</td><td>0.2</td><td>0.2</td><td>0.4</td><td>0.8</td><td>1.6</td></tr>
<tr><td rowspan="5">滑动轴承的配合表面</td><td rowspan="3">表面</td><td colspan="4">公差等级</td><td colspan="2" rowspan="2">液体湿磨擦条件</td></tr>
<tr><td colspan="2">IT6~IT9</td><td colspan="2">IT10~IT12</td></tr>
<tr><td colspan="6">Ra/μm 不大于</td></tr>
<tr><td>轴</td><td colspan="2">0.4~0.8</td><td colspan="2">0.8~3.2</td><td colspan="2">0.1~0.4</td></tr>
<tr><td>孔</td><td colspan="2">0.8~1.6</td><td colspan="2">1.6~3.2</td><td colspan="2">0.2~0.8</td></tr>
</table>

附表 25 安全裕度 A 与测量器具的测量不确定度允许值(摘自 GB/T 3177—2009) 单位:μm

孔、轴的标准公差等级		IT6					IT7					IT8					IT9				
公称尺寸/mm		T	A	u_1			T	A	u_1			T	A	u_1			T	A	u_1		
大于	至			Ⅰ	Ⅱ	Ⅲ			Ⅰ	Ⅱ	Ⅲ			Ⅰ	Ⅱ	Ⅲ			Ⅰ	Ⅱ	Ⅲ
18	30	13	1.3	1.2	2.0	2.9	21	2.1	1.9	3.2	4.7	33	3.3	3.0	5.0	7.4	52	5.2	4.7	7.8	12
30	50	16	1.6	1.4	2.4	3.6	25	2.5	2.3	3.8	5.6	39	3.9	3.5	5.9	8.8	62	6.2	5.6	9.3	14
50	80	19	1.9	1.7	2.9	4.3	30	3.0	2.7	4.5	6.8	46	4.6	4.1	6.9	10	74	7.4	6.7	11	17
80	120	22	2.2	2.0	3.3	5.0	35	3.5	3.2	5.3	7.9	54	5.4	4.9	8.1	12	87	8.7	7.8	13	20
120	180	25	2.5	2.3	3.8	5.6	40	4.0	3.6	6.0	9.0	63	6.3	5.7	9.5	14	100	10	9.0	15	23
180	250	29	2.9	2.6	4.4	6.5	46	4.6	4.1	6.9	10	72	7.2	6.5	11	16	115	12	10	17	26

孔、轴的标准公差等级		IT10					IT11					IT12				IT13			
公称尺寸/mm		T	A	u_1			T	A	u_1			T	A	u_1		T	A	u_1	
大于	至			Ⅰ	Ⅱ	Ⅲ			Ⅰ	Ⅱ	Ⅲ			Ⅰ	Ⅱ			Ⅰ	Ⅱ
18	30	84	8.4	7.6	13	19	130	13	12	20	29	210	21	19	32	330	33	30	50
30	50	100	10	9.0	15	23	160	16	14	24	36	250	25	23	38	390	39	35	59
50	80	120	12	11	18	27	190	19	17	29	43	300	30	27	45	460	46	41	69
80	120	140	14	13	21	32	220	22	20	33	50	350	35	32	53	540	54	49	81
120	180	160	16	15	24	36	250	25	23	38	56	400	40	36	60	630	63	57	95
180	250	185	19	17	28	42	290	29	26	44	65	460	46	41	69	720	72	65	110

注:T 为孔、轴的尺寸公差。

附表 26 千分尺和标准卡尺的测量不确定度(摘自 JB/Z 181—1982) 单位:μm

<table>
<tr><td rowspan="2">尺寸范围/mm</td><td>分度值 0.01 mm 外径千分尺</td><td>分度值 0.01 mm 内径千分尺</td><td>分度值 0.02 mm 游标卡尺</td><td>分度值 0.05 mm 游标卡尺</td></tr>
<tr><td colspan="4">测量不确定度 u_1'/mm</td></tr>
<tr><td>⩽50</td><td>0.04</td><td rowspan="3">0.008</td><td rowspan="4">0.020</td><td rowspan="4">0.050</td></tr>
<tr><td>＞50～100</td><td>0.005</td></tr>
<tr><td>＞100～150</td><td>0.06</td></tr>
<tr><td>＞150～200</td><td>0.007</td><td>0.013</td></tr>
</table>

注:1. 当采用比较测量时,千分尺的测量不确定度可小于本表规定的数值。

2. 当所选用的计量器具的 $u_1' > u_1$ 时,需按 u_1' 计算出扩大的安全裕度 A' $\left(A'=\frac{u_1'}{0.9}\right)$;当 A' 不超过工件公差 15% 时,允许选用该计量器具。此时需按 A' 数值确定上、下验收极限。

附表 27　比较仪的测量不确定度(摘自 JB/Z 181—1982)

<table>
<tr><td rowspan="2">尺寸范围
/mm</td><td>分度值 0.0005 m</td><td>分度值 0.001 mm</td><td>分度值 0.002 mm</td><td>分度值 0.005 mm</td></tr>
<tr><td colspan="4">测量不确定度 u'_1/mm</td></tr>
<tr><td>≤25</td><td>0.0006</td><td rowspan="2">0.0010</td><td>0.0017</td><td rowspan="5">0.0030</td></tr>
<tr><td>>25～40</td><td>0.0007</td><td rowspan="3">0.0018</td></tr>
<tr><td>>40～65</td><td rowspan="2">0.0008</td><td rowspan="2">0.0011</td></tr>
<tr><td>>65～90</td></tr>
<tr><td>>90～115</td><td>0.0009</td><td>0.0012</td><td>0.0019</td></tr>
</table>

注:本表规定的数值是指测量时,使用的标准器由四块 1 级(或 4 等)量块组成的数值。

附表 28　指示表的测量不确定度(摘自 JB/Z 181—1982)

尺寸范围/mm	分度值为 0.001 mm 的千分表(0 级在全程范围内,1 级在 0.2 mm 内),分度值为 0.002 mm 的千分表(在 1 转范围内)	分度值为 0.001、0.002、0.005 mm 的千分表(1 级在全程范围内),分度值为 0.01 mm 的百分表(0 级在任意 1 mm 内)	分度值为 0.01 mm 的百分表(0 级在全程范围内,1 级在任意 1 mm 内)	分度值为 0.01 mm 的百分表(1 级在全程范围内)
	测量不确定度 u'_1/mm			
≤25～115	0.005	0.010	0.018	0.030

注:本表规定的数值是指测量时,使用的标准器由四块 1 级(或 4 等)量块组成的数值。

附表 29　光滑极限量规制造公差 T_1 和位置要素 Z_1 值(摘自 GB/T 1957—2006)　单位:μm

工件孔或轴的公称尺寸/mm	IT6			IT7			IT8			IT9			IT10			IT11			IT12		
	孔或轴的公差值	T_1	Z_1	孔或轴的公差值	T_1	Z_1	孔或轴的公差值	T_1	Z_1	孔或轴的公差值	T_1	Z_1	孔或轴的公差值	T_1	Z_1	孔或轴的公差值	T_1	Z_1	孔或轴的公差值	T_1	Z_1
>10～18	11	1.6	2	18	2	2.8	27	2.8	4	43	3.4	6	70	4	8	110	6	11	180	7	15
>18～30	13	2	2.4	21	2.4	3.4	33	3.4	5	52	4	7	84	5	9	130	7	13	210	8	18
>30～50	16	2.4	2.8	25	3	4	39	4	6	62	5	8	100	6	11	160	8	16	250	10	22
>50～80	19	2.8	3.4	30	3.6	4.6	46	4.6	7	74	6	9	120	7	13	190	9	19	300	12	26
>80～120	22	3.2	3.8	35	4.2	5.4	54	5.4	8	87	7	10	140	8	15	220	10	22	350	14	30

附表 30 量规测量面的表面粗糙度 Ra(摘自 GB/T 1957—2006)

工作量规	工作量规的基本尺寸/mm		
	≤120	>120～315	>315～500
	$Ra/\mu m$		
IT6 级孔用工作塞规	≤0.05	≤0.10	≤0.20
IT7～IT9 级孔用工作塞规	≤0.10	≤0.20	≤0.40
IT10～IT12 级孔用工作塞规	≤0.20	≤0.40	≤0.80
IT13～IT16 级孔用工作塞规	≤0.40	≤0.80	≤0.80
IT6～IT9 级轴用工作环规	≤0.10	≤0.20	≤0.40
IT10～IT12 级轴用工作环规	≤0.20	≤0.40	≤0.80
IT13～IT16 级轴用工作环规	≤0.40	≤0.80	≤0.80
IT6～IT9 级轴用工作环规的校对塞规	≤0.05	≤0.10	≤0.20
IT10～IT12 级轴用工作环规的校对塞规	≤0.10	≤0.20	≤0.40
IT13～IT16 级轴用工作环规的校对塞规	≤0.20	≤0.40	≤0.40

附表 31　向心轴承和轴的配合——轴公差带(摘自 GB/T 275—2015)

圆柱孔轴承

载荷情况			举例	深沟球轴承、调心球轴承和角接触球轴承	圆柱滚子轴承和圆锥滚子轴承	调心滚子轴承	公差带
				轴承公称内径/mm			
内圈承受旋转载荷或方向不定载荷	轻载荷		输送机、轻载齿轮箱	≤18 ＞18～100 ＞100～200 —	— ≤40 ＞40～140 ＞140～200	— ≤40 ＞40～100 ＞100～200	h5 j6[a] k6[a] m6[a]
	正常载荷		一般通用机械、电动机、泵、内燃机、正齿轮传动装置	≤18 ＞18～100 ＞100～140 ＞140～200 ＞200～280 — —	— ≤40 ＞40～100 ＞100～140 ＞140～200 ＞200～400 —	— ≤40 ＞40～65 ＞65～100 ＞100～140 ＞140～280 ＞280～500	j5　js5 k5[b] m5[b] m6 n6 p6 r6
	重载荷		铁路机车车辆轴箱、牵引电机、破碎机等	—	＞50～140 ＞140～200 ＞200 —	＞50～100 ＞100～140 ＞140～200 ＞200	n6[c] p6[c] r6[c] r7[c]
内圈承受固定载荷	所有载荷	内圈需在轴向易移动	非旋转轴上的各种轮子	所有尺寸			f6 g6
		内圈不需在轴向易移动	张紧轮、绳轮				h6 j6
仅有轴向载荷			所有尺寸				j6、js6

圆锥孔轴承

所有载荷	铁路机车车辆轴箱	装在退卸套上	所有尺寸	h8(IT6)[d,e]
	一般机械传动	装在紧定套上	所有尺寸	h9(IT7)[d,e]

a. 凡精度要求较高的场合,应用 j5、k5、m5 代替 j6、k6、m6。

b. 圆锥滚子轴承、角接触球轴承配合对游隙影响不大,可用 k6、m6 代替 k5、m5。

c. 重载荷下轴承游隙应选大于 N 组。

d. 凡精度要求较高或转速要求较高的场合,应选用 h7(IT5)代替 h8(IT6)等。

e. IT6、IT7 表示圆柱度公差数值。

附表 32　向心轴承和轴承座孔的配合——孔公差带(摘自 GB/T 275—2015)

载荷情况		举例	其他状况	公差带[a]	
				球轴承	滚子轴承
外圈承受固定载荷	轻、正常、重	一般机械、铁路机车车辆轴箱	轴向易移动，可采用剖分式轴承座	H7、G7[b]	
	冲击		轴向能移动，可采用整体或剖分式轴承座	J7、JS7	
方向不定载荷	轻、正常	电机、泵、曲轴主轴承			
	正常、重		轴向不移动，采用整体式轴承座	K7	
	重、冲击	牵引电机		M7	
外圈承受旋转载荷	轻	皮带张紧轮		J7	K7
	正常	轮毂轴承		M7	N7
	重			—	N7、P7

a. 并列公差带随尺寸的增大从左至右选择。对旋转精度有较高要求时，可相应提高一个公差等级。

b. 不适用于剖分式轴承座。

附表 33　推力轴承和轴的配合——轴公差带(摘自 GB/T 275—2015)

载荷情况		轴承类型	轴承公称内径/mm	公差带
仅有轴向载荷		推力球和推力圆柱滚子轴承	所有尺寸	j6、js6
径向和轴向联合载荷	轴圈承受固定载荷	推力调心滚子轴承、推力角接触球轴承、推力圆锥滚子轴承	≤250 >250	j6 js6
	轴圈承受旋转载荷或方向不定载荷		≤200 >200～400 >400	k6[a] m6 n6

a. 要求较小过盈时，可分别用 j6、k6、m6 代替 k6、m6、n6。

附表 34　推力轴承和轴承座孔的配合——孔公差带(摘自 GB/T 275—2015)

载荷情况		轴承类型	公差带
仅有轴向载荷		推力球轴承	H8
		推力圆柱、圆锥滚子轴承	H7
		推力调心滚子轴承	—[a]
径向和轴向联合载荷	座圈承受固定载荷	推力角接触球轴承、推力调心滚子轴承、推力圆锥滚子轴承	H7
	座圈承受旋转载荷或方向不定载荷		K7[b]
			M7[c]

a. 轴承座孔与座圈间间隙为 $0.001D$(D 为轴承公称外径)。

b. 一般工作条件。

c. 有较大径向载荷时。

附表 35　轴和轴承座孔的几何公差(摘自 GB/T 275—2015)

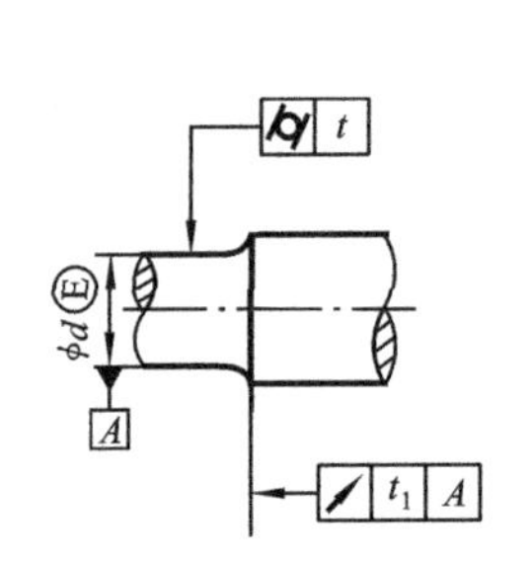

(a) 轴颈的圆柱度公差和轴肩的轴向圆跳动

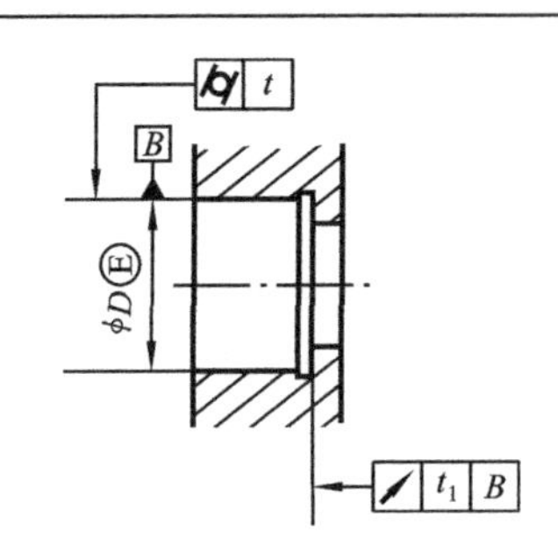

(b) 轴承座孔表面的圆柱度公差和孔肩的轴向圆跳动

公称尺寸/mm		圆柱度 t/μm				轴向圆跳动 t_1/μm			
		轴颈		轴承座孔		轴肩		轴承座孔肩	
		轴承公差等级							
>	≤	0	6(6X)	0	6(6X)	0	6(6X)	0	6(6X)
—	6	2.5	1.5	4	2.5	5	3	8	5
6	10	2.5	1.5	4	2.5	6	4	10	6
10	18	3	2	5	3	8	5	12	8
18	30	4	2.5	6	4	10	6	15	10
30	50	4	2.5	7	4	12	8	20	12
50	80	5	3	8	5	15	10	25	15
80	120	6	4	10	6	15	10	25	15
120	180	8	5	12	8	20	12	30	20
180	250	10	7	14	10	20	12	30	20
250	315	12	8	16	12	25	15	40	25
315	400	13	9	18	13	25	15	40	25
400	500	15	10	20	15	25	15	40	25
500	630	—	—	22	16	—	—	50	30
630	800	—	—	25	18	—	—	50	30
800	1 000	—	—	28	20	—	—	60	40
1 000	1 250	—	—	33	24	—	—	60	40

附表 36　轴颈和轴承座孔配合表面及端面的表面粗糙度(摘自 GB/T 275—2015)

轴或轴承座孔直径/mm		轴或轴承座孔配合表面直径公差等级					
		IT7		IT6		IT5	
		表面粗糙度 Ra/μm					
>	≤	磨	车	磨	车	磨	车
—	80	1.6	3.2	0.8	1.6	0.4	0.8
80	500	1.6	3.2	1.6	3.2	0.8	1.6
500	1 250	3.2	6.3	1.6	3.2	1.6	3.2
端面		3.2	6.3	6.3	6.3	6.3	3.2

附表 37　普通平键的键槽剖面尺寸及极限公差(摘自 GB/T 1095—2003)　单位:mm

轴	键	键槽											
公称直径 d	公称尺寸 $b\times h$	宽度 b						深度				半径 r	
		公称尺寸 b	偏差					轴 t_1		毂 t_2			
			松连接		正常连接		紧密连接	公称尺寸	极限偏差	公称尺寸	极限偏差	min	max
			轴 H9	毂 D10	轴 N9	毂 JS9	轴和毂 P9						
≤6～8	2×2	2	+0.025 0	+0.060 +0.020	−0.004 −0.029	±0.0125	−0.006 −0.031	1.2	+0.1 0	1.0	+0.1 0	0.08	0.16
>8～10	3×3	3						1.8		1.4			
>10～12	4×4	4	+0.030 0	+0.078 +0.030	0 −0.030	±0.015	−0.012 −0.042	2.5		1.8			
>12～17	5×5	5						3.0		2.3		0.16	0.25
>17～22	6×6	6						4.0		2.8			
>22～30	8×7	8	+0.036 0	+0.098 +0.040	0 −0.036	±0.018	−0.015 −0.051	4.0	+0.2 0	3.3	+0.2 0		
>30～38	10×8	10						5.0		3.3		0.25	0.40
>38～44	12×8	12	+0.043 0	+0.050 +0.012	0 −0.043	±0.0215	−0.018 −0.061	5.0		3.3			
>44～50	14×9	14						5.5		3.8			
>50～58	16×10	16						6.0		4.3			
>58～65	18×11	18						7.0		4.4			
>65～75	20×12	20	+0.052 0	+0.149 +0.065	0 −0.052	±0.026	−0.022 −0.074	7.5		4.9		0.40	0.60
>75～85	22×14	22						9.0		5.4			
>85～95	25×14	25						9.0		5.4			
>95～110	28×16	28						10.0		6.4			

注:$(d-t_1)$和$(d+t_2)$两个组合尺寸的偏差按相应的 t_1 和 t_2 的偏差选取,但$(d-t_1)$偏差值应取负号。

附表 38　矩形花键公称尺寸的系列(摘自 GB/T 1144—2001)　单位:mm

d	轻系列				中系列			
	标记	N	D	B	标记	N	D	B
23	6×23×26×6	6	26	6	6×23×28×6	6	28	6
26	6×26×30×6	6	30	6	6×26×32×6	6	32	6
28	6×28×32×7	6	32	7	6×28×34×7	6	34	7
32	6×32×36×6	6	36	6	8×32×38×7	8	38	7
36	8×36×40×7	8	40	7	8×36×42×7	8	42	7
42	8×42×46×8	8	46	8	8×42×48×8	8	48	8
46	8×46×50×9	8	50	9	8×46×54×9	8	54	9
52	8×52×58×10	8	58	10	8×52×60×10	8	60	10
56	8×56×62×10	8	62	10	8×56×65×10	8	65	10
62	8×62×68×12	8	68	12	8×62×72×12	8	72	12

附表 39　内螺纹小径公差(T_{D1})(摘自 GB/T 197—2018)　　单位:μm

螺距 P/mm	公差等级				
	4	5	6	7	8
0.2	38	—	—	—	—
0.25	45	56	—	—	—
0.3	53	67	85	—	—
0.35	63	80	100	—	—
0.4	71	90	112	—	—
0.45	80	100	125	—	—
0.5	90	112	140	180	—
0.6	100	125	160	200	—
0.7	112	140	180	224	—
0.75	118	150	190	236	—
0.8	125	160	200	250	315
1	150	190	236	300	375
1.25	170	212	265	335	425
1.5	190	236	300	375	475
1.75	212	265	335	425	530
2	236	300	375	475	600
2.5	280	355	450	560	710
3	315	400	500	630	800
3.5	355	450	560	710	900
4	375	475	600	750	950
4.5	425	530	670	850	1060
5	450	560	710	900	1120
5.5	475	600	750	950	1180
6	500	630	800	1000	1250
8	630	800	1000	1250	1600

附表 40　外螺纹大径公差(T_d)(摘自 GB/T 197—2018)　　单位:μm

螺距 P/mm	公差等级		
	4	6	8
0.2	36	56	—
0.25	42	67	—
0.3	48	75	—
0.35	53	85	—
0.4	60	95	—
0.45	63	100	—
0.5	67	106	—
0.6	80	125	—
0.7	90	140	—

续表

螺距 P/mm	公差等级		
	4	6	8
0.75	90	140	—
0.8	95	150	236
1	112	180	280
1.25	132	212	335
1.5	150	236	375
1.75	170	265	425
2	180	280	450
2.5	212	335	530
3	236	375	600
3.5	265	425	670
4	300	475	750
4.5	315	500	800
5	335	530	850
5.5	355	560	900
6	375	600	950
8	450	710	1180

附表 41　内螺纹中径公差值(T_{D2})(摘自 GB/T 197—2018)　　单位:μm

基本大径 D/mm		螺距 P/mm	公差等级				
>	≤		4	5	6	7	8
0.99	1.4	0.2	40	—	—	—	—
		0.25	45	56	—	—	—
		0.3	48	60	75	—	—
1.4	2.8	0.2	42	—	—	—	—
		0.25	48	60	—	—	—
		0.35	53	67	85	—	—
		0.4	56	71	90	—	—
		0.45	60	75	95	—	—
2.8	5.6	0.35	56	71	90	—	—
		0.5	63	80	100	125	—
		0.6	71	90	112	140	—
		0.7	75	95	118	150	—
		0.75	75	95	118	150	—
		0.8	80	100	125	160	200
5.6	11.2	0.75	85	106	132	170	—
		1	95	118	150	190	236
		1.25	100	125	160	200	250
		1.5	112	140	180	224	280

续表

基本大径 D/mm		螺距 P/mm	公差等级				
>	≤		4	5	6	7	8
11.2	22.4	1	100	125	160	200	250
		1.25	112	140	180	224	280
		1.5	118	150	190	236	300
		1.75	125	160	200	250	315
		2	132	170	212	265	335
		2.5	140	180	224	280	355
22.4	45	1	106	132	170	212	—
		1.5	125	160	200	250	315
		2	140	180	224	280	355
		3	170	212	265	335	425
		3.5	180	224	280	355	450
		4	190	236	300	375	475
		4.5	200	250	315	400	500
45	90	1.5	132	170	212	265	335
		2	150	190	236	300	375
		3	180	224	280	355	450
		4	200	250	315	400	500
		5	212	265	335	425	530
		5.5	224	280	355	450	560
		6	236	300	375	475	600
90	180	2	160	200	250	315	400
		3	190	236	300	375	475
		4	212	265	335	425	530
		6	250	315	400	500	630
		8	280	355	450	560	710

附表 42 外螺纹中径公差值(T_{d2})(摘自 GB/T 197—2018) 单位:μm

基本大径 d/mm		螺距 P/mm	公差等级						
>	≤		3	4	5	6	7	8	9
0.99	1.4	0.2	24	30	38	48	—	—	—
		0.25	26	34	42	53	—	—	—
		0.3	28	36	45	56	—	—	—
1.4	2.8	0.2	25	32	40	50	—	—	—
		0.25	28	36	45	56	—	—	—
		0.35	32	40	50	63	80	—	—
		0.4	34	42	53	67	85	—	—
		0.45	36	45	56	71	90	—	—

续表

基本大径 d/mm		螺距 P/mm	公差等级						
>	≤		3	4	5	6	7	8	9
2.8	5.6	0.35	34	42	53	67	85	—	—
		0.5	38	48	60	75	95	—	—
		0.6	42	53	67	85	106	—	—
		0.7	45	56	71	90	112	—	—
		0.75	45	56	71	90	112	—	—
		0.8	48	60	75	95	118	150	190
5.6	11.2	0.75	50	63	80	100	125	—	—
		1	56	71	90	112	140	180	224
		1.25	60	75	95	118	150	190	236
		1.5	67	85	106	132	170	212	265
11.2	22.4	1	60	75	95	118	150	190	236
		1.25	67	85	106	132	170	212	265
		1.5	71	90	112	140	180	224	280
		1.75	75	95	118	150	190	236	300
		2	80	100	125	160	200	250	315
		2.5	85	106	132	170	212	265	335
22.4	45	1	63	80	100	125	160	200	250
		1.5	75	95	118	150	190	236	300
		2	85	106	132	170	212	265	335
		3	100	125	160	200	250	315	400
		3.5	106	132	170	212	265	335	425
		4	112	140	180	224	280	355	450
		4.5	118	150	190	236	300	375	475
45	90	1.5	80	100	125	160	200	250	315
		2	90	112	140	180	224	280	355
		3	106	132	170	212	265	335	425
		4	118	150	190	236	300	375	475
		5	125	160	200	250	315	400	500
		5.5	132	170	212	265	335	425	530
		6	140	180	224	280	355	450	560
90	180	2	95	118	150	190	236	300	375
		3	112	140	180	224	280	355	450
		4	125	160	200	250	315	400	500
		6	150	190	236	300	375	475	600
		8	170	212	265	335	425	530	670
180	355	3	125	160	200	250	315	400	500
		4	140	180	224	280	355	450	560
		6	160	200	250	315	400	500	630
		8	180	224	280	355	450	560	710

附表 43　内、外螺纹的基本偏差(摘自 GB/T 197—2018)

内螺纹:G—其基本偏差(EI)为正值,见图(a);H—其基本偏差(EI)为零,见图(b)

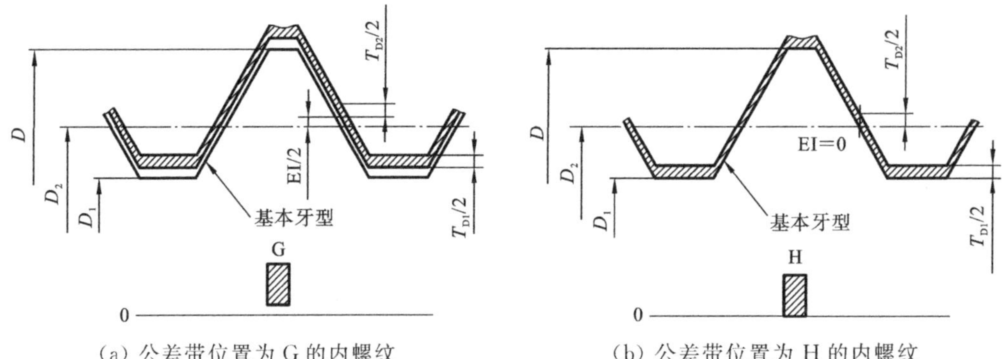

(a) 公差带位置为 G 的内螺纹　　(b) 公差带位置为 H 的内螺纹

外螺纹:a、b、c、d、e、f、g—其基本偏差(es)为负值,见图(c);h—其基本偏差(es)为零,见图(d)。

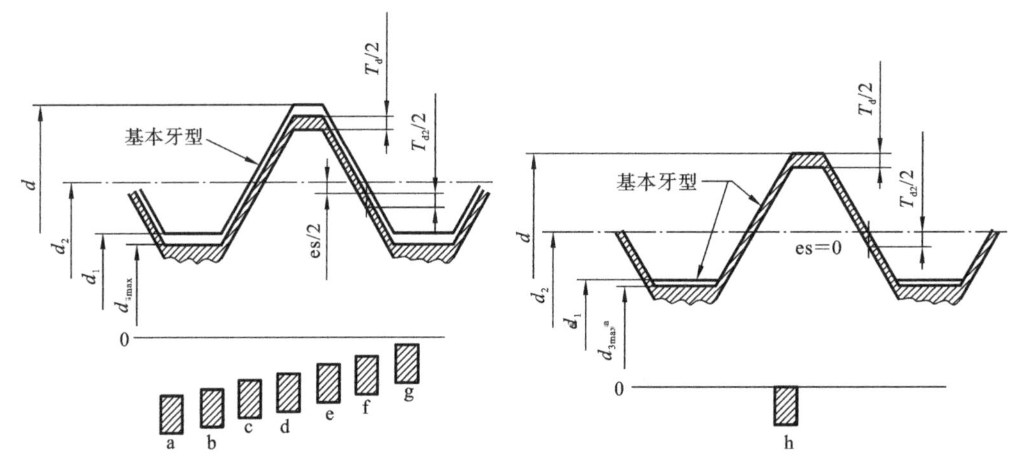

(c) 公差带位置为 a、b、c、d、e、f 和 g 的外螺纹　　(d) 公差带位置为 h 的外螺纹

螺距 P/mm	基本偏差/μm									
	内螺纹		外螺纹							
	G EI	H EI	a es	b es	c es	d es	e es	f es	g es	h es
0.2	+17	0	—	—	—	—	—	—	−17	0
0.25	+18	0	—	—	—	—	—	—	−18	0
0.3	+18	0	—	—	—	—	—	—	−18	0
0.35	+19	0	—	—	—	—	—	−34	−19	0
0.4	+19	0	—	—	—	—	—	−34	−19	0
0.45	+20	0	—	—	—	—	—	−35	−20	0
0.5	+20	0	—	—	—	—	−50	−36	−20	0
0.6	+21	0	—	—	—	—	−53	−36	−21	0
0.7	+22	0	—	—	—	—	−56	−38	−22	0
0.75	+22	0	—	—	—	—	−56	−38	−22	0
0.8	+24	0	—	—	—	—	−60	−38	−24	0
1	+26	0	−290	−200	−130	−85	−60	−40	−26	0

续表

螺距 P/mm	基本偏差/μm									
	内螺纹		外螺纹							
	G EI	H EI	a es	b es	c es	d es	e es	f es	g es	h es
1.25	+28	0	−295	−205	−135	−90	−63	−42	−28	0
1.5	+32	0	−300	−212	−140	−95	−67	−45	−32	0
1.75	+34	0	−310	−220	−145	−100	−71	−48	−34	0
2	+38	0	−315	−225	−150	−105	−71	−52	−38	0
2.5	+42	0	−325	−235	−160	−110	−80	−58	−42	0
3	+48	0	−335	−245	−170	−115	−85	−63	−48	0
3.5	+53	0	−345	−255	−180	−125	−90	−70	−53	0
4	+60	0	−355	−265	−190	−130	−95	−75	−60	0
4.5	+63	0	−365	−280	−200	−135	−100	−80	−63	0
5	+71	0	−375	−290	−212	−140	−106	−85	−71	0
5.5	+75	0	−385	−300	−224	−150	−112	−90	−75	0
6	+80	0	−395	−310	−236	−155	−118	−95	−80	0
8	+100	0	−425	−340	−265	−180	−140	−118	−100	0

附表 44　螺纹旋合长度(摘自 GB/T 197—2018)　　单位:mm

基本大径 D,d		螺距 P	旋合长度			
			S	N		L
>	≤		≤	>	≤	>
0.99	1.4	0.2	0.5	0.5	1.4	1.4
		0.25	0.6	0.6	1.7	1.7
		0.3	0.7	0.7	2	2
1.4	2.8	0.2	0.5	0.5	1.5	1.5
		0.25	0.6	0.6	1.9	1.9
		0.35	0.8	0.8	2.6	2.6
		0.4	1	1	3	3
		0.45	1.3	1.3	3.8	3.8

续表

基本大径 D,d		螺距 P	旋合长度			
			S	N		L
>	≤		≤	>	≤	>
2.8	5.6	0.35	1	1	3	3
		0.5	1.5	1.5	4.5	4.5
		0.6	1.7	1.7	5	5
		0.7	2	2	6	6
		0.75	2.2	2.2	6.7	6.7
		0.8	2.5	2.5	7.5	7.5
5.6	11.2	0.75	2.4	2.4	7.1	7.1
		1	3	3	9	9
		1.25	4	4	12	12
		1.5	5	5	15	15
11.2	22.4	1	3.8	3.8	11	11
		1.25	4.5	4.5	13	13
		1.5	5.6	5.6	16	16
		1.75	6	6	18	18
		2	8	8	24	24
		2.5	10	10	30	30
22.4	45	1	4	4	12	12
		1.5	6.3	6.3	19	19
		2	8.5	8.5	25	25
		3	12	12	36	36
		3.5	15	15	45	45
		4	18	18	53	53
		4.5	21	21	63	63
45	90	1.5	7.5	7.5	22	22
		2	9.5	9.5	28	28
		3	15	15	45	45
		4	19	19	56	56
		5	24	24	71	71
		5.5	28	28	85	85
		6	32	32	95	95

附表 45　齿轮坯公差

齿轮精度等级	3	4	5	6	7	8	9	10
盘形齿轮基准孔尺寸公差	IT4		IT5	IT6	IT7		IT8	
齿轮轴轴颈尺寸公差	IT4		IT5		IT6		IT7	
齿顶圆直径公差	IT7			IT8			IT9	
盘形齿轮基准孔（或齿轮轴轴颈）的圆柱度公差	$0.04(L/b)F_{\beta}$ 或 $0.1F_{P}$，取两者中小值							

注：1. 表中 L、b、F_{β}、F_{P} 分别代表齿轮副轴承跨距、齿轮齿宽、齿轮螺旋线总偏差、齿距累积总偏差。

2. 齿轮的三项精度等级不同时，齿轮基准孔的尺寸公差按照最高的精度等级确定。

3. 齿顶圆柱面不作为测量齿厚的基准面时，齿顶圆直径公差按 IT11 给定，但不得大于 $0.1m_{n}$。

4. 齿顶圆柱面不作为基准面时，图样上不必给出 t_{r}。

附表 46　齿坯径向和端面圆跳动公差　　单位：μm

分度圆直径 d/mm	齿轮精度等级			
	3、4	5、6	7、8	9～12
～125	7	11	18	28
＞125～400	9	14	22	36
＞400～800	12	20	32	50
＞800～1600	18	28	45	71

附表 47　齿坯各表面粗糙度 Ra 的推荐值　　单位：μm

齿轮精度等级	6	7	8	9
基准孔	1.25	1.25～2.5		5
基准轴颈	0.63	1.25	2.5	
基准端面	2.5～5		5	
顶圆柱面	5			

附表 48　轮齿齿面粗糙度 Ra 的推荐值　　单位：μm

等级	Ra			等级	Ra		
	模数 m/mm				模数 m/mm		
	$m<6$	$6<m<25$	$m<6$		$m<6$	$6<m<25$	$m<6$
1		0.04		7	1.25	1.6	2.0
2		0.08		8	2.0	2.5	3.2
3		0.16		9	3.2	4.0	5.0
4		0.32		10	5.0	6.3	8.0
5	0.5	0.63	0.80	11	10.0	12.5	16
6	0.8	1.00	1.25	12	20	25	32

附表 49　单个齿距偏差 $\pm f_{pt}$

分度圆直径 d/mm	法向模数 m_n/mm	精度等级				
		5	6	7	8	9
		$\pm f_{pt}$/μm				
$20<d\leqslant50$	$2<m_n\leqslant3.5$	5.5	7.5	11.0	15.0	22.0
	$3.5<m_n\leqslant6$	6.0	8.5	12.0	17.0	24.0
$50<d\leqslant125$	$2<m_n\leqslant3.5$	6.0	8.5	12.0	17.0	23.0
	$3.5<m_n\leqslant6$	6.5	9.0	13.0	18.0	26.0
	$6<m_n\leqslant10$	7.5	10.0	15.0	21.0	30.0
$125<d\leqslant280$	$2<m_n\leqslant3.5$	6.5	9.0	13.0	18.0	26.0
	$3.5<m_n\leqslant6$	7.0	10.0	14.0	20.0	28.0
	$6<m_n\leqslant10$	8.0	11.0	16.0	23.0	32.0
$280<d\leqslant560$	$2<m_n\leqslant3.5$	7.0	10.0	14.0	20.0	28.0
	$3.5<m_n\leqslant6$	8.0	11.0	16.0	22.0	31.0
	$6<m_n\leqslant10$	8.5	12.0	17.0	25.0	35.0

附表 50　齿距累积总偏差 F_P

分度圆直径 d/mm	法向模数 m_n/mm	精度等级				
		5	6	7	8	9
		F_P/μm				
$20<d\leqslant50$	$2<m_n\leqslant3.5$	15.0	21.0	30.0	42.0	59.0
	$3.5<m_n\leqslant6$	15.0	22.0	31.0	44.0	62.0
$50<d\leqslant125$	$2<m_n\leqslant3.5$	19.0	27.0	38.0	53.0	76.0
	$3.5<m_n\leqslant6$	19.0	28.0	39.0	55.0	78.0
	$6<m_n\leqslant10$	20.0	29.0	41.0	58.0	82.0
$125<d\leqslant280$	$2<m_n\leqslant3.5$	25.0	35.0	50.0	70.0	100.0
	$3.5<m_n\leqslant6$	25.0	36.0	51.0	72.0	102.0
	$6<m_n\leqslant10$	26.0	37.0	53.0	75.0	106.0
$280<d\leqslant560$	$2<m_n\leqslant3.5$	33.0	46.0	65.0	92.0	131.0
	$3.5<m_n\leqslant6$	33.0	47.0	66.0	94.0	133.0
	$6<m_n\leqslant10$	34.0	48.0	68.0	97.0	137.0

附表 51　齿廓总偏差 F_α

分度圆直径 d/mm	法向模数 m_n/mm	精度等级				
		5	6	7	8	9
		F_α/μm				
$20<d\leqslant50$	$2<m_n\leqslant3.5$	7.0	10.0	14.0	20.0	29.0
	$3.5<m_n\leqslant6$	9.0	12.0	18.0	25.0	35.0
$50<d\leqslant125$	$2<m_n\leqslant3.5$	8.0	11.0	16.0	22.0	31.0
	$3.5<m_n\leqslant6$	9.5	13.0	19.0	27.0	38.0
	$6<m_n\leqslant10$	12.0	16.0	23.0	33.0	46.0
$125<d\leqslant280$	$2<m_n\leqslant3.5$	9.0	13.0	18.0	25.0	36.0
	$3.5<m_n\leqslant6$	11.0	15.0	21.0	30.0	42.0
	$6<m_n\leqslant10$	13.0	18.0	25.0	36.0	50.0
$280<d\leqslant560$	$2<m_n\leqslant3.5$	10.0	15.0	21.0	29.0	41.0
	$3.5<m_n\leqslant6$	12.0	17.0	24.0	34.0	48.0
	$6<m_n\leqslant10$	14.0	20.0	28.0	40.0	56.0

附表 52　螺旋线总偏差 F_β

分度圆直径 d/mm	齿宽 b/mm	精度等级				
		5	6	7	8	9
		F_β/μm				
$20<d\leqslant50$	$10<b\leqslant20$	7.0	10.0	14.0	20.0	29.0
	$20<b\leqslant40$	8.0	11.0	16.0	23.0	32.0
$50<d\leqslant125$	$10<b\leqslant20$	7.5	11.0	15.0	21.0	30.0
	$20<b\leqslant40$	8.5	12.0	17.0	24.0	34.0
	$40<b\leqslant80$	10.0	14.0	20.0	28.0	39.0
$125<d\leqslant280$	$10<b\leqslant20$	8.0	11.0	16.0	22.0	32.0
	$20<b\leqslant40$	9.0	13.0	18.0	25.0	36.0
	$40<b\leqslant80$	10.0	15.0	21.0	29.0	41.0
$280<d\leqslant560$	$20<b\leqslant40$	9.5	13.0	19.0	27.0	38.0
	$40<b\leqslant80$	11.0	15.0	22.0	31.0	44.0
	$80<b\leqslant160$	13.0	18.0	26.0	36.0	52.0

附表 53　径向综合总偏差 F''_i

分度圆直径 d/mm	法向模数 m_n/mm	精度等级				
		5	6	7	8	9
		F''_i/μm				
$20<d\leqslant50$	$1.0<m_n\leqslant1.5$	16.0	23.0	32.0	45.0	64.0
	$1.5<m_n\leqslant2.5$	18.0	26.0	37.0	52.0	73.0
$50<d\leqslant125$	$1.0<m_n\leqslant1.5$	19.0	27.0	39.0	55.0	77.0
	$1.5<m_n\leqslant2.5$	22.0	31.0	43.0	61.0	86.0
	$2.5<m_n\leqslant4.0$	25.0	36.0	51.0	72.0	102.0
$125<d\leqslant280$	$1.0<m_n\leqslant1.5$	24.0	34.0	48.0	68.0	97.0
	$1.5<m_n\leqslant2.5$	26.0	37.0	53.0	75.0	106.0
	$2.5<m_n\leqslant4.0$	30.0	43.0	61.0	86.0	121.0
	$4.0<m_n\leqslant6.0$	36.0	51.0	72.0	102.0	144.0
$280<d\leqslant560$	$1.0<m_n\leqslant1.5$	30.0	43.0	61.0	86.0	122.0
	$1.5<m_n\leqslant2.5$	33.0	46.0	65.0	92.0	131.0
	$2.5<m_n\leqslant4.0$	37.0	52.0	73.0	104.0	146.0
	$4.0<m_n\leqslant6.0$	42.0	60.0	84.0	119.0	169.0

附表 54　一齿径向综合偏差 f''_i

分度圆直径 d/mm	法向模数 m_n/mm	精度等级				
		5	6	7	8	9
		f''_i/μm				
$20<d\leqslant50$	$1.0<m_n\leqslant1.5$	4.5	6.5	9.0	13.0	18.0
	$1.5<m_n\leqslant2.5$	6.5	9.5	13.0	19.0	26.0
$50<d\leqslant125$	$1.0<m_n\leqslant1.5$	4.5	6.5	9.0	13.0	18.0
	$1.5<m_n\leqslant2.5$	6.5	9.5	13.0	19.0	26.0
	$2.5<m_n\leqslant4.0$	10.0	14.0	20.0	29.0	41.0
$125<d\leqslant280$	$1.0<m_n\leqslant1.5$	4.5	6.5	9.0	13.0	18.0
	$1.5<m_n\leqslant2.5$	6.5	9.5	13.0	19.0	27.0
	$2.5<m_n\leqslant4.0$	10.0	15.0	21.0	29.0	41.0
	$4.0<m_n\leqslant6.0$	15.0	22.0	31.0	44.0	62.0
$280<d\leqslant560$	$1.0<m_n\leqslant1.5$	4.5	6.5	9.0	13.0	18.0
	$1.5<m_n\leqslant2.5$	6.5	9.5	13.0	19.0	27.0
	$2.5<m_n\leqslant4.0$	10.0	15.0	21.0	29.0	41.0
	$4.0<m_n\leqslant6.0$	15.0	22.0	31.0	44.0	62.0

附表 55　径向跳动公差 F_r

分度圆直径 d/mm	法向模数 m_n/mm	精度等级				
		5	6	7	8	9
		F_r/μm				
$20<d\leqslant 50$	$2.0<m_n\leqslant 3.5$	12.0	17.0	24.0	34.0	47.0
	$3.5<m_n\leqslant 6.0$	12.0	17.0	25.0	35.0	49.0
$50<d\leqslant 125$	$2.0<m_n\leqslant 3.5$	15.0	21.0	30.0	43.0	61.0
	$3.5<m_n\leqslant 6.0$	16.0	22.0	31.0	44.0	62.0
	$6.0<m_n\leqslant 10.0$	16.0	23.0	33.0	46.0	65.0
$125<d\leqslant 280$	$2.0<m_n\leqslant 3.5$	20.0	28.0	40.0	56.0	80.0
	$3.5<m_n\leqslant 6.0$	20.0	29.0	41.0	58.0	82.0
	$6.0<m_n\leqslant 10.0$	21.0	30.0	42.0	60.0	85.0
$280<d\leqslant 560$	$2.0<m_n\leqslant 3.5$	26.0	37.0	52.0	74.0	105.0
	$3.5<m_n\leqslant 6.0$	27.0	38.0	53.0	75.0	106.0
	$6.0<m_n\leqslant 10.0$	27.0	39.0	55.0	77.0	109.0

附表 56　基节极限偏差 $\pm f_{pb}$

分度圆直径 d/mm	法向模数 m_n/mm	精度等级			
		6	7	8	9
		$\pm f_{pb}$/μm			
$d\leqslant 125$	$1<m_n\leqslant 3.5$	9	13	18	25
	$3.5<m_n\leqslant 6.3$	11	16	22	32
	$6.3<m_n\leqslant 10$	13	18	25	36
$125<d\leqslant 400$	$1<m_n\leqslant 3.5$	10	14	20	30
	$3.5<m_n\leqslant 6.3$	13	18	25	36
	$6.3<m_n\leqslant 10$	14	20	30	40
$400<d\leqslant 800$	$1<m_n\leqslant 3.5$	11	16	22	32
	$3.5<m_n\leqslant 6.3$	13	18	25	36
	$6.3<m_n\leqslant 10$	16	22	32	45

参考文献

[1] 标准化工作指南　第1部分:标准化和相关活动的通用术语(GB/T 20000.1—2014)[S].北京:中国标准出版社,2015.

[2] 优先数和优先数系(GB/T 321—2005)[S].北京:中国标准出版社,2005.

[3] 产品几何技术规范(GPS)　极限与配合　第1部分:公差、偏差和配合的基础(GB/T 1800.1—2009)[S].北京:中国标准出版社,2009.

[4] 产品几何技术规范(GPS)　极限与配合　第2部分:标准公差等级和孔、轴极限偏差表(GB/T 1800.2—2009)[S].北京:中国标准出版社,2009.

[5] 产品几何技术规范(GPS)　极限与配合　公差带和配合的选择(GB/T 1801—2009)[S].北京:中国标准出版社,2009.

[6] 一般公差　未注公差的线性和角度尺寸的公差(GB/T 1804—2000)[S].北京:中国标准出版社,2000.

[7] 几何量技术规范(GPS)　长度标准　量块(GB/T 6093—2001)[S].北京:中国标准出版社,2001.

[8] 量块(JJG 146—2011)[S].北京:中国标准出版社,2012.

[9] 产品几何技术规范(GPS)　公差原则(GB/T 4249—2009)[S].北京:中国标准出版社,2009.

[10] 产品几何量技术规范(GPS)　几何要素　第1部分:基本术语和定义(GB/T 18780.1—2002)[S].北京:中国标准出版社,2002.

[11] 产品几何技术规范(GPS)　几何公差　最大实体要求(MMR)、最小实体要求(LMR)和可逆要求(RPR)(GB/T 16671—2018)[S].北京:中国标准出版社,2018.

[12] 产品几何量技术规范(GPS)　几何公差　检测与验证(GB/T 1958—2017)[S].北京:中国标准出版社,2018.

[13] 产品几何技术规范(GPS)表面结构　轮廓法　术语、定义及表面结构参数(GB/T 3505—2009)[S].北京:中国标准出版社,2009.

[14] 产品几何技术规范(GPS)　表面结构　轮廓法　评定表面结构的规则和方法(GB/T 10610—2009)[S].北京:中国标准出版社,2009.

[15] 产品几何技术规范(GPS)　表面结构　轮廓法　粗糙度参数及其数值(GB/T 1031—2009)[S].北京:中国标准出版社,2009.

[16] 产品几何技术规范(GPS)　光滑工件尺寸的检验(GB/T 3177—2009)[S].北京:中国标准出版社,2009.

[17] 光滑极限量规　技术要求(GB/T 1957—2006)[S].北京:中国标准出版社,2006.

[18] 滚动轴承　配合(GB/T 275—2015)[S].北京:中国标准出版社,2016.
[19] 滚动轴承　向心轴承　产品几何技术规范(GPS)和公差值(GB/T 307.1—2017)[S].北京:中国标准出版社,2017.
[20] 滚动轴承　游隙　第1部分:向心轴承的径向游隙(GB/T 4604.1—2012)[S].北京:中国标准出版社,2012.
[21] 螺纹　术语(GB/T 14791—2013)[S].北京:中国标准出版社,2014.
[22] 平键　键槽的剖面尺寸(GB/T 1095—2003)[S].北京:中国标准出版社,2004.
[23] 矩形花键尺寸、公差和检验(GB/T 1144—2001)[S].北京:中国标准出版社,2001.
[24] 普通螺纹　公差(GB/T 197—2018)[S].北京:中国标准出版社,2018.
[25] 圆柱齿轮　精度制(GB/T 10095.1、GB/T 10095.2—2008)[S].北京:中国标准出版社,2008.
[26] 圆柱齿轮　检验实施规范(GB/T 18620.1、GB/T 18620.2、GB/T 18620.3、GB/T 18620.4—2008)[S].北京:中国标准出版社,2008.
[27] 尺寸链　计算方法(GB/T 5847—2004)[S].北京:中国标准出版社,2005.
[28] 产品几何技术规范(GPS)　几何公差　形状、方向、位置和跳动公差标注(GB/T 1182—2018)[S].北京:中国标准出版社,2018.
[29] 形状和位置公差　未注公差公值(GB/T 1184—1996)[S].北京:中国标准出版社,1996.
[30] 张铁.互换性与测量技术[M].北京:清华大学出版社,2010.
[31] 甘永立.几何量公差与检测[M].10版.上海:上海科学技术出版社,2013.
[32] 王长春.互换性与测量技术基础[M].北京:北京大学出版社,2010.
[33] 胡凤兰.互换性与测量技术基础[M].2版.北京:高等教育出版社,2010.
[34] 王伯平.互换性与测量技术基础[M].北京:机械工业出版社,2016.
[35] 马惠萍.互换性与测量技术基础案例教程[M].北京:机械工业出版社,2014.
[36] 王莉静.互换性与技术测量基础[M].浙江:浙江大学出版社,2012.
[37] 楼应侯,卢桂萍,蒋亚楠.互换性与技术测量[M].武汉:华中科技大学出版社,2016.
[38] 王海文,石琳,张翠芳.互换性与技术测量[M].武汉:华中科技大学出版社,2017.
[39] 胡立志.互换性与技术测量[M].北京:清华大学出版社,2013.